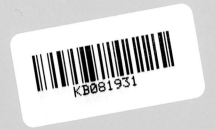

여성옷 맞춤제작 40년의 노하우

김석한쌤
따라하기
5

"실루엣이 살아있는"

베이직 실무 여성복 패턴

김석한 지음

기초선제도
상세과정

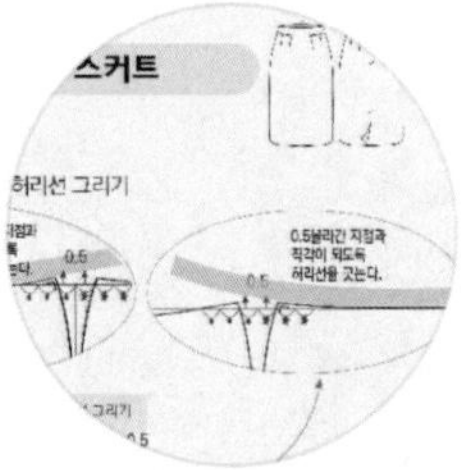

알기쉬운
자 활용법

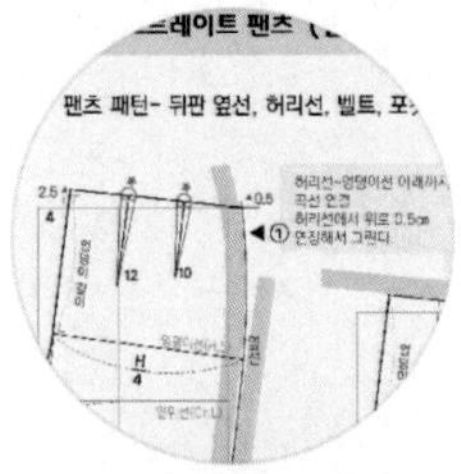

치수재기

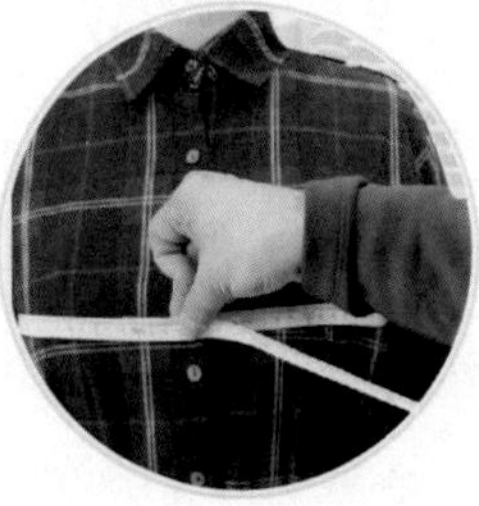

아이템별
패턴

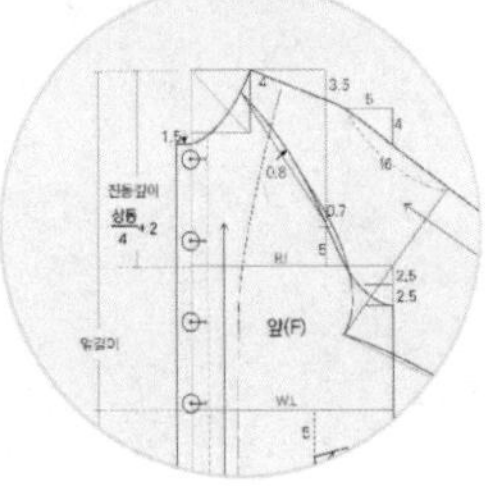

BOOKK

김석한

패션디자인 전 과정 기술보유
40여년 여성옷 맞춤제작

現) 대한민국 우수숙련기술자
現) 대한민국 산업현장교수
現) 대한민국 대한명인 (의상디자인 분야)
現) 대한민국 신지식인 (의상분야)
現) 부산광역시 패션디자인 최고장인
現) 민 Fashion 대표

영산대학교 패션디자인학과 외래교수 역임
창원대학교 패션디자인과 강의
대전과학기술대학교 패션슈즈디자인과 강의
전국기능경기대회 심사위원
지방기능경기대회 분과장
지방기능경기대회 심사장 및 심사위원
전국기능경기대회 훈련강화위원(멘토) & 우수지도교사
숙련기술 전수 섬유 분야 멘토위원
국가수준 직무능력표준(NCS)기반 교수학습지침서 개발위원
일학습병행 인증 심사위원
국가기술자격 과정평가형 외부평가위원
국가기술자격검정시험 양장기능사, 패션디자인산업기사 감독위원

E-mail: rtg842@hanmail.net
Blog: http://blog.naver.com/rtg842

김석한쌤 따라 하기 5
"실루엣이 살아있는" 베이직 실무 여성복 패턴

저 자 | 김석한

발 행 | 2022년04월11일
펴낸이 | 한건희
펴낸곳 | 주식회사 부크크
출판사등록 | 2014.07.15.(제2014-16호)
주 소 | 서울특별시 금천구 가산디지털1로 119 SK트윈타워 A동 305호
전 화 | (070) 4085-7599
이메일 | info@bookk.co.kr
www.bookk.co.kr

편집·디자인 | 서연희

ISBN | 979-11-372-7983-4

"마음이 담긴 옷을 만든다."

"옷을 만드는 일은
나의 인생 그 자체이다.
삶의 선택이었지만
돌이켜 보니,
희망도 즐거움도 보람도 그 모두를 담고 있었다."

책머리에

이 책은 내 삶의 작은 부분이라 생각해본다.

고객이 원하는 디자인과 소재를 선정하고 고객의 치수를 재고 체형을 분석한 후 디자인과 체형, 실루엣과 편의성(기능성)을 고려한 패턴으로 옷을 제작해야 고객에게 잘 맞으면서도 편안하고 핏이 살아있는, 고객이 원하는 맞춤옷을 만들수 있다.

40여 년간 늘 습관처럼 하는 일들이었기에 '누구나 다 하는 일'이라고 여겼으나 후배들을 지도하면서 늘 습관처럼 했던 사소한 일도 후배들이 정말 필요로 하는 기술이라는 것을 새삼 깨닫게 되었다. 또한 시대의 변화 속에서 점점 사라져, 이제는 얼마 남지 않은 의상실처럼 맞춤기술도 사라져 가고 있는 안타까운 현실이 책을 집필하기 시작한 계기가 되었다.

이 책에서는 여성옷 맞춤제작을 해 오면서 패턴 설계의 기본이 되는 기초패턴 설계법을 각 단계별로 상세히 설명하였고 아이템별 베이직 디자인에 대한 패턴을 간략하게 실었다.

옷을 사랑하고 원하는 옷을 만들고자 하는 많은 분들에게 작은 도움이 되길 바라며 이 책이 나올 수 있도록 편집에 가장 많은 도움을 준 서연희씨에게 진심으로 감사의 마음을 전한다.

저자　김석한

목 차

패턴제도 준비

스커트

팬츠

목 차

상의원형 & 셔츠

목 차

베스트

원피스

목 차

재킷

코트

패턴제도 준비

알아두기
체형알기
치수재기
패턴기호& 약자

알아두기

디자인과 소재가 결정되고 치수재기의 과정을 거친 뒤 패턴 제도에 들어간다. 패턴 제도 시에는 실루엣을 최대한 표현하면서도 디자인에 맞는 활동량을 고려해야 하며 착용자의 체형을 감안하는 것 또한 중요하다. 이 책에서는 기본 정체형을 기준으로 제도하기로 한다.

☞ 자 이용법:
패턴제도 시 이해를 돕기 위해 곡자와 암홀자 쓰는 방법을 구체적인 그림을 통해 설명하였다. 그러나 곡자와 암홀자, S모드자의 경우 자 마다 기울기와 곡선의 모양이 다르고, 디자인에 따라, 신체치수에 따라 자를 사용하는 부위가 달라질 수 있으므로, 패턴 상 어느 부분이 가장 돌출되도록 그려지는지, 어느 부분이 가장 오목하게 그려지는지, 자의 방향이나 전체적인 곡선의 흐름 등을 파악하면서 유연성 있게 사용할 수 있어야 한다.

☞ 각종 수치들:
체형이나 사이즈, 디자인에 따라 각종 길이, 둘레, 깊이, 다트분량, 여유분량 등이 달라지므로 여기서 설명하는 수치들은 절댓값이 아님을 유념해주기 바란다.

스커트와 팬츠 제도는 기본이 되는 타이트스커트와 스트레이트 팬츠 제도법을 기초선 그리기부터 각종 자 이용법과 함께 상세히 과정별로 실었다

상의(셔츠, 원피스, 베스트, 재킷, 코트)와 원피스 패턴 제도시 기초가 되는 상의원형 제도 과정과 소매원형 제도과정 또한 단계별로 상세히 설명하였다. 상의원형은 뒤판을 먼저 제도하고 앞판을 제도한다. 각 아이템별 디자인은 같은 상의원형을 활용하여 활동여유분을 더 주거나, 진동깊이를 가감하는 하는 등 디자인에 맞게 패턴을 변형하고 수정하여 설계한다.

상의의 경우 패턴 제도 시 다양한 방법이 있으나, 이 책에서는 가슴둘레를 활용하는 제도법으로 의복 맞춤 제작 시 실제 현장에서 사용하고 있는 상동(윗가슴둘레)와 유상동(젖가슴둘레)을 구분하여 제도하는 패턴을 실었다. 상의 원형 제도 시 앞판 가슴둘레는 유상동(젖가슴둘레)를 적용하고 그 외는 상동(윗가슴둘레)를 적용한다.

상의 원형 제도시 상동(윗가슴둘레) 적용
● 목둘레선 설계를 위한 기초선 제도시 뒤판은 상동/12+0.5㎝, 앞판은 상동/12를 적용,
● 진동깊이: 상동/4
● 뒤판 가슴둘레: 상동/4 + 여유분량

상의 원형 제도시 유상동(젖가슴둘레) 적용
● 앞판 가슴둘레 = 유상동/4 + 여유분량

1. 체형알기

신체에 맞는 옷을 만들기 위해서는 신체의 치수를 정확하게 재는 것이 무엇보다 중요하다.
치수를 잴 때는 피측정자가 편안한 자세로 있는 상태에서 잴 수 있도록 한다. 먼저 전체적으로 체형이 어떠한지를 살피고 치수를 재면서 부분별로 특이한 점이 있는지를 체크한다.

체형은 크게 기본체형과 변형체형으로 나누어 볼 수 있다.
많은 사람들의 옷을 제작하면서 나름대로 분류하는 체형의 종류를 예를 들어 설명하자면 다음과 같다.

체형의 분류

기본체형 통계적인 수치로 나타낸 체형

변형체형

선천적으로 타고난 체형 후천적으로 변형되어진 체형	변형체형 세분류의 예) ● 굴신 : 앞으로 굽은 체형 / 상굴신, 하굴신 ● 반신 : 뒤로 젖혀진 체형 / 상반신, 하반신 ● 상견 : 어깨가 수평으로 올라간 체형 / 상, 중, 하 ● 하견 : 어깨가 아래로 처진 체형 / 상, 중, 하 ● 전견 : 어깨가 앞쪽으로 기울어 있는 체형 ● 등과 뒷목에 살이 많은 체형 ● 팔살이 많은 체형 ● 가슴뼈가 돌출(새가슴)된 체형 ● 출방 : 유방이 많이 나온 체형 ● 출배 : 배가 많이 나온 체형 ● 상체가 긴 체형, 하체가 긴 체형 ● 엉덩이가 큰 체형 ● 엉덩이가 쳐진 체형 이 외에도 여러 체형이 있음
복합체형 -변형체형이 복합적으로 나타나는 체형	복합체형의 예) ● 상굴신이면서 하반신인 체형 ● 새가슴~하굴신 체형 ● 전견~등살+팔살~출배인 체형 ● 출배~굴신~전견 (또는 상, 하견)인 체형 이 외에도 많은 복합체형이 있음

후천적으로 변형되어지는 체형은 다양한 직업의 특수성과 생활습관(자세, 식습관 등)으로 인한 변화가 큰 원인이라 할 수 있겠다. 기성복의 경우는 대량생산된 사이즈의 옷에 내 몸을 맞춰 입어야 하지만, 맞춤옷의 경우는 내 몸에 옷을 맞추어야 하므로, 위와 같은 복합적인 여러 체형들을 고려해서 체형의 장점은 살리고 단점은 보완할 수 있는 패턴 설계 과정이 필요하다. 그러나, 체형을 감안한 패턴제도는 많은 시간과 경험이 필요하므로 이 책에서는 기본체형으로 작업하기로 한다.

2. 치수재기

치수를 잴 때는 피측정자가 편안한 자세로 있는 상태에서 잴 수 있도록 한다. 먼저 전체적으로 체형이 어떠한지를 살피고 치수를 재면서 부분별로 특이한 점이 있는지를 체크한다.

허리선 표시하기

허리의 제일 가는 부분을 찾아 수평이 되도록 고무줄로 묶어준다.

※ 치수를 재는 순서

1. 어깨길이
2. 소매길이
3. 손목둘레
4. 위팔둘레
5. 암홀둘레
6. 뒤품
7. 등길이
8. 상의길이
9. 유장
10. 앞길이
11. 앞품
12. 유폭
13. 상동
14. 유상동
15. 허리둘레
16. 엉덩이둘레

하의제작시
스커트길이,
팬츠길이

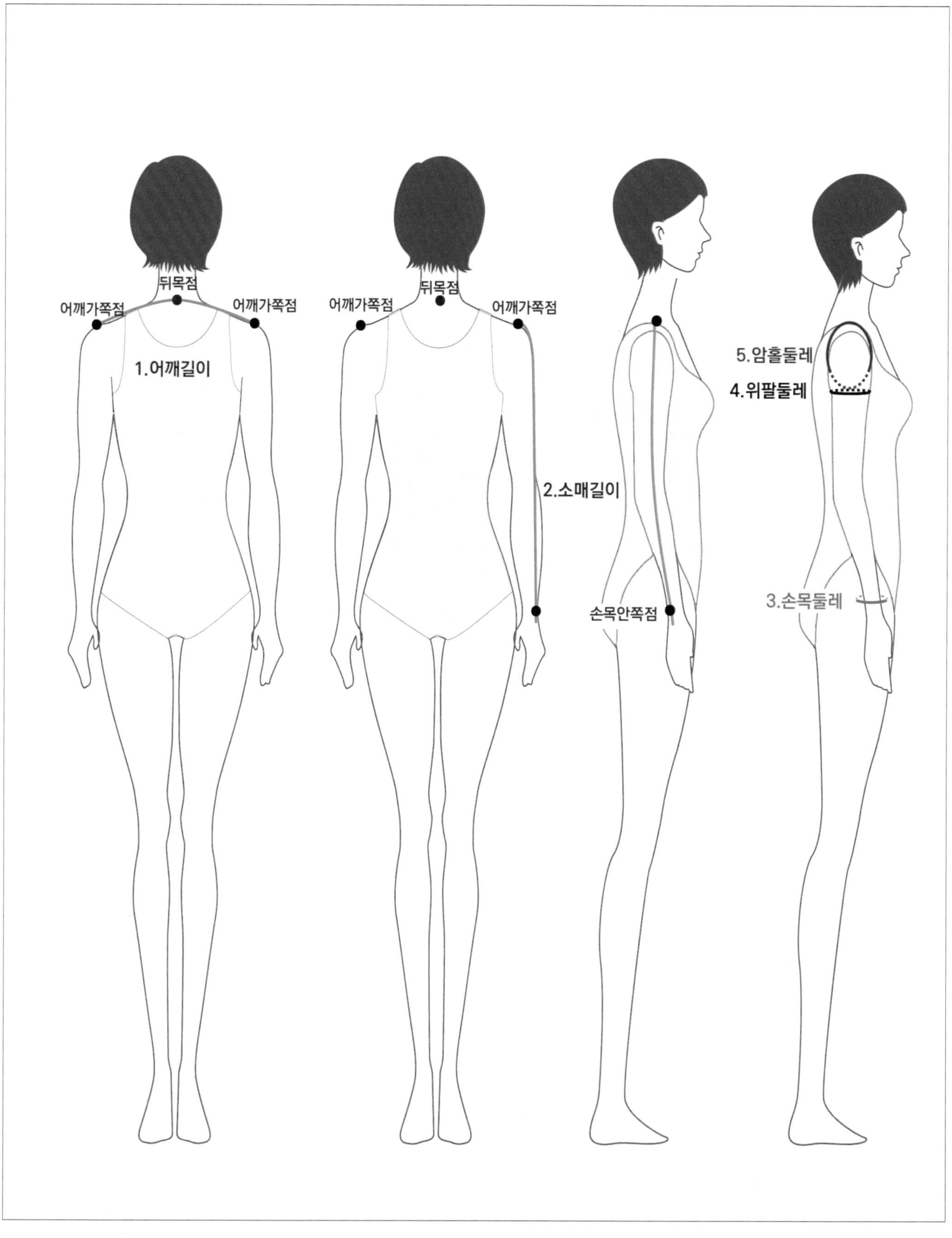
뒤목점
어깨가쪽점
어깨가쪽점
1.어깨길이
뒤목점
어깨가쪽점
어깨가쪽점
2.소매길이
손목안쪽점
5.암홀둘레
4.위팔둘레
3.손목둘레

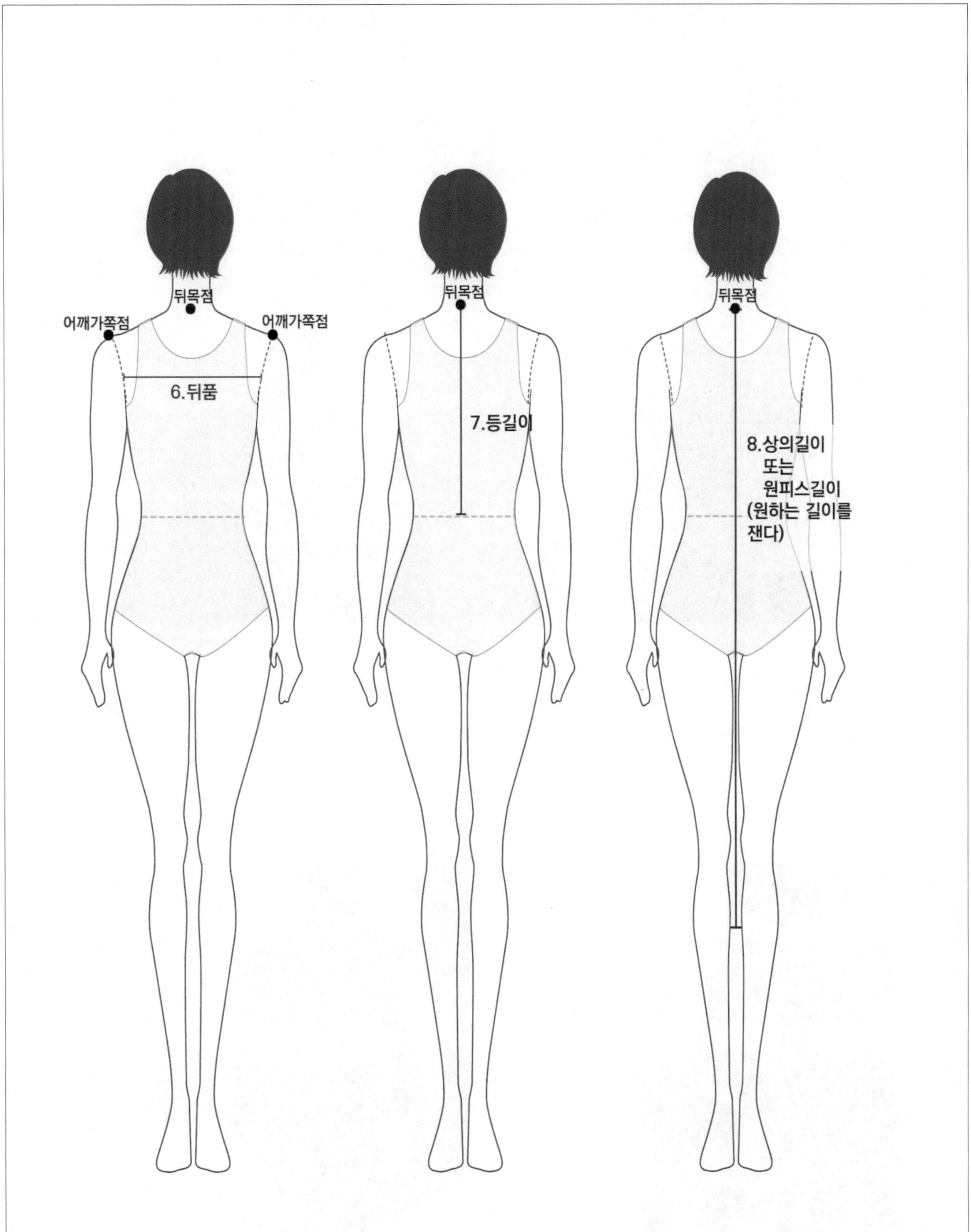
뒤목점
어깨가쪽점
어깨가쪽점
6.뒤품
뒤목점
7.등길이
뒤목점
8.상의길이
또는
원피스길이
(원하는 길이를
잰다)

등품 재기

양팔을 들어 올려 겨드랑이 사이로 옷을 당겨 내려주고 팔을 내린다.

Tip 팔을 접으면 겨드랑이에서 어깨가쪽점을 향해 골이 생기게 된다.
겨드랑이에서 골을 따라 4~5㎝정도 올라간 지점의 양쪽 사이의 길이를 잰다.
또는 어깨가쪽점에서 9~10㎝ 내려온 위치에서 재는 방법도 있다.

등길이, 상의(원피스) 길이 재기

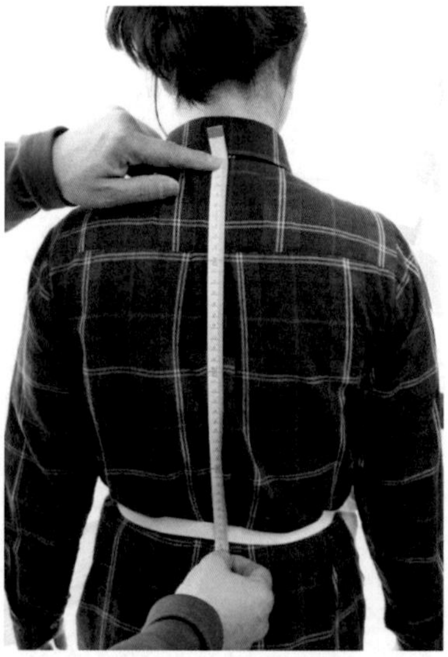

뒤목점에서
허리까지의
길이를 잰다.

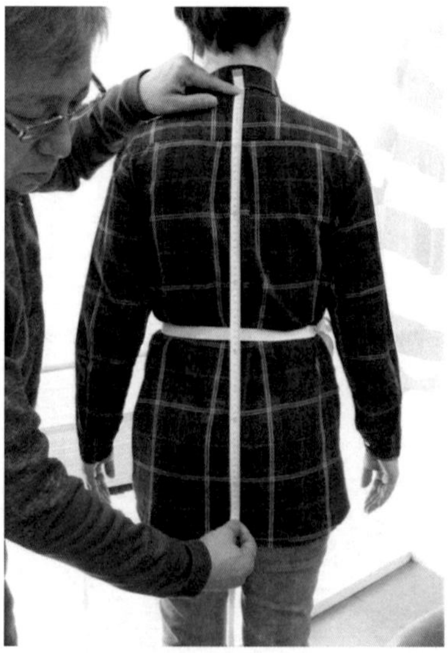

뒤목점에서 수
직으로 자를
떨어뜨려 원하
는 길이만큼
잰다.

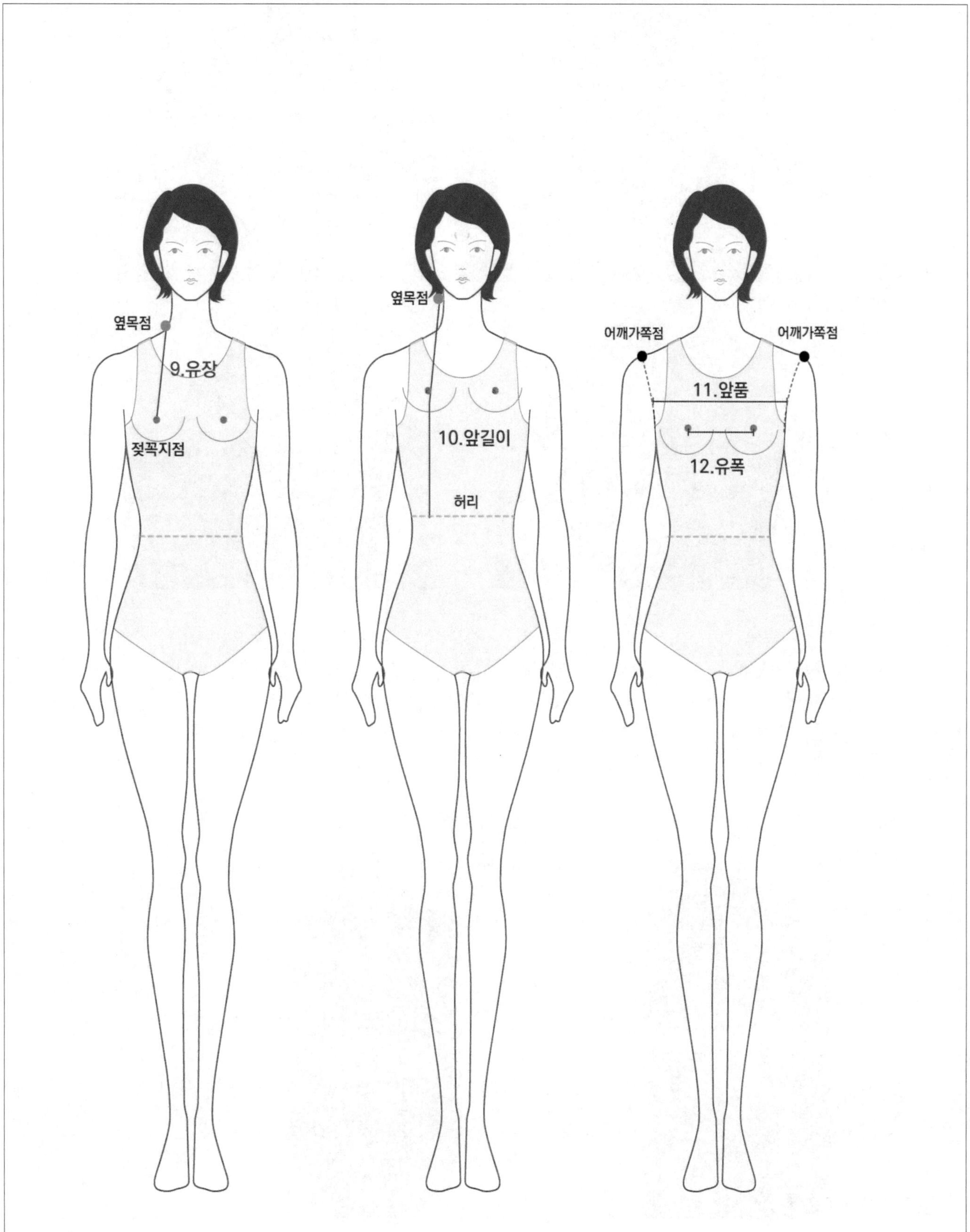
옆목점
9.유장
젖꼭지점
옆목점
10.앞길이
허리
어깨가쪽점
어깨가쪽점
11.앞품
12.유폭

앞품 재기

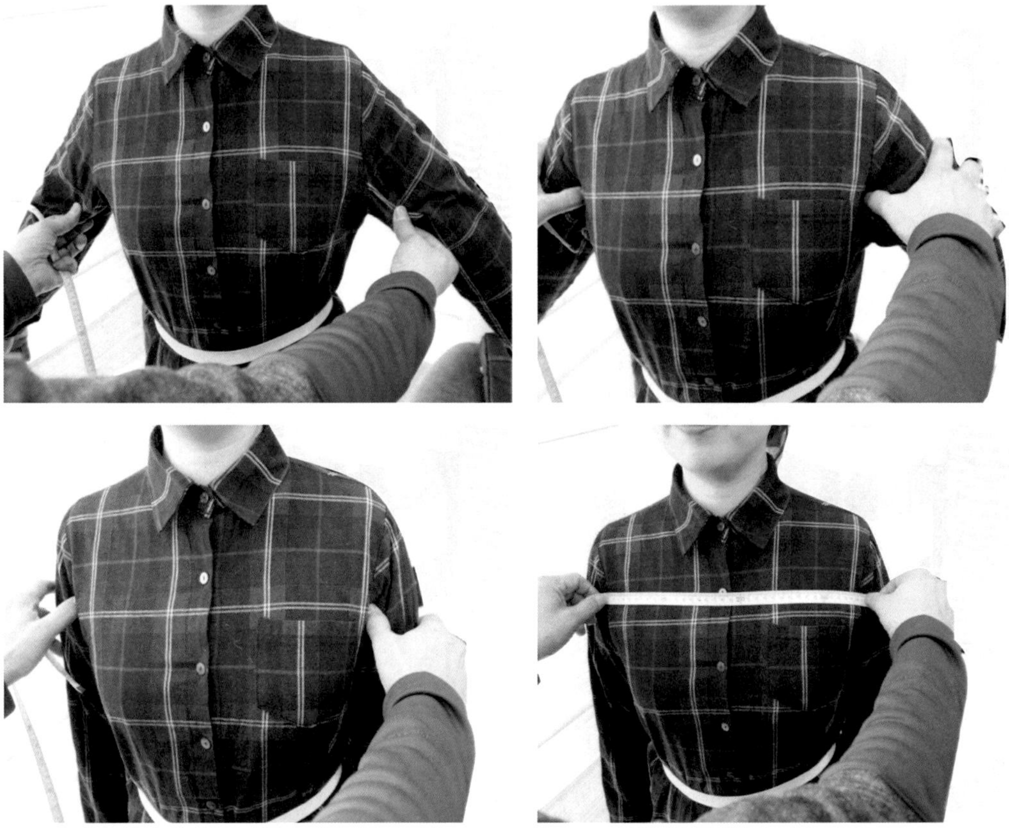

Tip 뒤품과 같은 방법으로 양팔을 들어 올려 겨드랑이 사이로 옷을 당겨 내려주고 팔을 내린다. 팔을 접으면 겨드랑이에서 어깨가쪽점을 향해 골이 생기게 된다. 겨드랑이에서 골을 따라 4~5㎝정도 올라간 지점의 양쪽 사이의 길이를 잰다. 또는 어깨가쪽점에서 9~10㎝ 내려온 위치에서 재는 방법도 있다.

유장, 앞길이

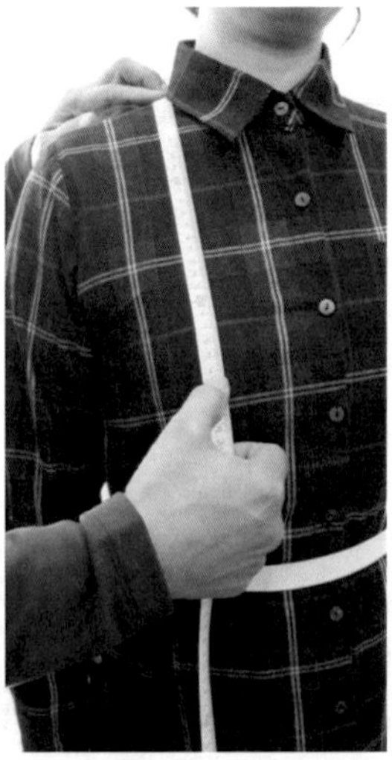

유장
옆목점에서
젖꼭지점까지
의 길이

앞길이
옆목점에서 젖꼭지
점을 통과하여 허리
까지의 길이

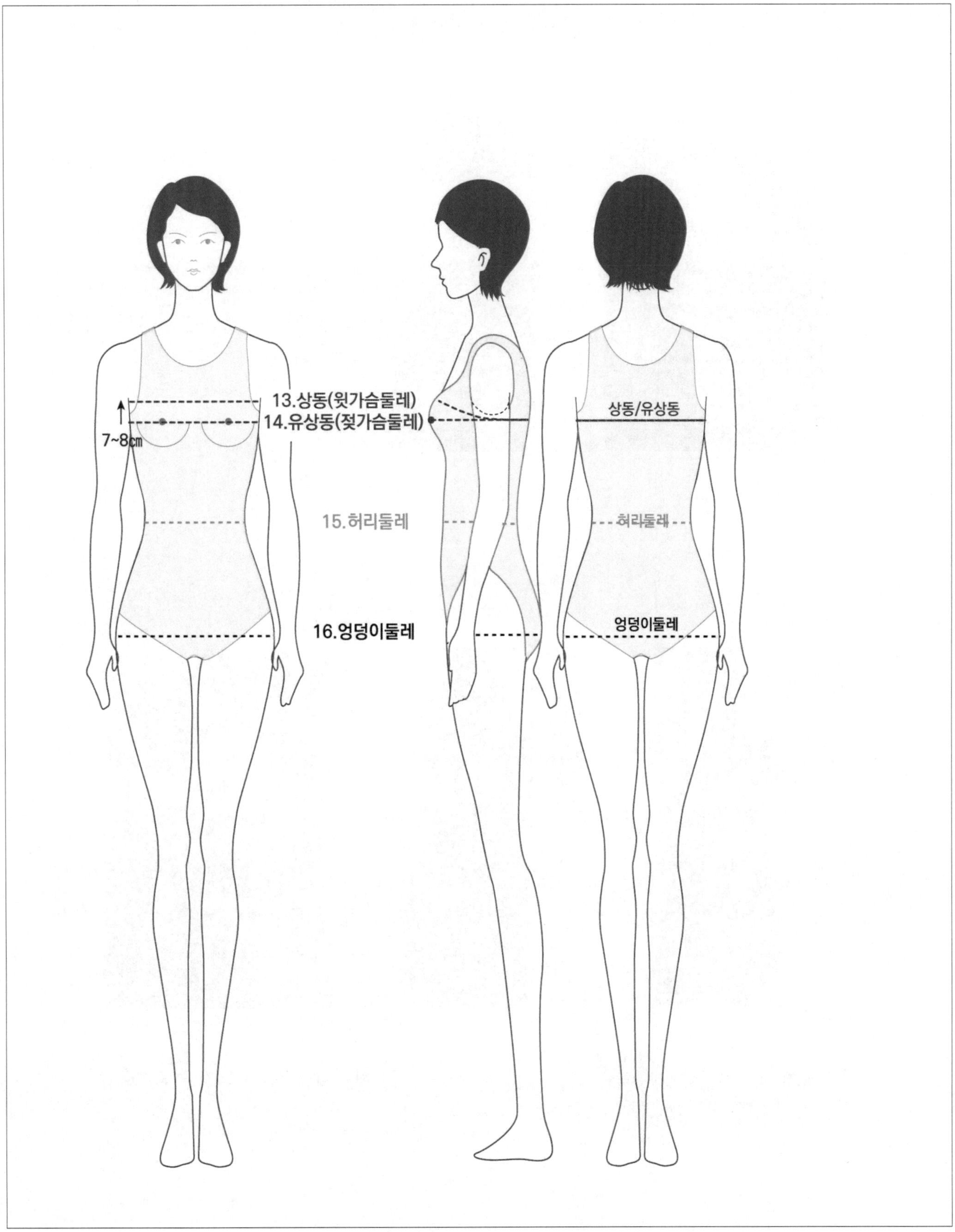
13.상동(윗가슴둘레)
14.유상동(젖가슴둘레)
7~8㎝
15.허리둘레
16.엉덩이둘레
상동/유상동
허리둘레
엉덩이둘레

상동(윗가슴둘레) 재기

등 부분은 젖꼭지점과 수평이 되는 위치에 두고 앞쪽은 젖꼭지점에서 위쪽으로 7~8㎝ 올라간 위치에서 윗가슴둘레를 잰다.

유상동(젖가슴둘레) 재기

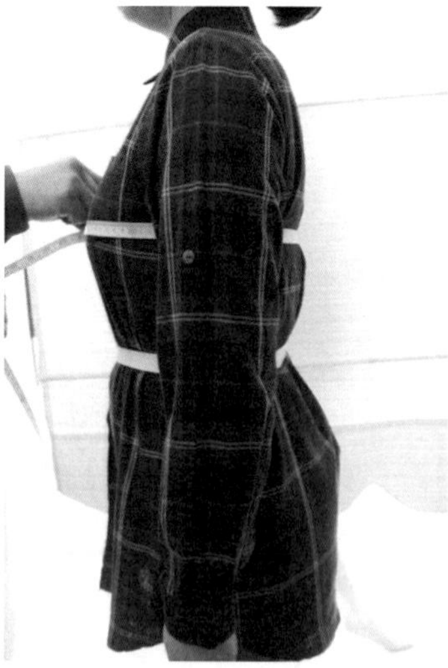

옆모습

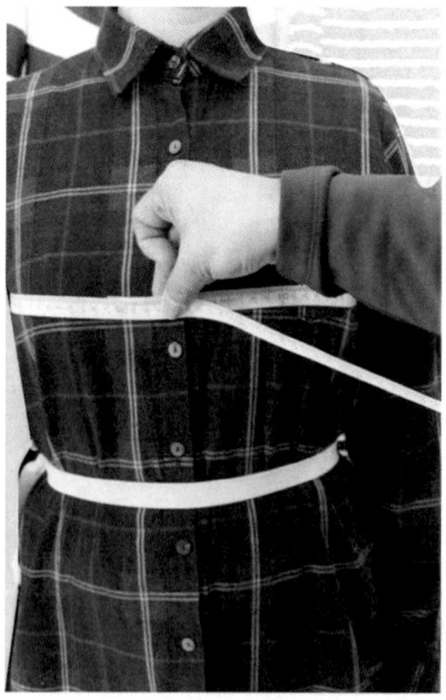

앞모습

젖꼭지점과 수평이 되도록 둘레를 잰다. 손가락 두 개 정도의 여유를 준다. (등 부분은 상동 치수를 재는 위치와 일치함)

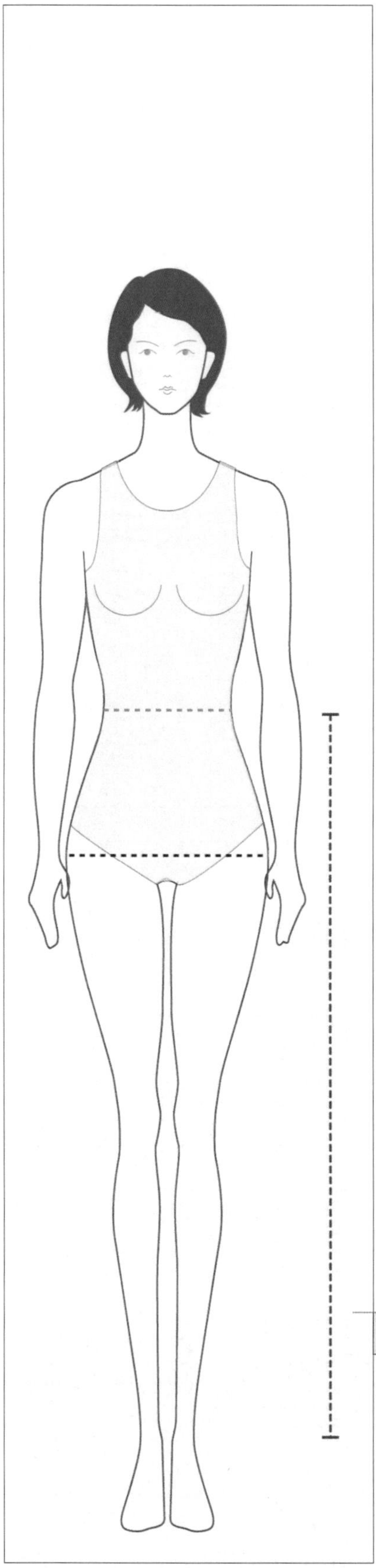

허리둘레 재기

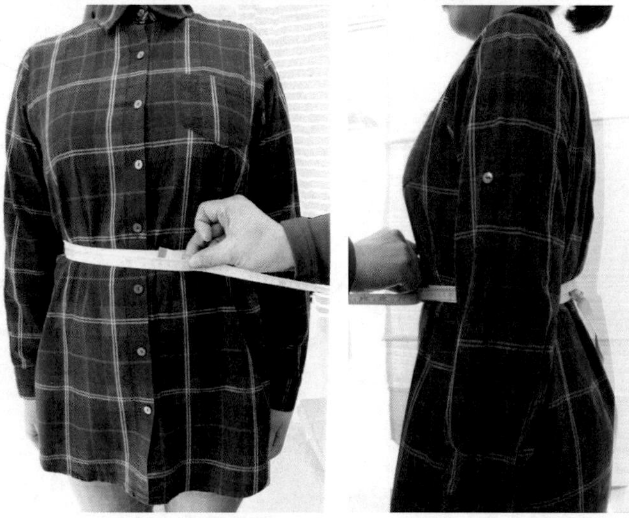

손가락 하나 정도의 여유를 주고 둘레가 수평이 되도록 잰다.

엉덩이 둘레 재기

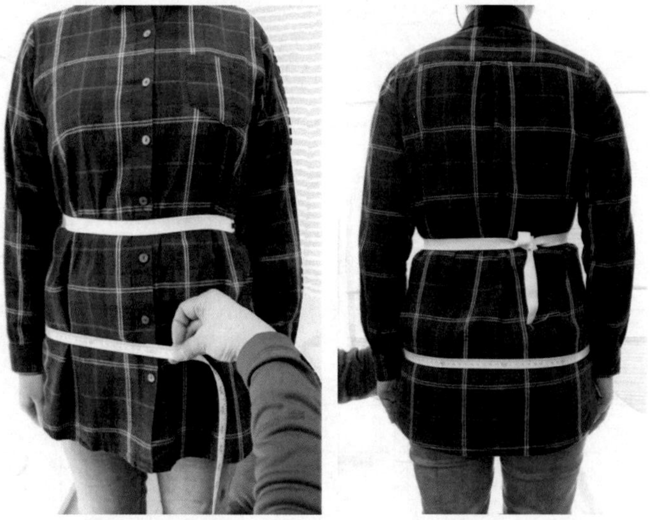

앞모습 뒷모습

손가락 두 개 정도의 여유를 주고 엉덩이의 가장 돌출된 부분을 수평으로 잰다.

스커트, 팬츠길이 재기

하의(스커트, 팬츠) 길이는 옆선 허리선에서 원하는길이만큼 잰다

3. 패턴기호 & 약자

패턴기호

식서방향		바이어스 방향		외주름	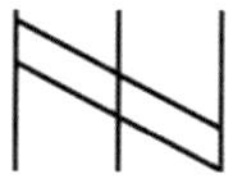
중심선	CF (또는) CB	버스트포인트		맞주름	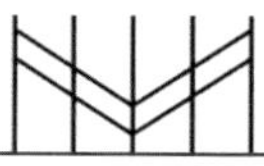
안내선		직각표시	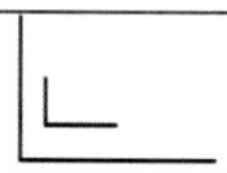	단추 붙이는 위치	
완성선		선의 교차		단춧구멍	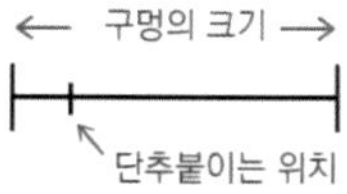
안단선		노치(notch)		늘임	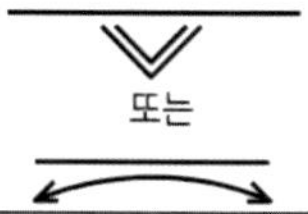
골선		개더		오그림	
등분선		다트	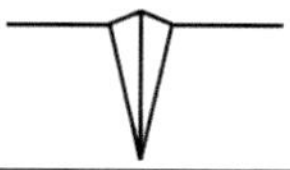	앞뒤구별	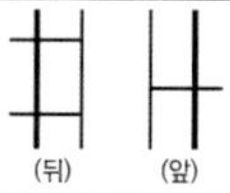
방향선		패턴맞춤 표시	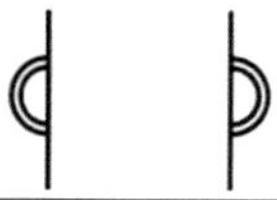	부품 붙이는 위치	

약자

약자	명칭	영문표기
B	젖가슴둘레	Bust
W	허리둘레	Waist
H	엉덩이둘레	Hip
F	앞	Front
B	뒤	Back
B.L	가슴선	Bust Line
W.L	허리선	Waist Line
H.L	엉덩이선	Hip Line
S.S	옆선	Side Seam
C.F.L	앞중심선	Center Front Line
C.B.L	뒤중심선	Center Back Line
S.S	옆선	Side Seam
Hm.L	밑단선	Hem Line

약자	설명	Full Name
B.P	젖꼭지점	Bust Point
F.N.P	앞목점	Front Neck Point
S.N.P	옆목점	Side Neck Point
B.N.P	뒤목점	Back Neck Point
S.P	어깨점	Shoulder Point
A.H	진동둘레	Arm Hole
F.A.H	앞진동둘레	Front Arm Hole
B.A.H	뒤진동둘레	Back Arm Hole
E.L	팔꿈치선	Elbow Line
S.C.H	소매산	Sleeve Cap Height
S.C.L	소매중심선	Sleeve Center Line
F.N	앞맞춤표	Front Notch
B.N	뒤맞춤표	Back Notch

스커트

알아두기
타이트스커트 부분별 명칭
타이트스커트 그리기
타이트 스커트 패턴 한눈에 보기

타이트스커트
항아리스커트
A라인스커트
6폭 고어드스커트
8폭 고어드스커트
플레어스커트

김석한쌤 따라하기5 / "실루엣이 살아있는" 베이직 실무 여성복 패턴 25

알아두기

치수 측정에 따른 패턴의 여유분량 적용

① 체촌시 엉덩이둘레를 신체에 맞게 측정하고 패턴 제도시 여유분량을 주는 방법
② 체촌시 엉덩이둘레에 여유를 주어 측정하고 패턴 제도시 여유분량 없이 제도하는 방법 두가지를 사용한다.
패턴제도시 여유분량은 디자인에 따라 달라지며, 이 책에서는 ②의 방법으로 체촌 후 패턴을 제도하였다. 엉덩이둘레 체촌시 줄자를 사용하여 손가락 하나 정도의 여유를 주고 엉덩이의 가장 돌출된 부분을 수평으로 잰 뒤에 허벅지 아래쪽으로 자연스럽게 내려오는지 확인한 후 치수를 적용한다.

☞ 각종 수치들:
체형이나 사이즈, 디자인에 따라 각종 길이, 둘레, 깊이, 다트분량, 여유분량 등이 달라지므로 여기서 설명하는 수치들은 절댓값이 아님을 유념해주기 바란다.

타이트 스커트

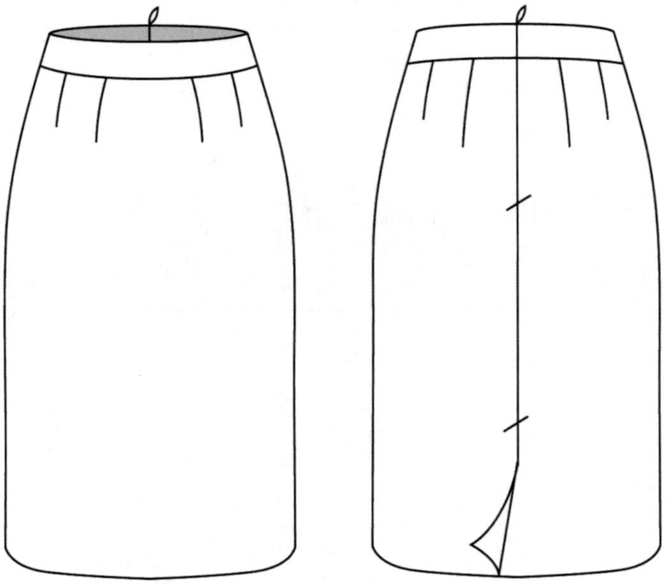

앞 뒤

스커트 부분별 명칭

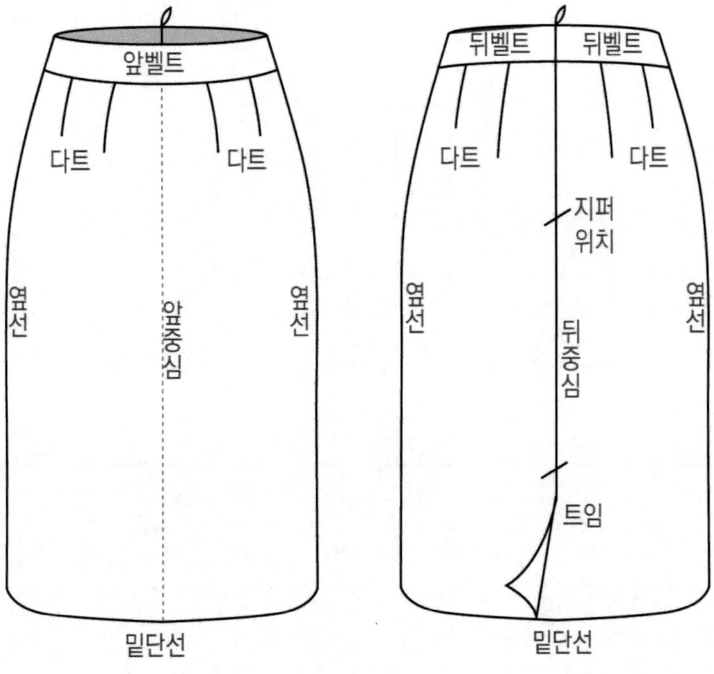

타이트 스커트

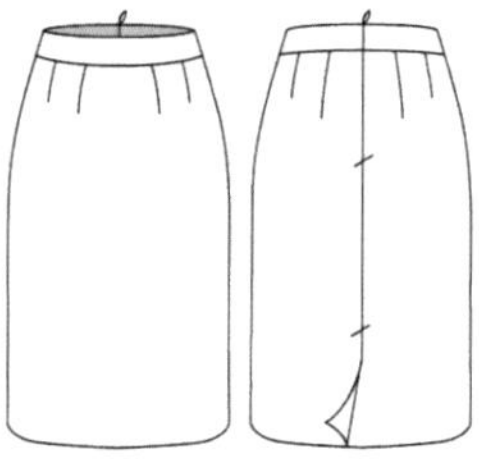

스커트 제도시 필요치수

ex) 55사이즈

허리둘레(W)	68
엉덩이둘레(H)	92
엉덩이길이	18
스커트길이	55

기초선 그리기

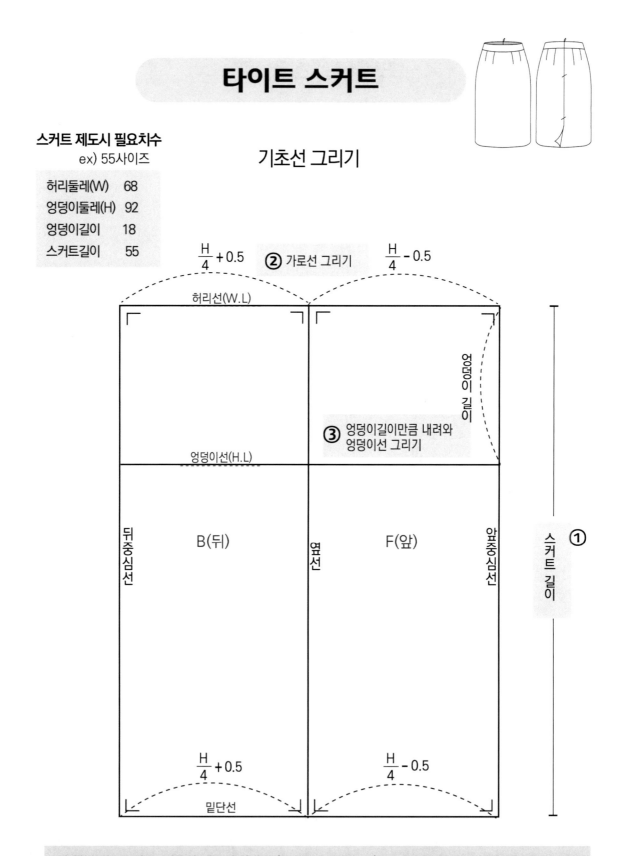

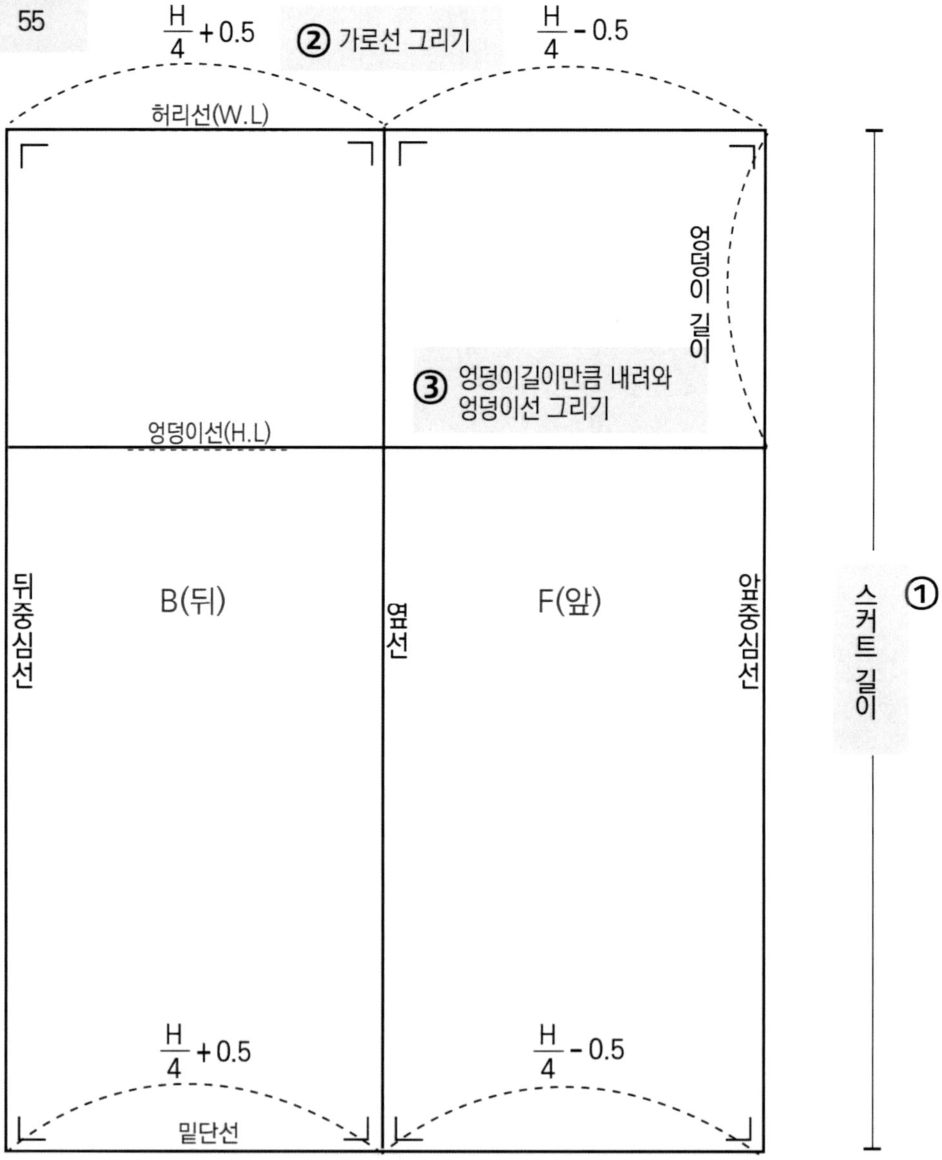

이 책에서는 스커트 기초선 제도시 앞판 H/4-0.5㎝, 뒤판 H/4+0.5㎝로 앞판보다 뒤판을 조금더 크게 적용하여 제도하였다. 앞판과 뒤판 모두 엉덩이둘레(H)/4를 적용하여 제도하기도 하며, 디자인에 따라서 앞판과 뒤판에 차이를 더 주기도 한다.

타이트 스커트

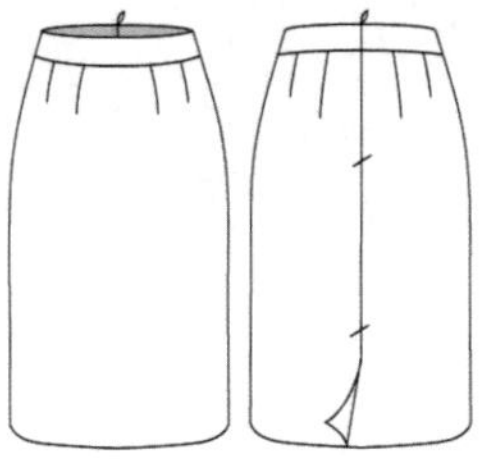

기초선 그리기

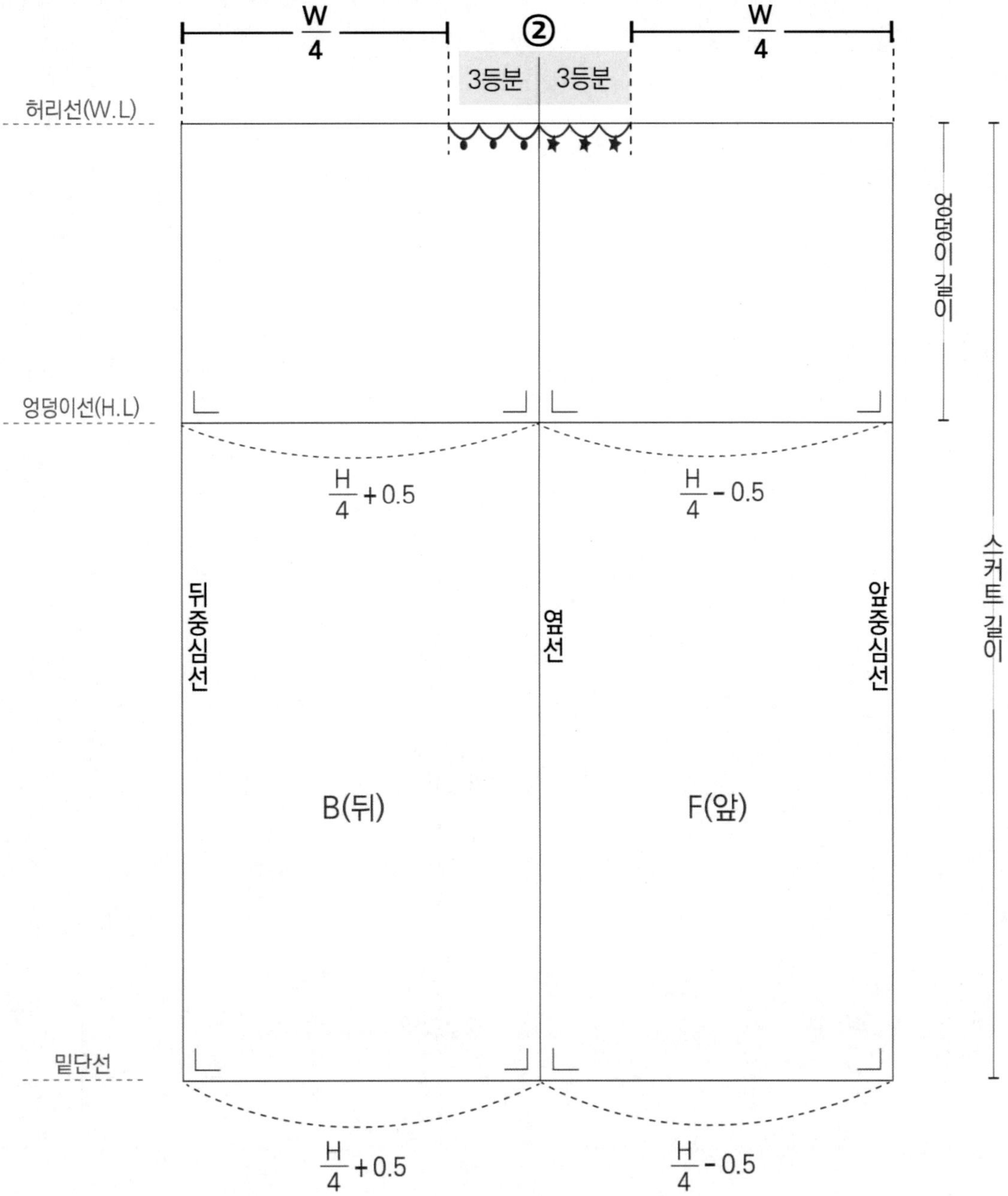

타이트 스커트

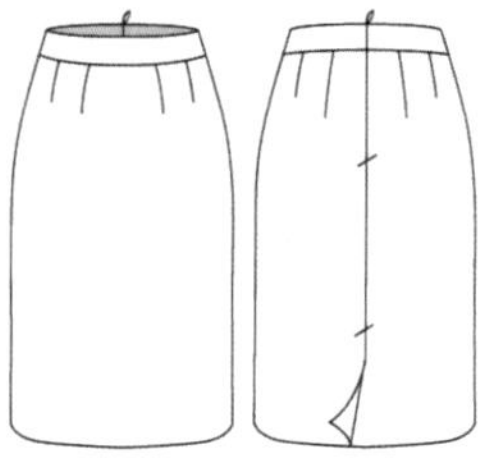

옆선 그리기

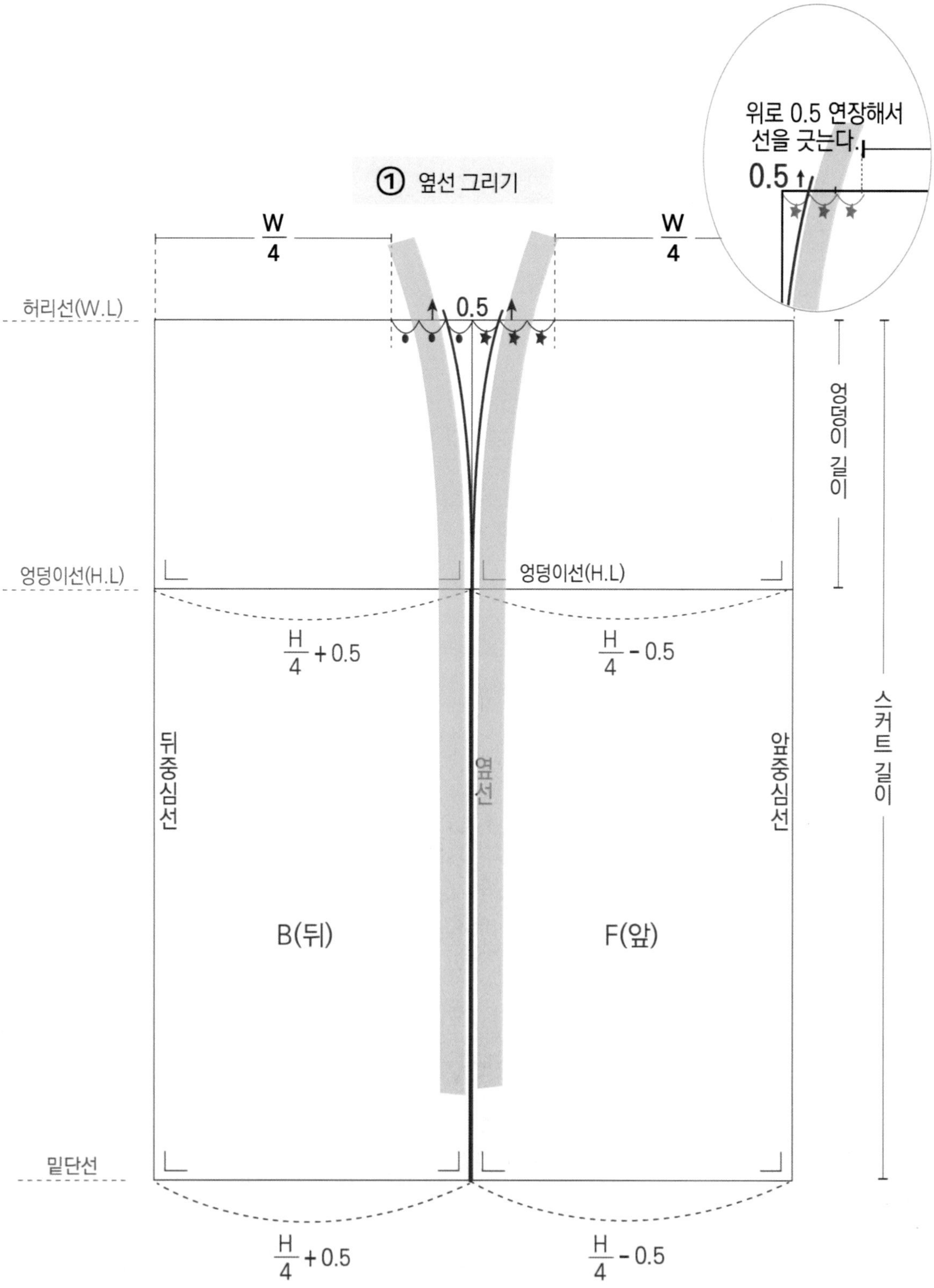

타이트 스커트

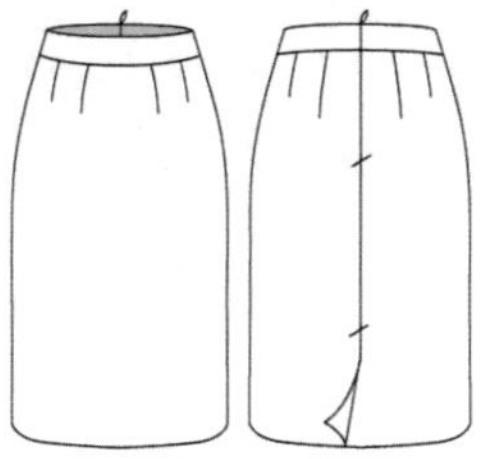

허리선 그리기

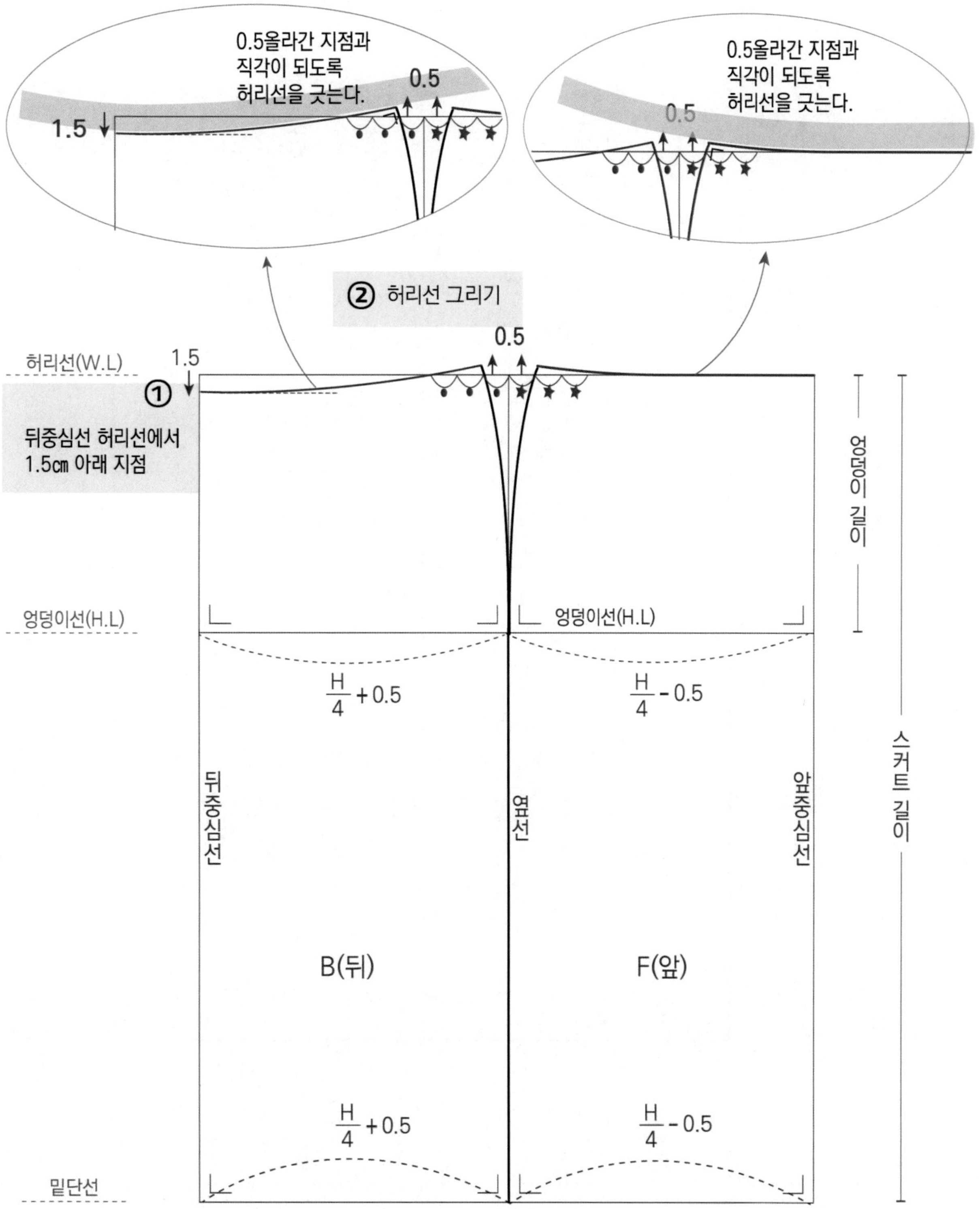
0.5올라간 지점과
직각이 되도록
허리선을 긋는다.
1.5
0.5
0.5올라간 지점과
직각이 되도록
허리선을 긋는다.
0.5
② 허리선 그리기
0.5
허리선(W.L)
1.5
①
뒤중심선 허리선에서
1.5cm 아래 지점
엉덩이 길이
엉덩이선(H.L)
엉덩이선(H.L)
H/4 + 0.5
H/4 - 0.5
뒤중심선
옆선
앞중심선
스커트 길이
B(뒤)
F(앞)
H/4 + 0.5
H/4 - 0.5
밑단선

타이트 스커트

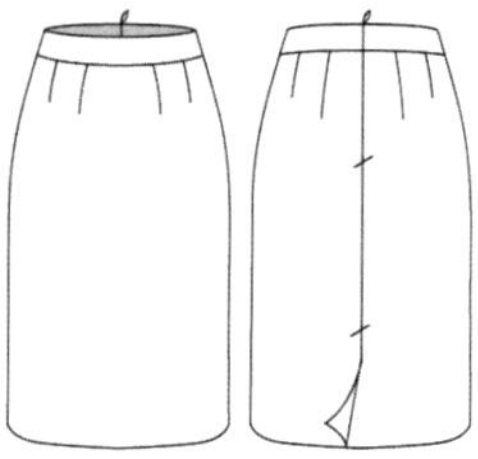

다트선 그리기

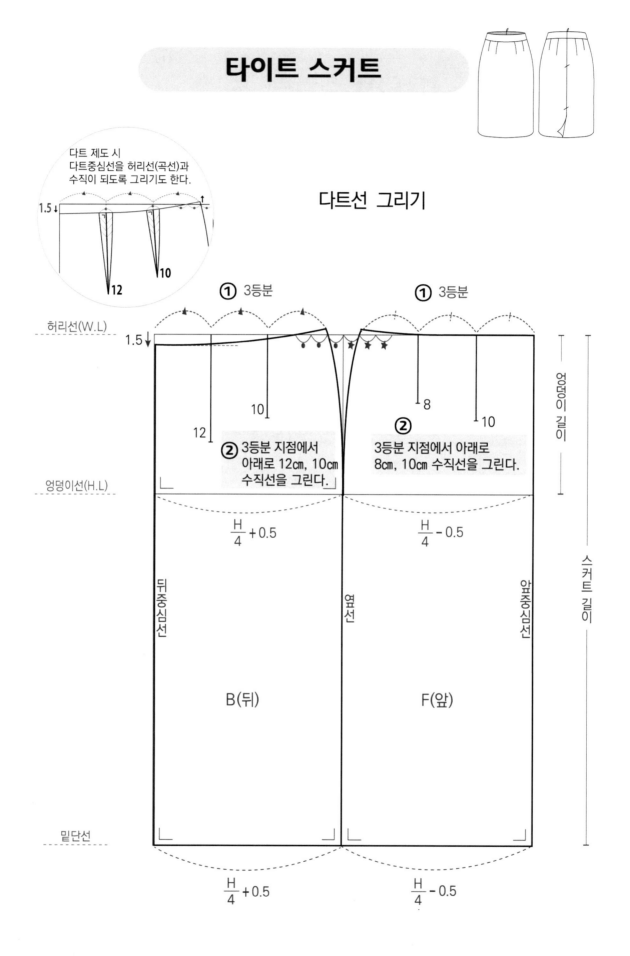

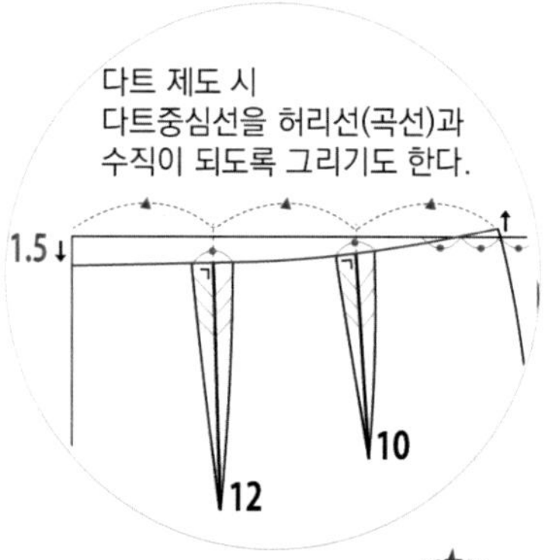
다트 제도 시
다트중심선을 허리선(곡선)과
수직이 되도록 그리기도 한다.
1.5
12
10

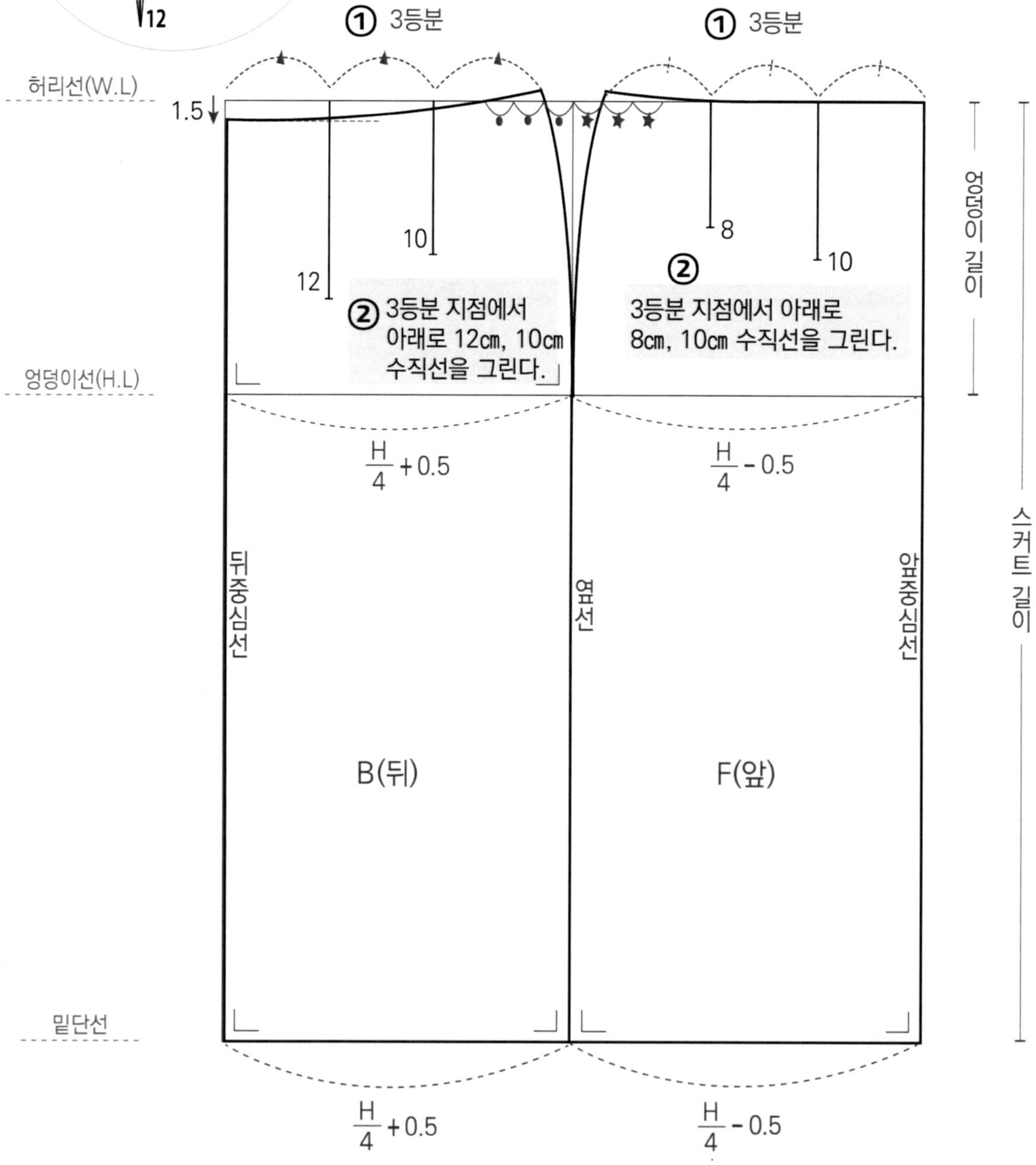
① 3등분
① 3등분
허리선(W.L)
1.5
12
10
8
10
② 3등분 지점에서
아래로 12㎝, 10㎝
수직선을 그린다.
②
3등분 지점에서 아래로
8㎝, 10㎝ 수직선을 그린다.
엉덩이 길이
엉덩이선(H.L)
H/4 +0.5
H/4 - 0.5
뒤중심선
옆선
앞중심선
스커트 길이
B(뒤)
F(앞)
밑단선
H/4 +0.5
H/4 - 0.5

타이트 스커트

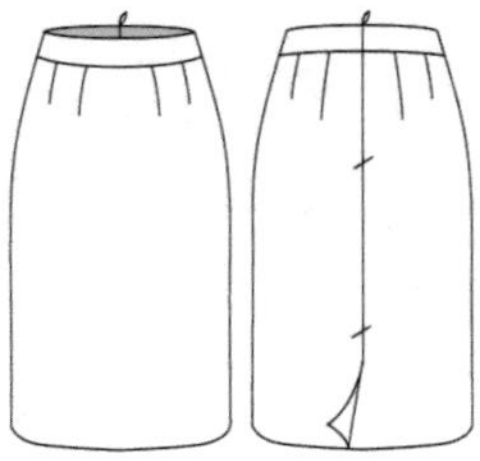

다트선 그리기

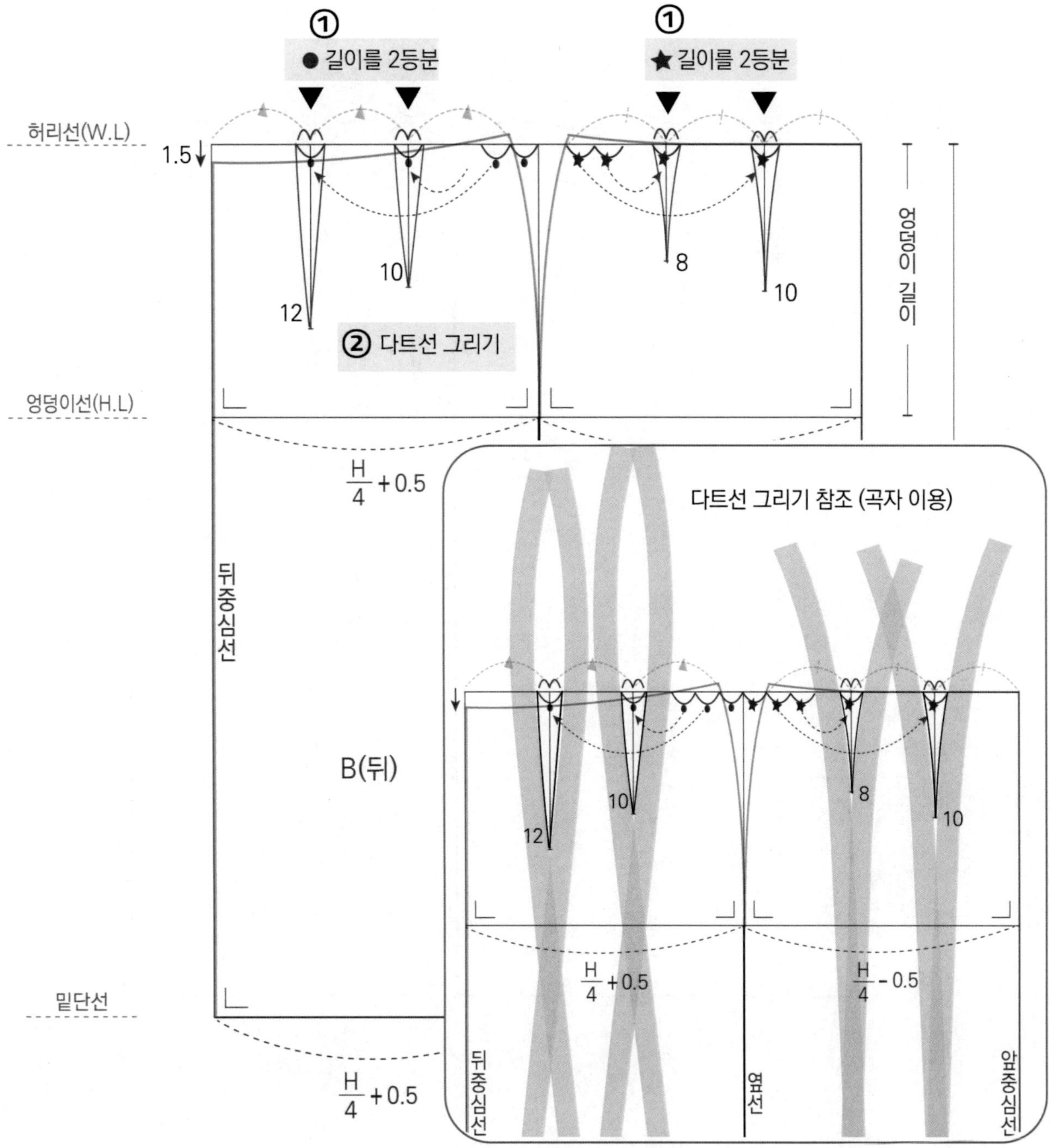

타이트 스커트

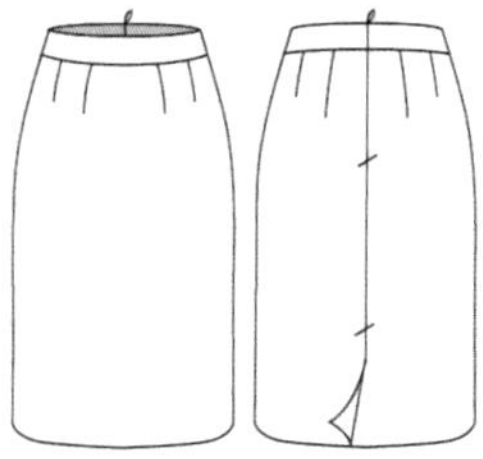

허리벨트, 지퍼표시, 뒤트임

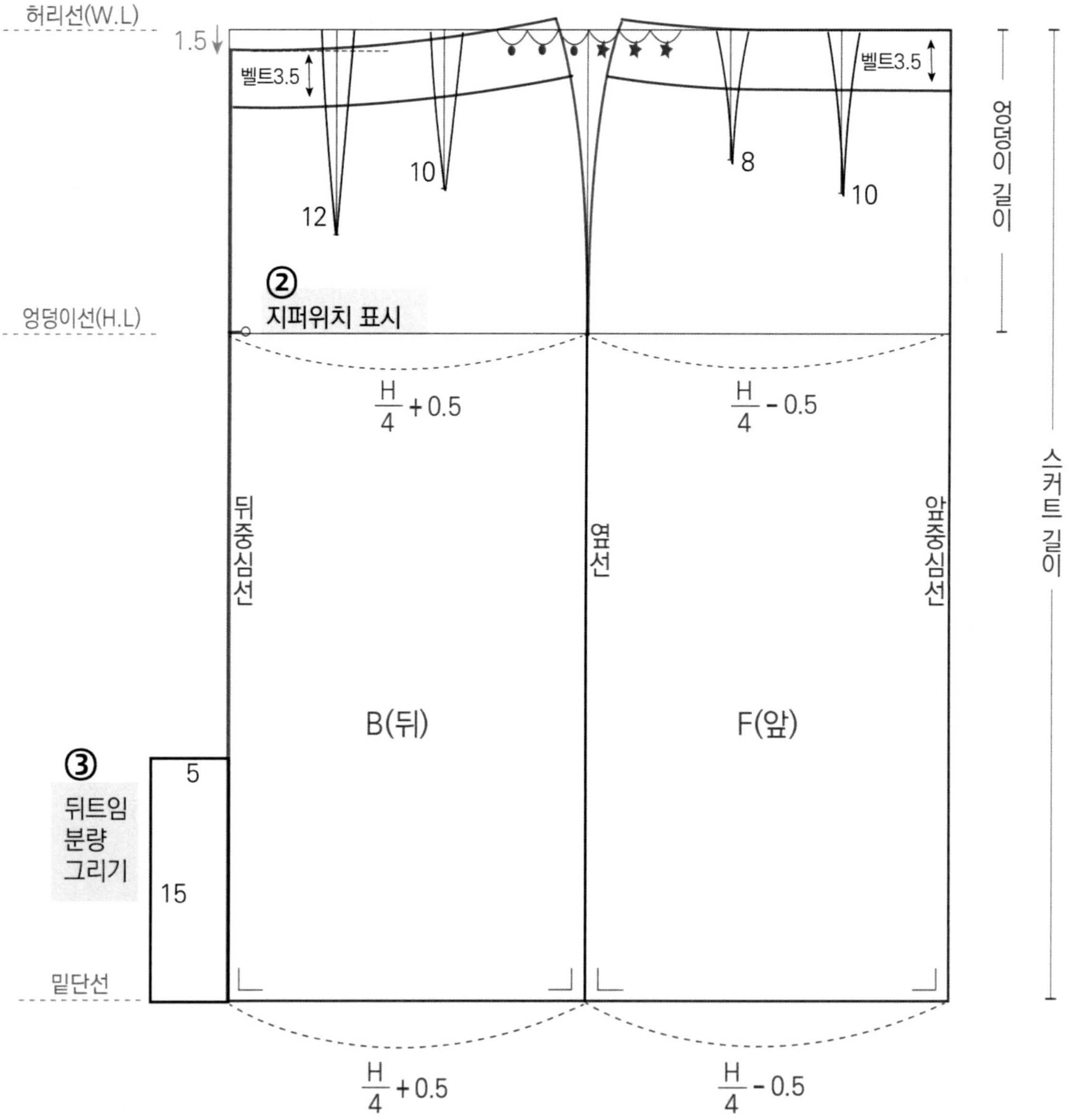

타이트 스커트

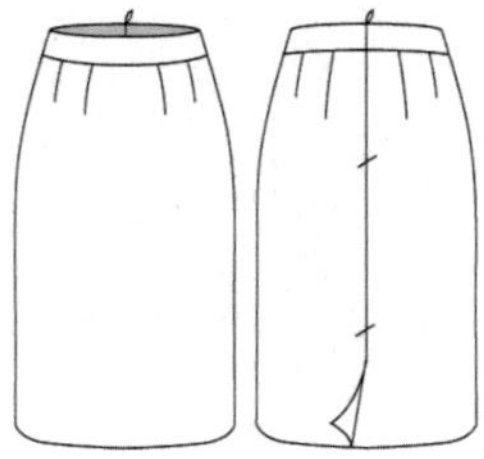

앞, 뒤 패턴 전체 보기

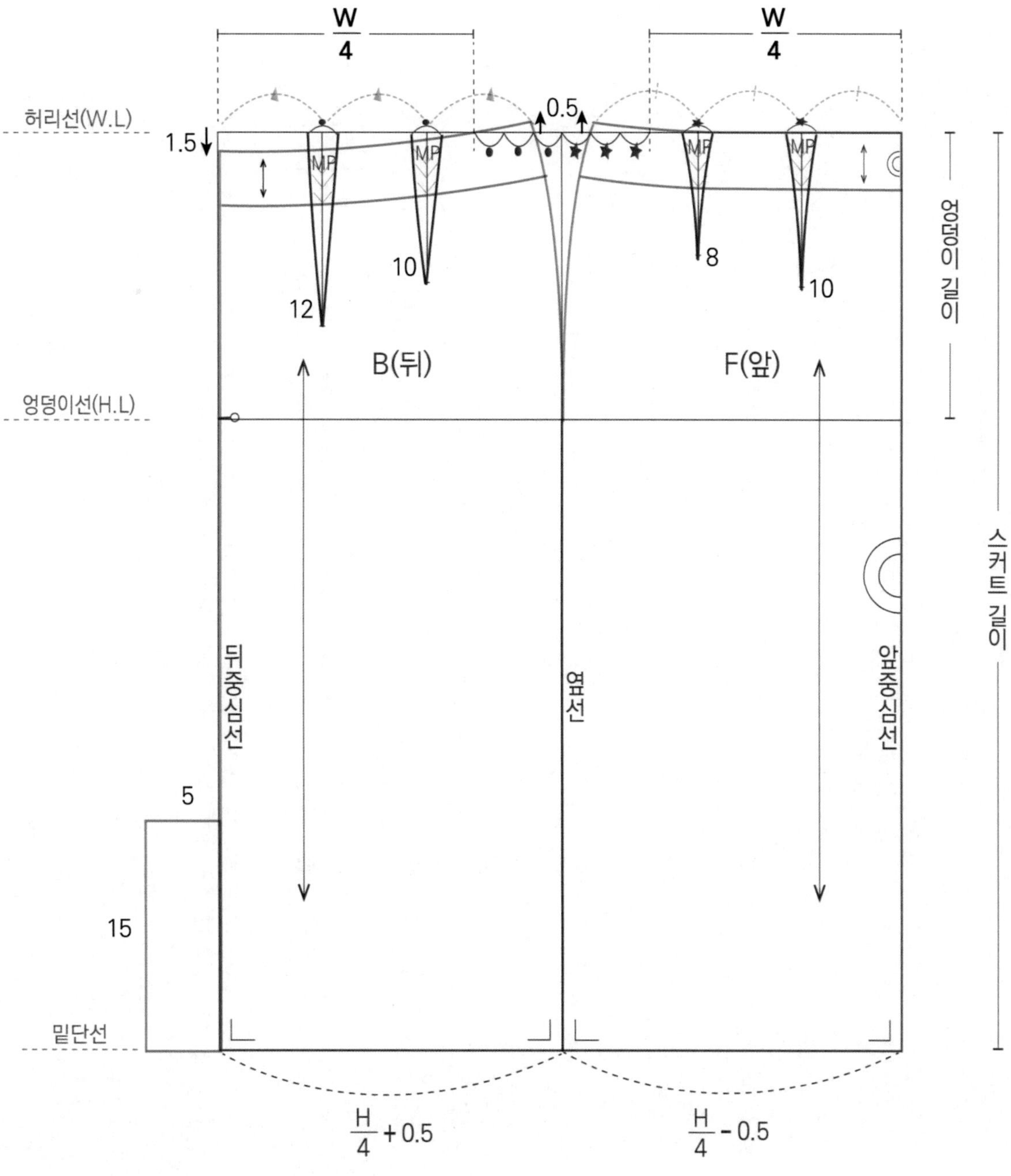

항아리 스커트

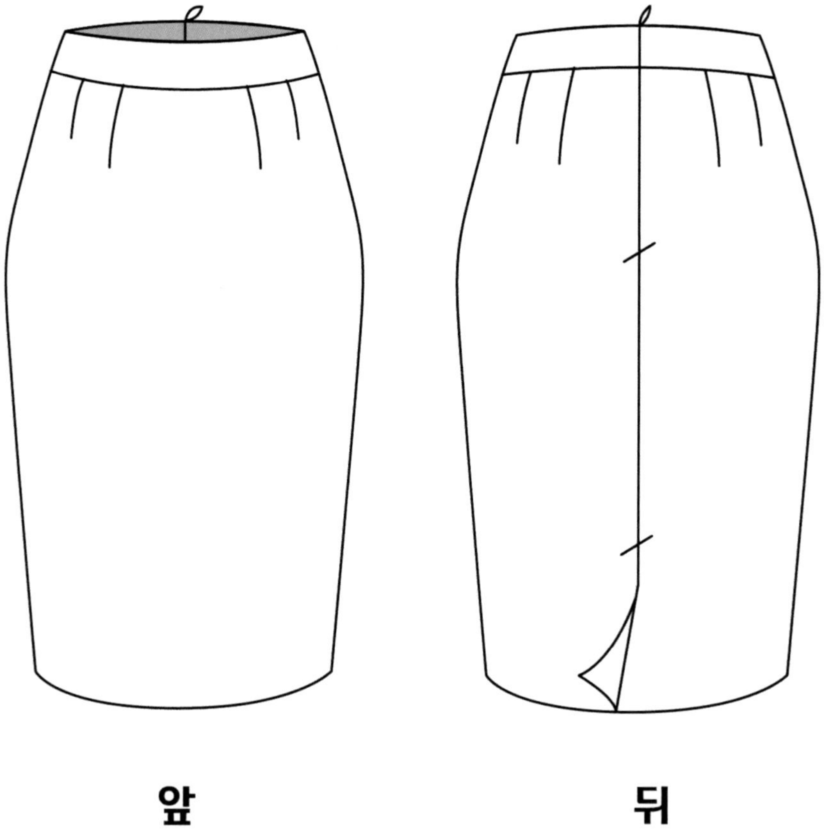

앞 뒤

항아리 스커트

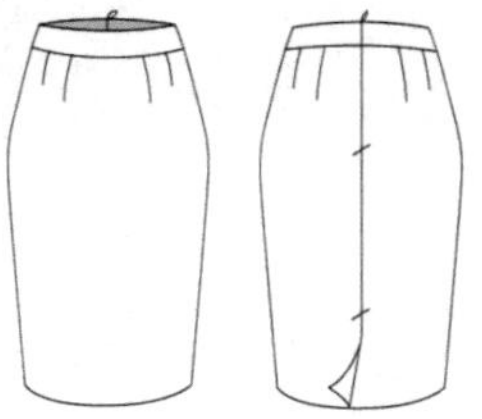

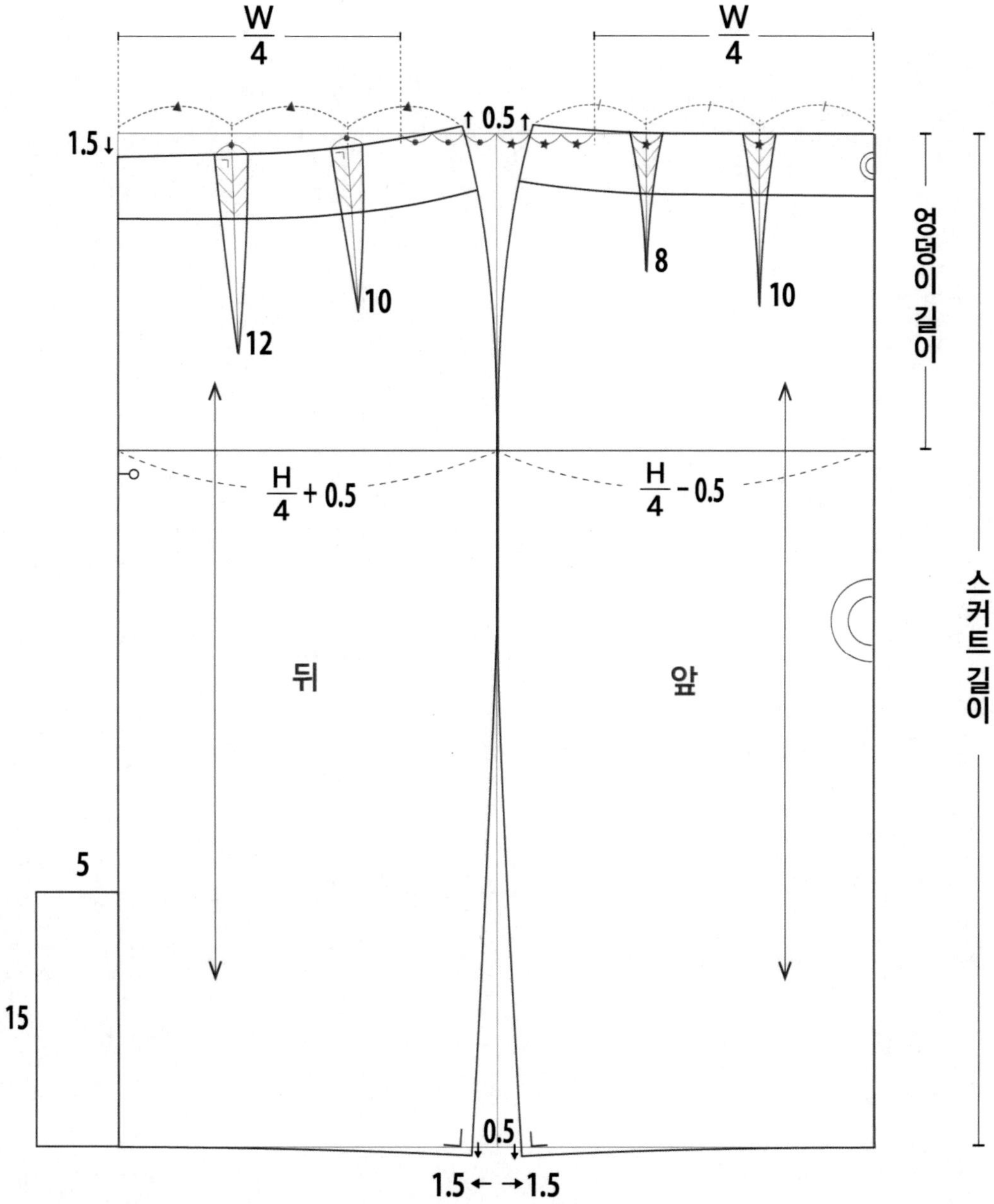
W/4
W/4
1.5
0.5
0.5
12
10
8
10
엉덩이 길이
H/4 + 0.5
H/4 - 0.5
뒤
앞
스커트 길이
5
15
0.5
1.5
1.5

A라인스커트

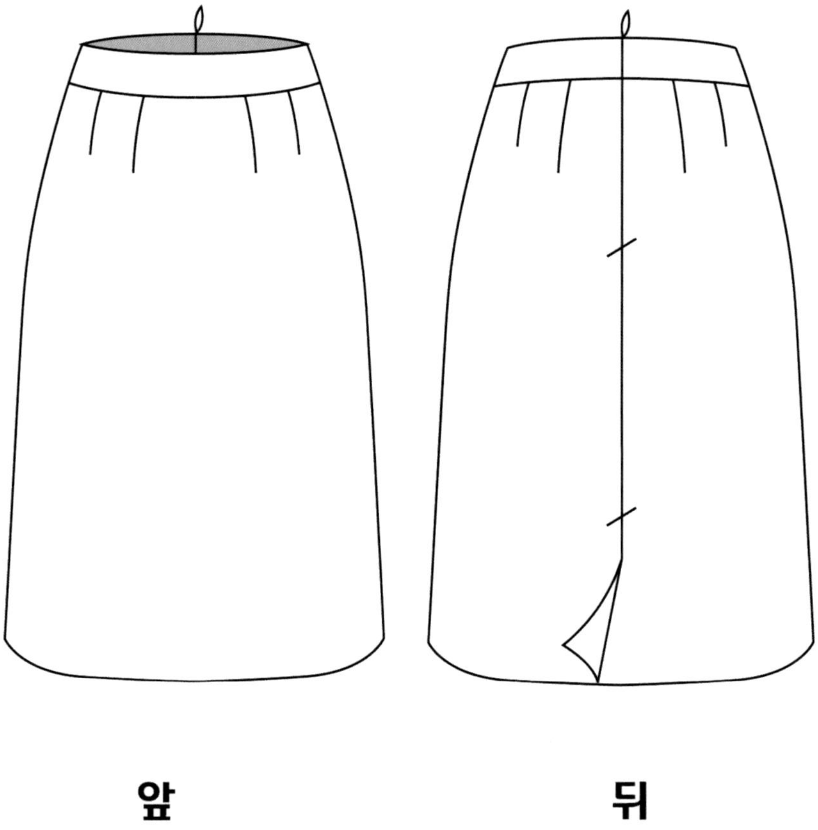

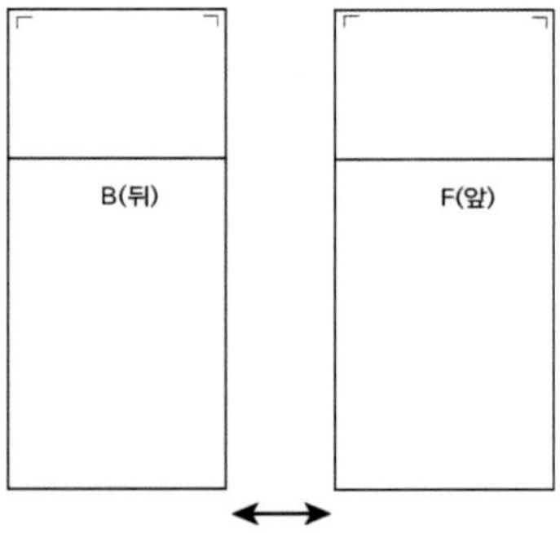

기초선 제도시 앞판과 뒤판 사이를
10㎝ 이상 간격을 두고 그린다.

A라인스커트

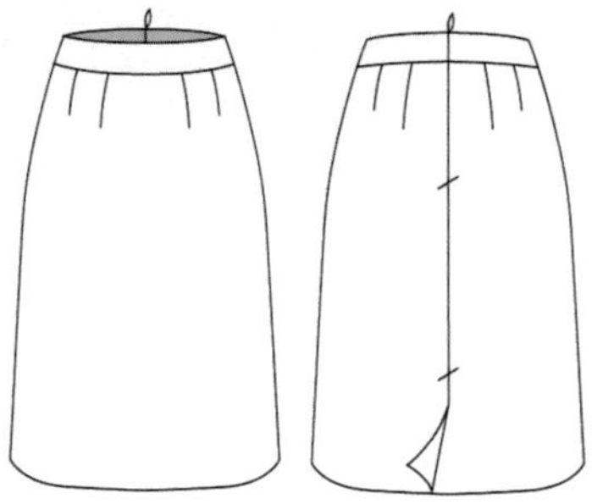

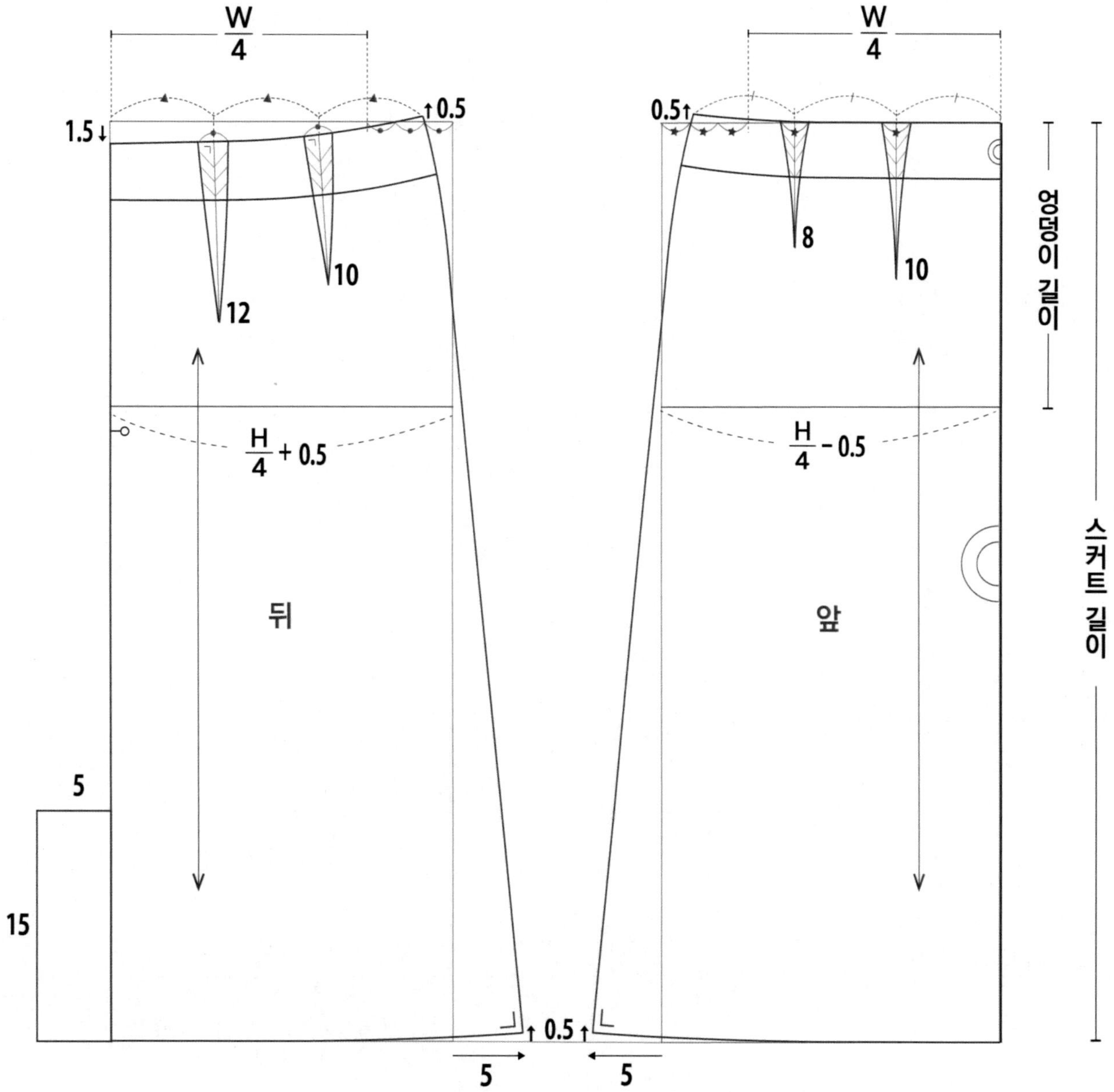

W/4
W/4
0.5
1.5
0.5
12
10
8
10
엉덩이 길이
H/4 + 0.5
H/4 - 0.5
뒤
앞
스커트 길이
5
15
0.5
5
5

6폭 고어드스커트

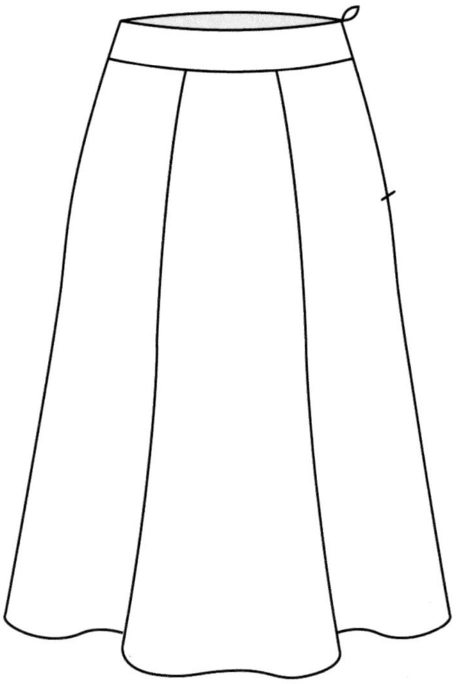

앞

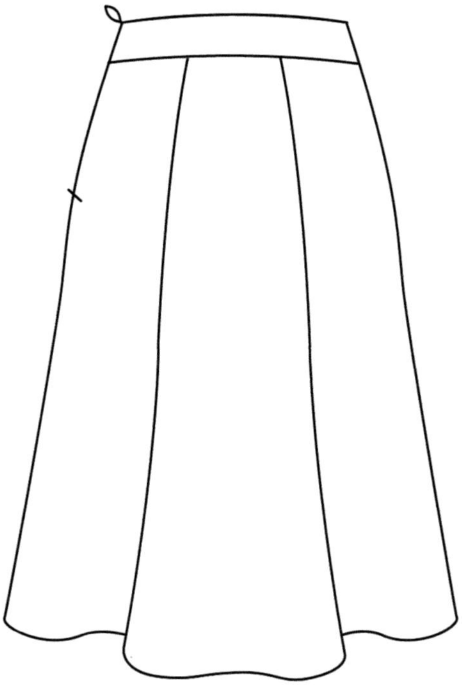

뒤

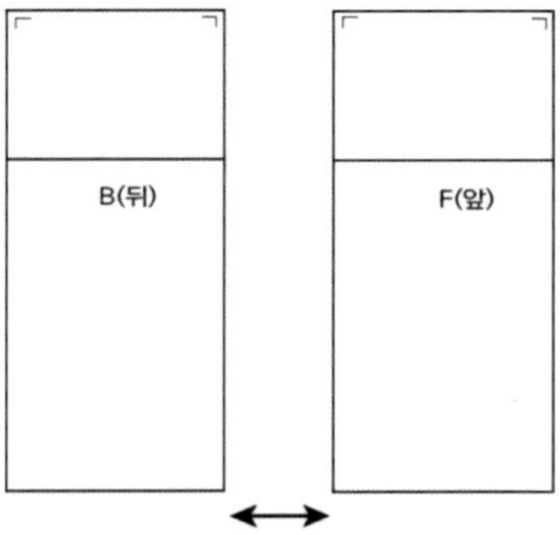

기초선 제도시 앞판과 뒤판 사이를
10㎝ 이상 간격을 두고 그린다.

6폭 고어드스커트

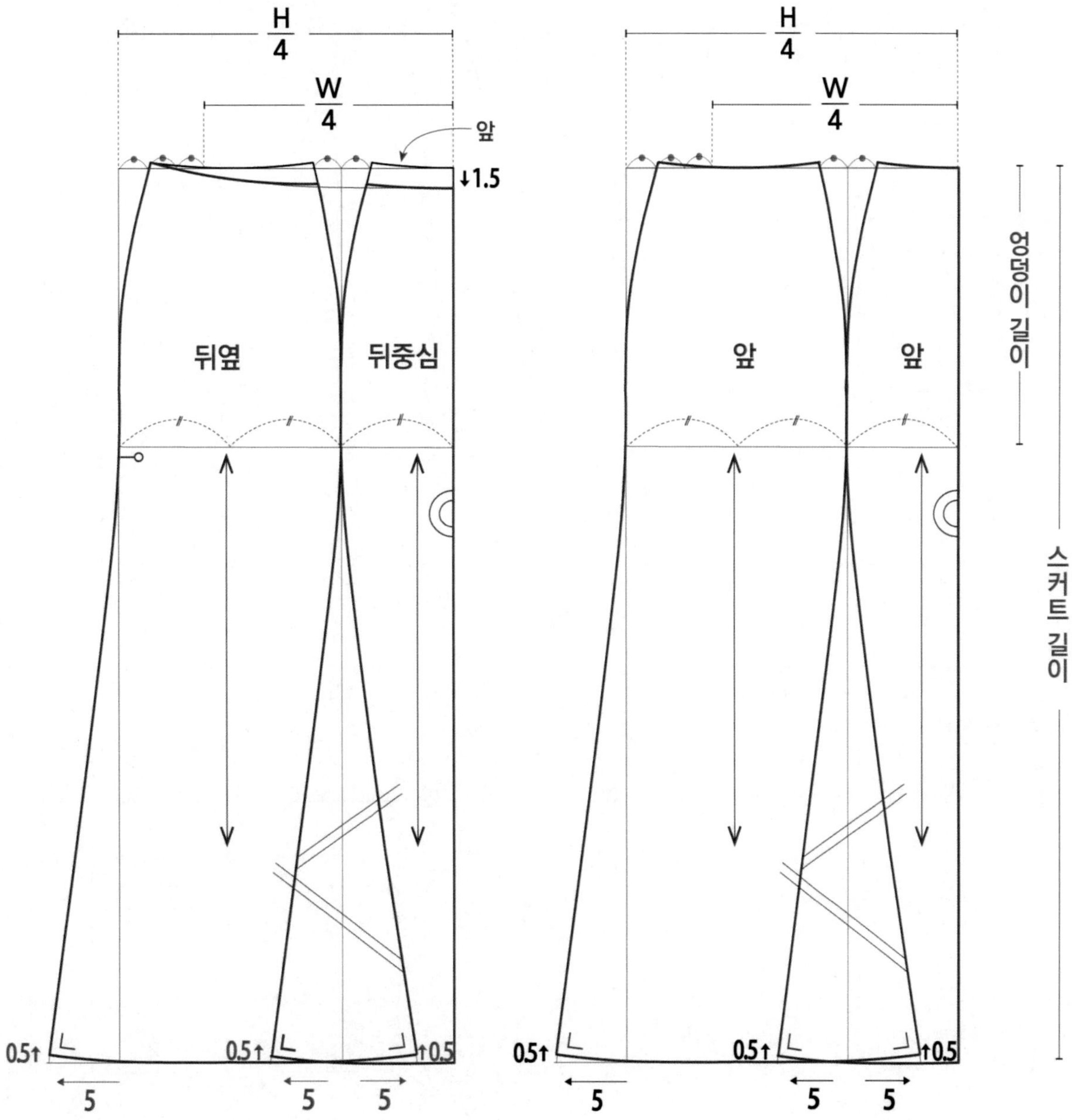
H
4
W
4
앞
↓1.5
뒤옆
뒤중심
앞
앞
엉덩이 길이
스커트 길이
0.5↑
0.5↑
↑0.5
5
5
5
0.5↑
0.5↑
↑0.5
5
5
5

8폭 고어드스커트

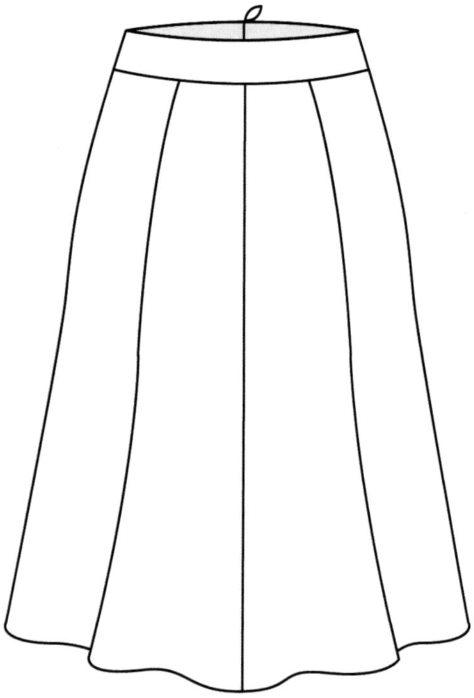

앞

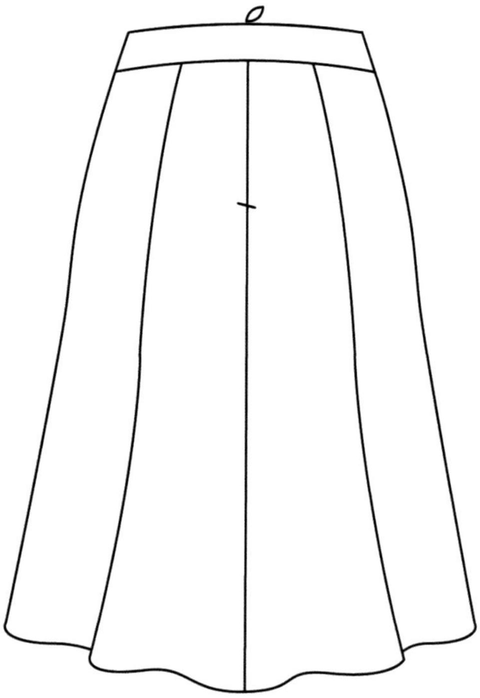

뒤

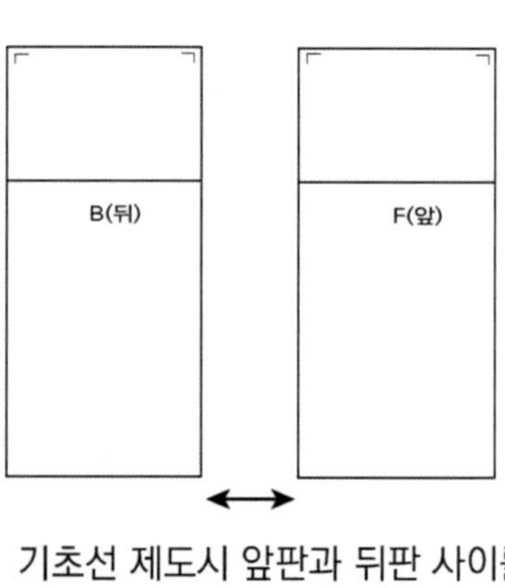

기초선 제도시 앞판과 뒤판 사이를
10㎝ 이상 간격을 두고 그린다.

8폭 고어드스커트

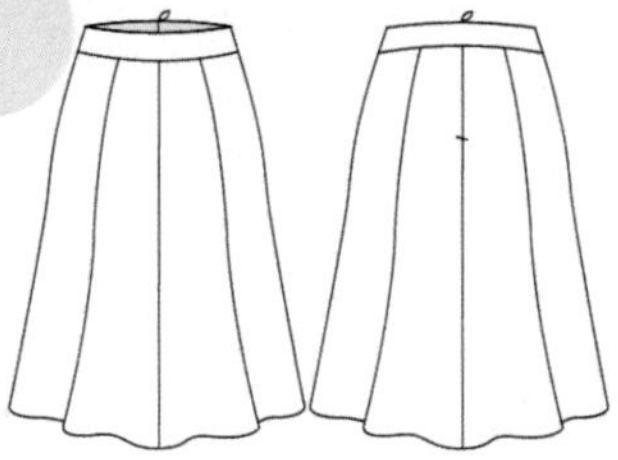

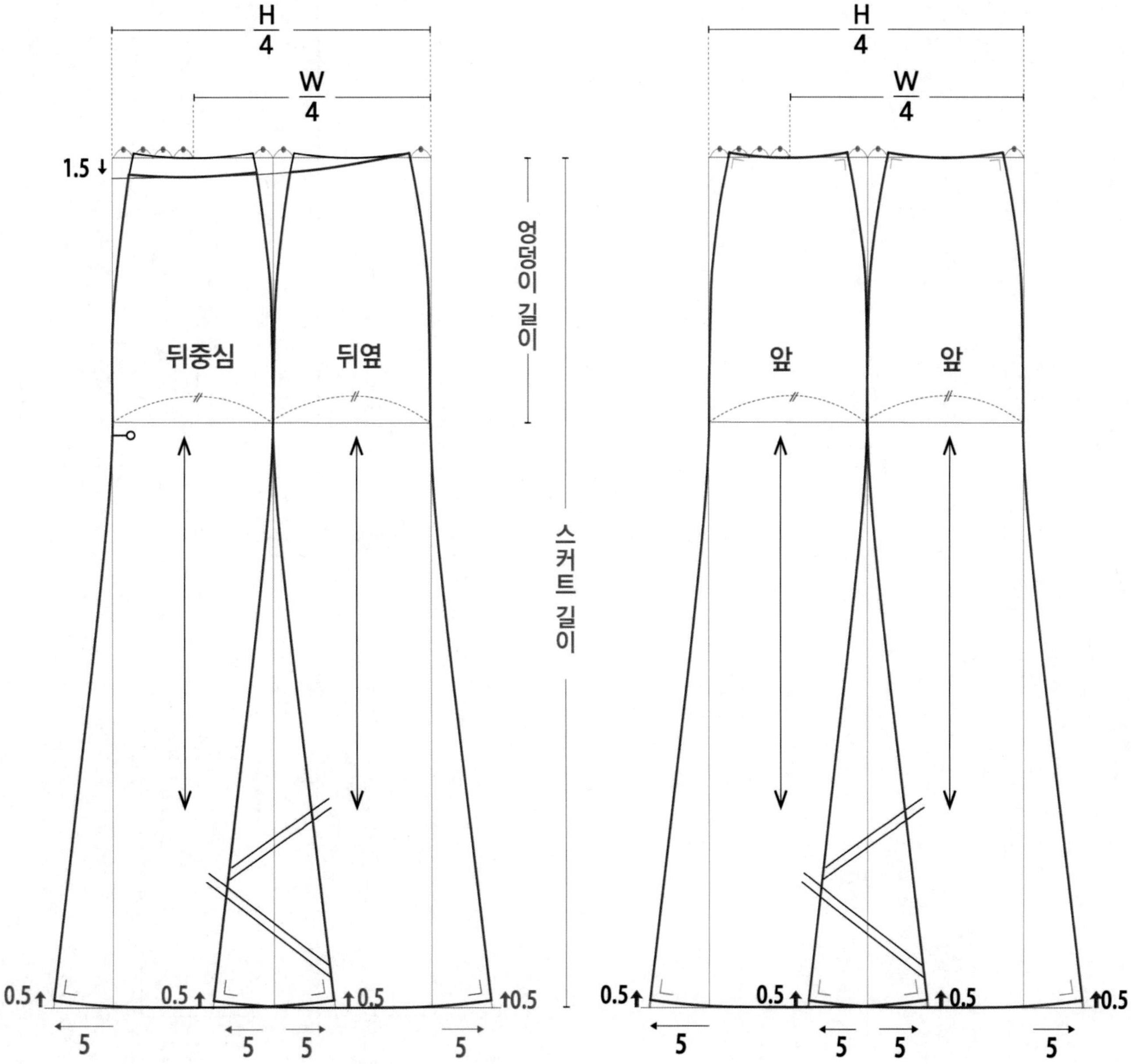

H/4
W/4
1.5
뒤중심
뒤옆
앞
앞
엉덩이 길이
스커트 길이
0.5
0.5
0.5
0.5
5
5
5
5
H/4
W/4
0.5
0.5
0.5
0.5
5
5
5
5

플레어 스커트

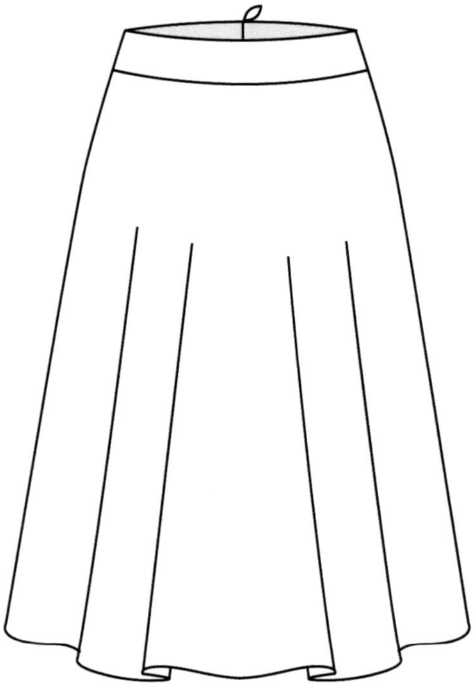

앞

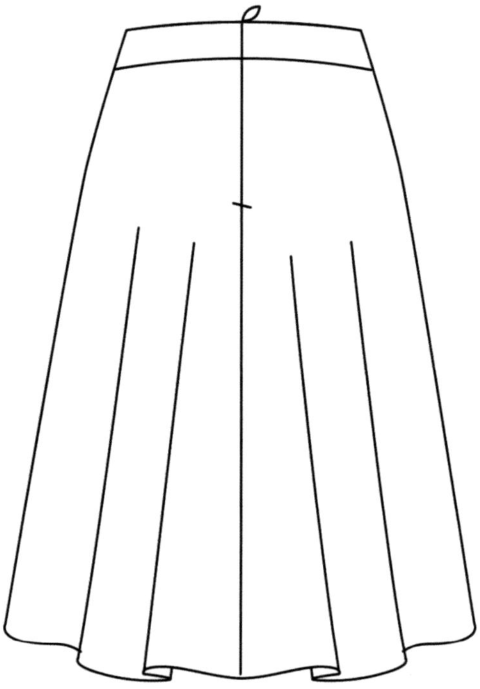

뒤

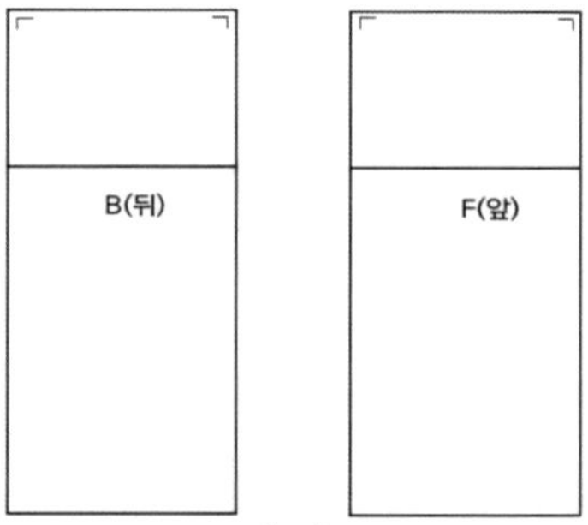

기초선 제도시 앞판과 뒤판 사이를
10㎝ 이상 간격을 두고 그린다.

플레어 스커트

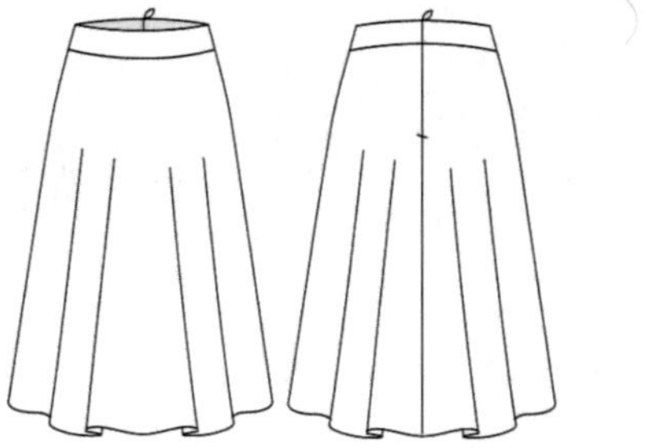

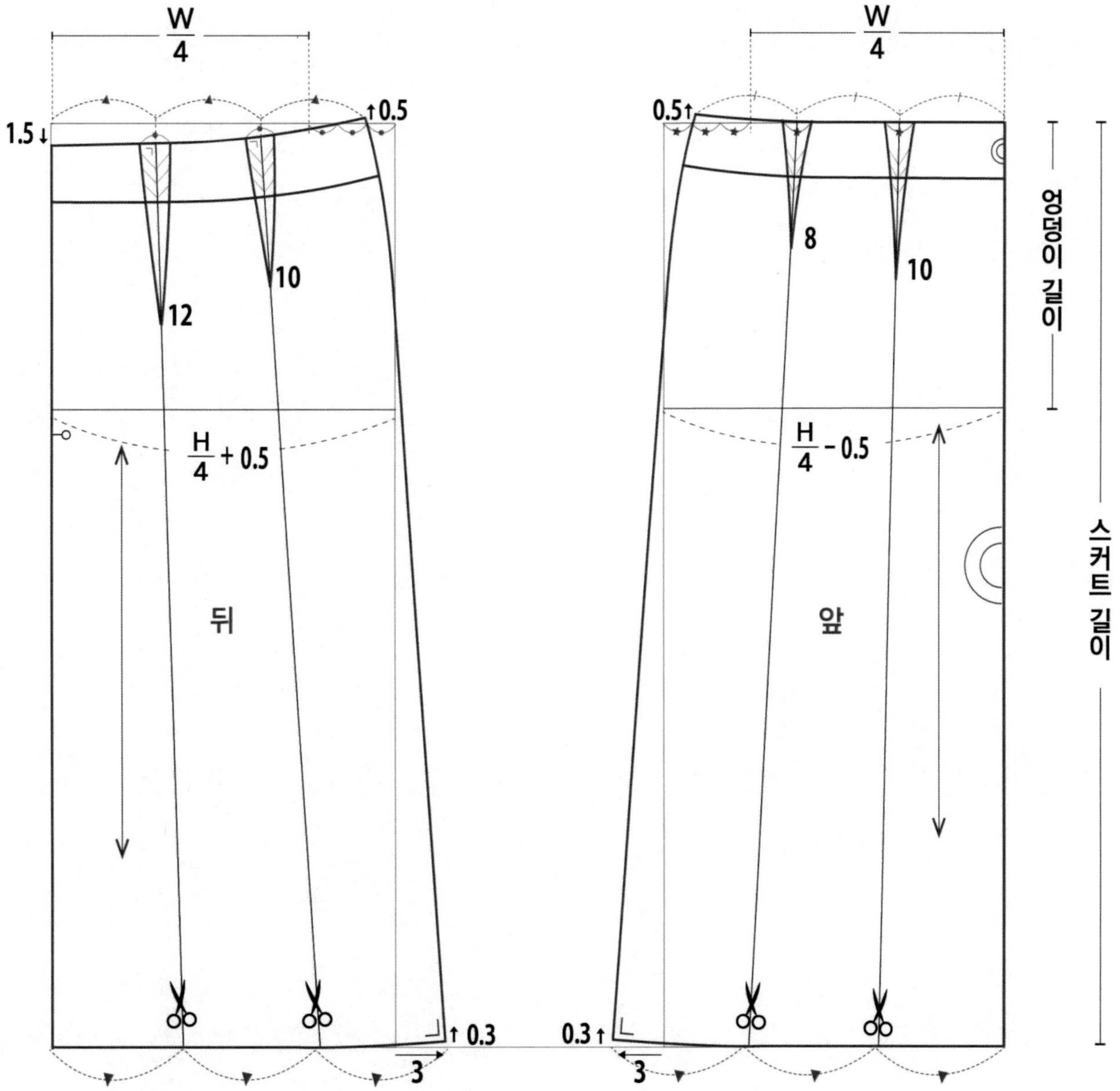
W
4
1.5
0.5
12
10
H
4
+ 0.5
뒤
0.3
3
W
4
0.5
8
10
엉덩이 길이
H
4
- 0.5
앞
스커트 길이
0.3
3

플레어 스커트

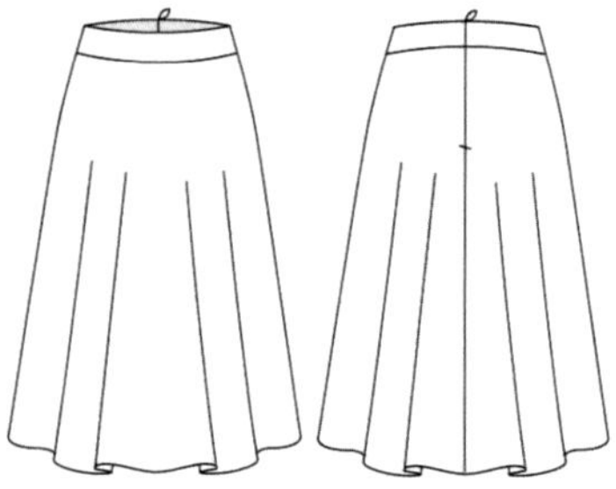

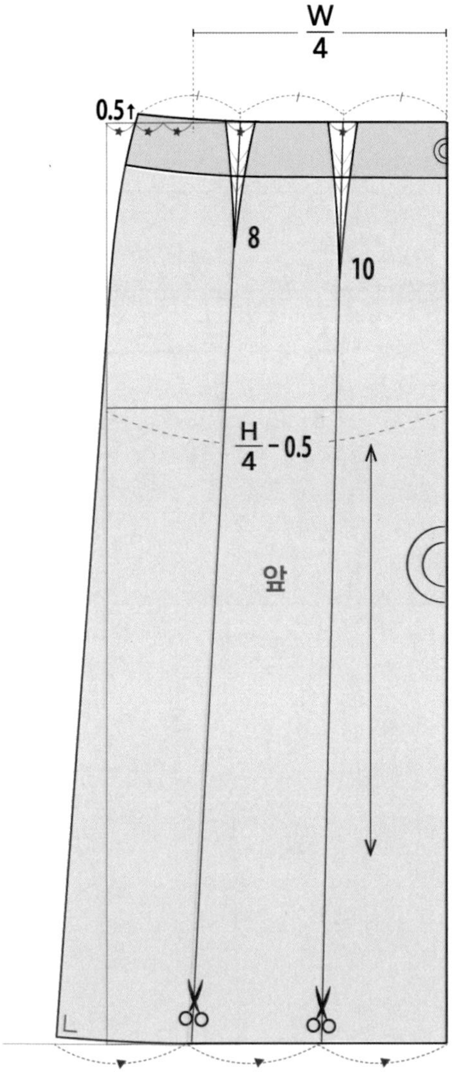
W
4
0.5
8
10
H
4
- 0.5
앞

앞판 전개

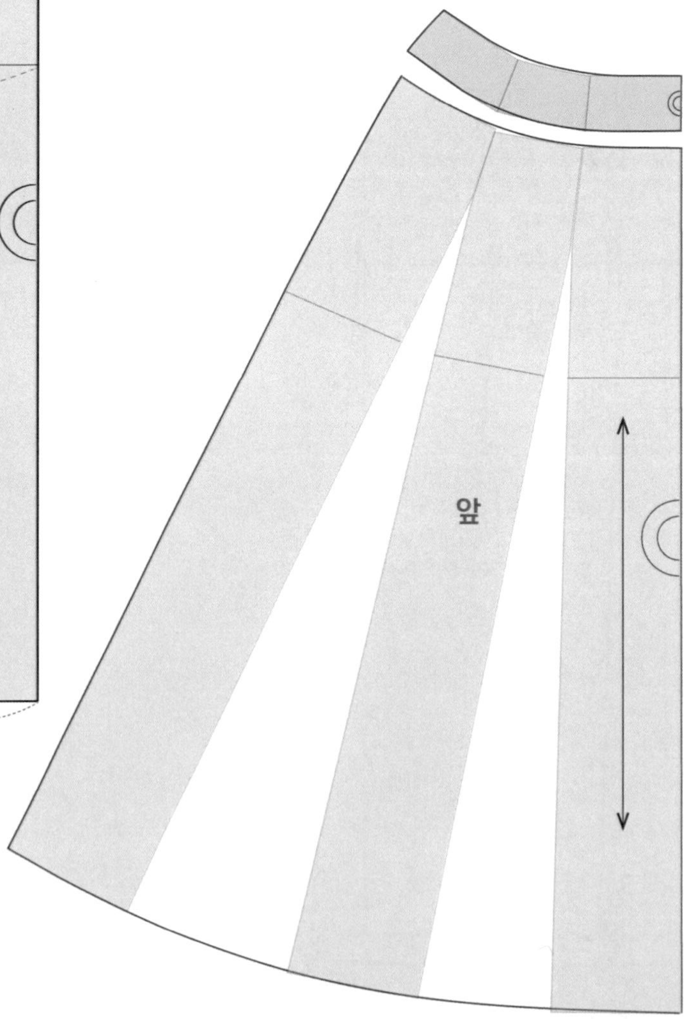
앞

플레어 스커트

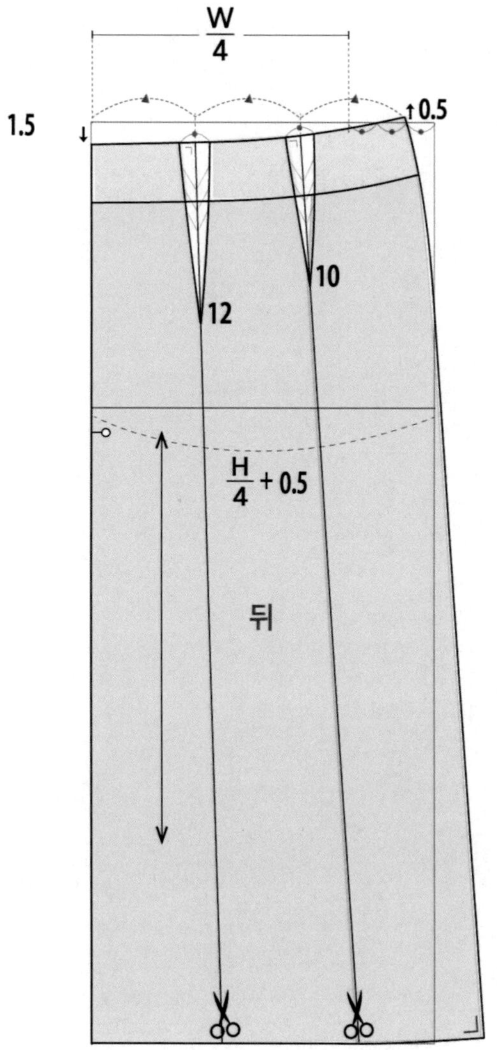

뒤판 전개

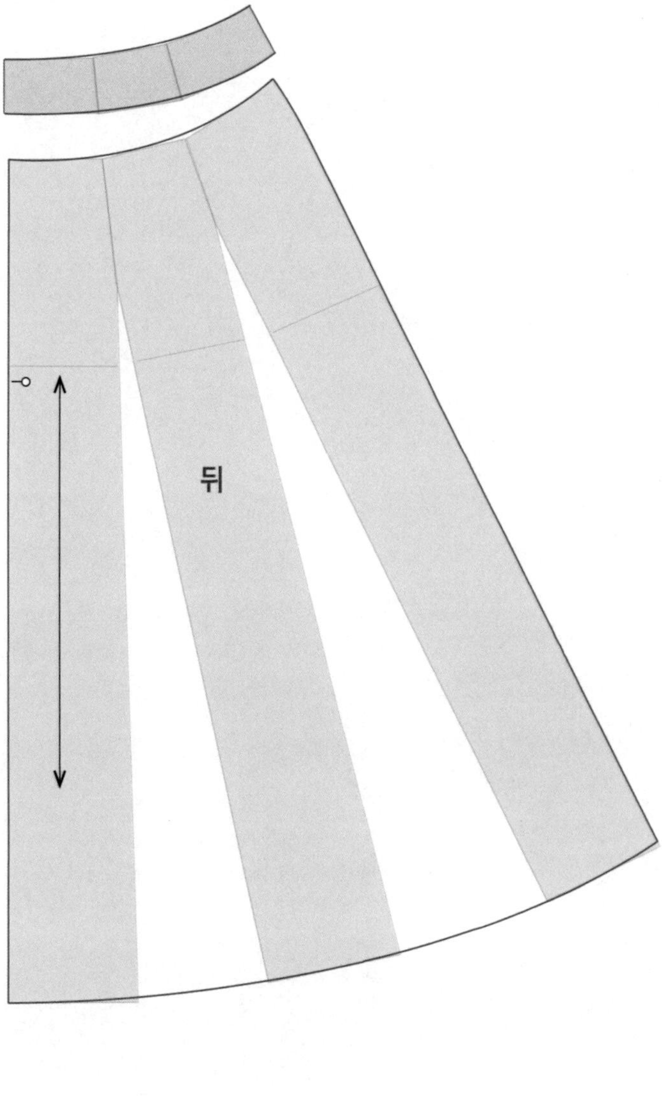

팬츠

☞ 각종 수치들:
체형이나 사이즈, 디자인에 따라 각종 길이, 둘레, 깊이, 다트분량, 여유분량 등이 달라지므로 여기서 설명하는 수치들은 절댓값이 아님을 유념해주기 바란다.

스트레이트 팬츠 (일자바지)

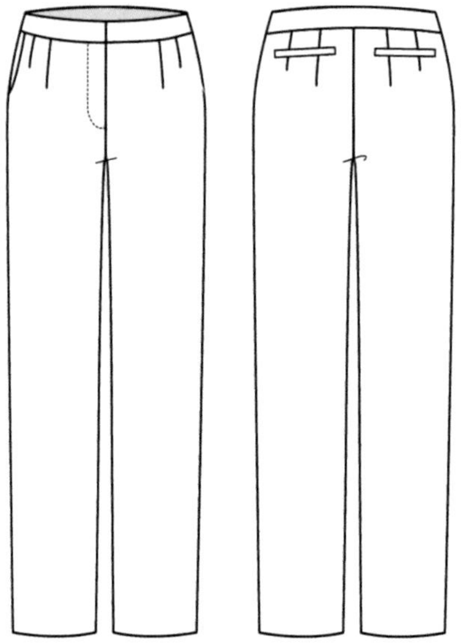

바지 부분별 명칭

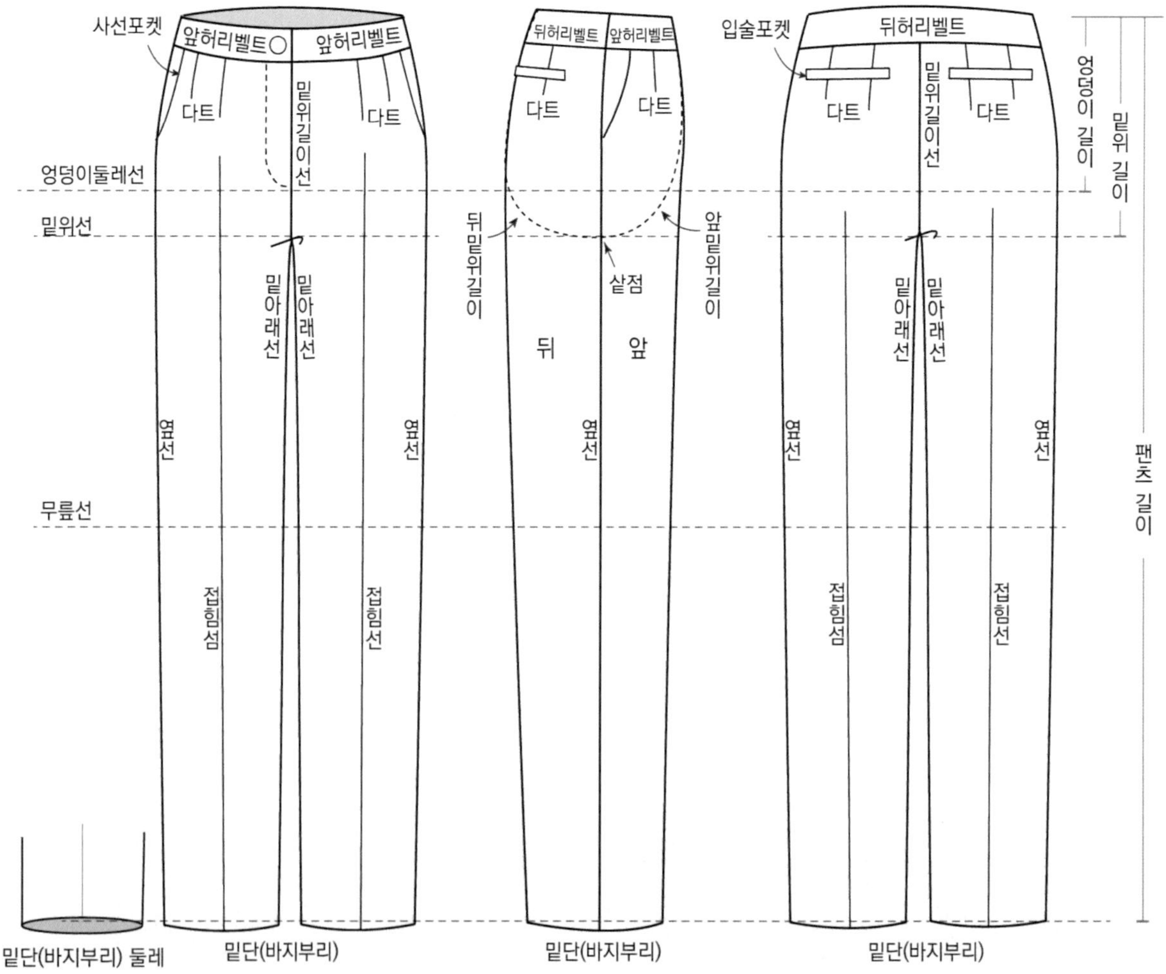

스트레이트 팬츠 (일자바지)

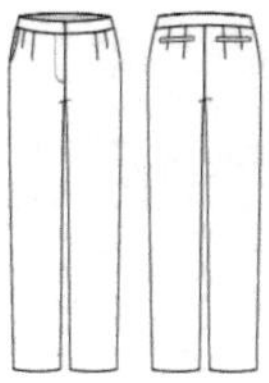

팬츠 패턴- 앞판 기초선 그리기

팬츠 제도시 필요치수

ex) 55사이즈

허리둘레(W)	68
엉덩이둘레(H)	92
엉덩이길이	18
팬츠길이	95
밑단둘레	42

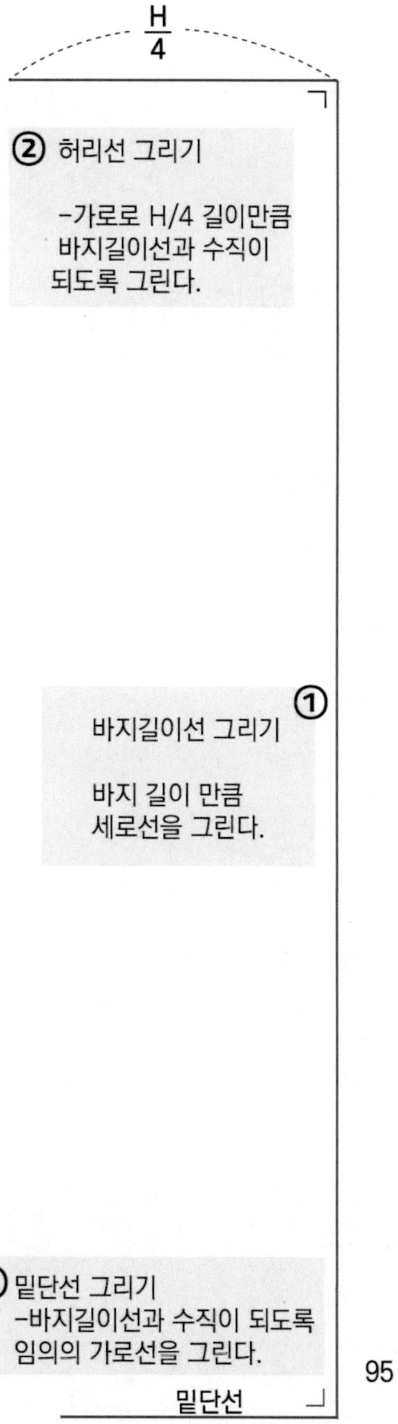

H/4
② 허리선 그리기
-가로로 H/4 길이만큼 바지길이선과 수직이 되도록 그린다.
① 바지길이선 그리기
바지 길이 만큼 세로선을 그린다.
③ 밑단선 그리기
-바지길이선과 수직이 되도록 임의의 가로선을 그린다.
95
밑단선

치수 측정에 따른 패턴의 여유분량 적용

① 체촌시 엉덩이둘레를 신체에 맞게 측정하고 패턴 제도시 여유분량을 주는 방법
② 체촌시 엉덩이둘레에 여유를 주어 측정하고 패턴 제도시 여유분량 없이 제도하는 방법 두가지를 사용한다.
패턴제도시 여유분량은 디자인에 따라 달라지며, 이 책에서는 ②의 방법으로 체촌 후 패턴을 제도하였다. 엉덩이둘레 체촌시 줄자를 사용하여 손가락 하나 정도의 여유를 주고 엉덩이의 가장 돌출된 부분을 수평으로 잰 뒤에 허벅지 아래쪽으로 자연스럽게 내려오는지 확인한 후 치수를 적용한다.

이 책에서는 팬츠 기초선 제도시 앞판과 뒤판 모두 엉덩이둘레(H)/4를 적용하여 제도하였다. 앞판 H/4-0.5㎝, 뒤판 H/4+0.5㎝로 앞판보다 뒤판을 조금더 크게 적용하여 제도하기도 하며, 디자인에 따라서 앞판과 뒤판에 차이를 더 주기도 한다.

스트레이트 팬츠 (일자바지)

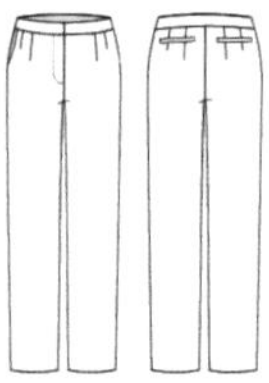

팬츠 패턴- 앞판 기초선 그리기

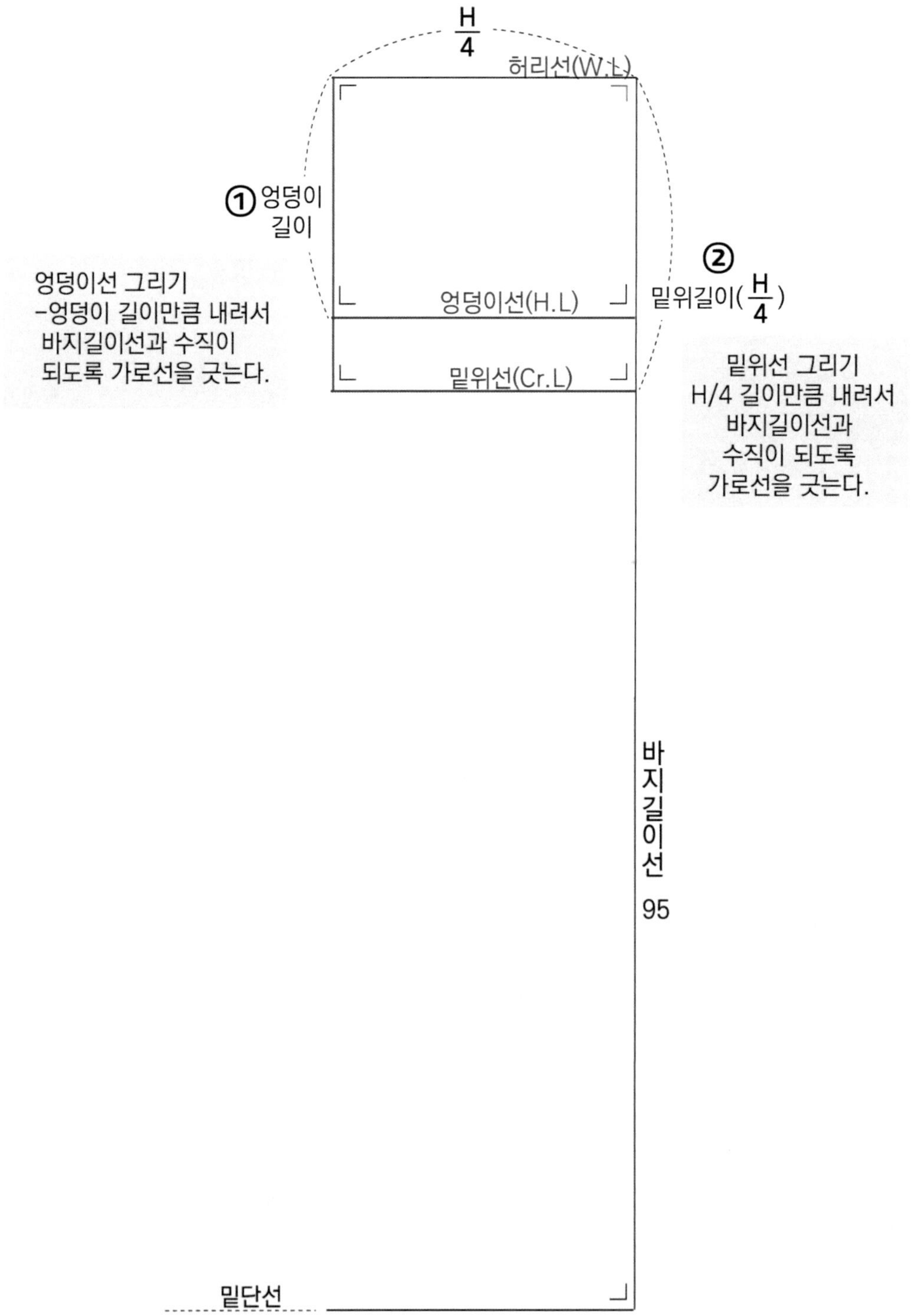
H/4
허리선(W.L)
① 엉덩이 길이
엉덩이선 그리기
-엉덩이 길이만큼 내려서
바지길이선과 수직이
되도록 가로선을 긋는다.
엉덩이선(H.L)
밑위선(Cr.L)
② 밑위길이(H/4)
밑위선 그리기
H/4 길이만큼 내려서
바지길이선과
수직이 되도록
가로선을 긋는다.
바지길이선
95
밑단선

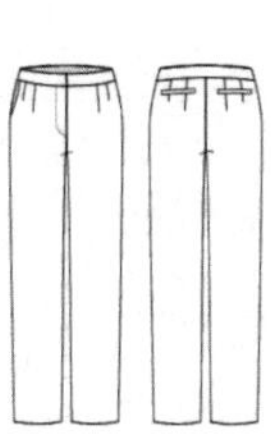

스트레이트 팬츠 (일자바지)

팬츠 패턴- 앞판 기초선 그리기

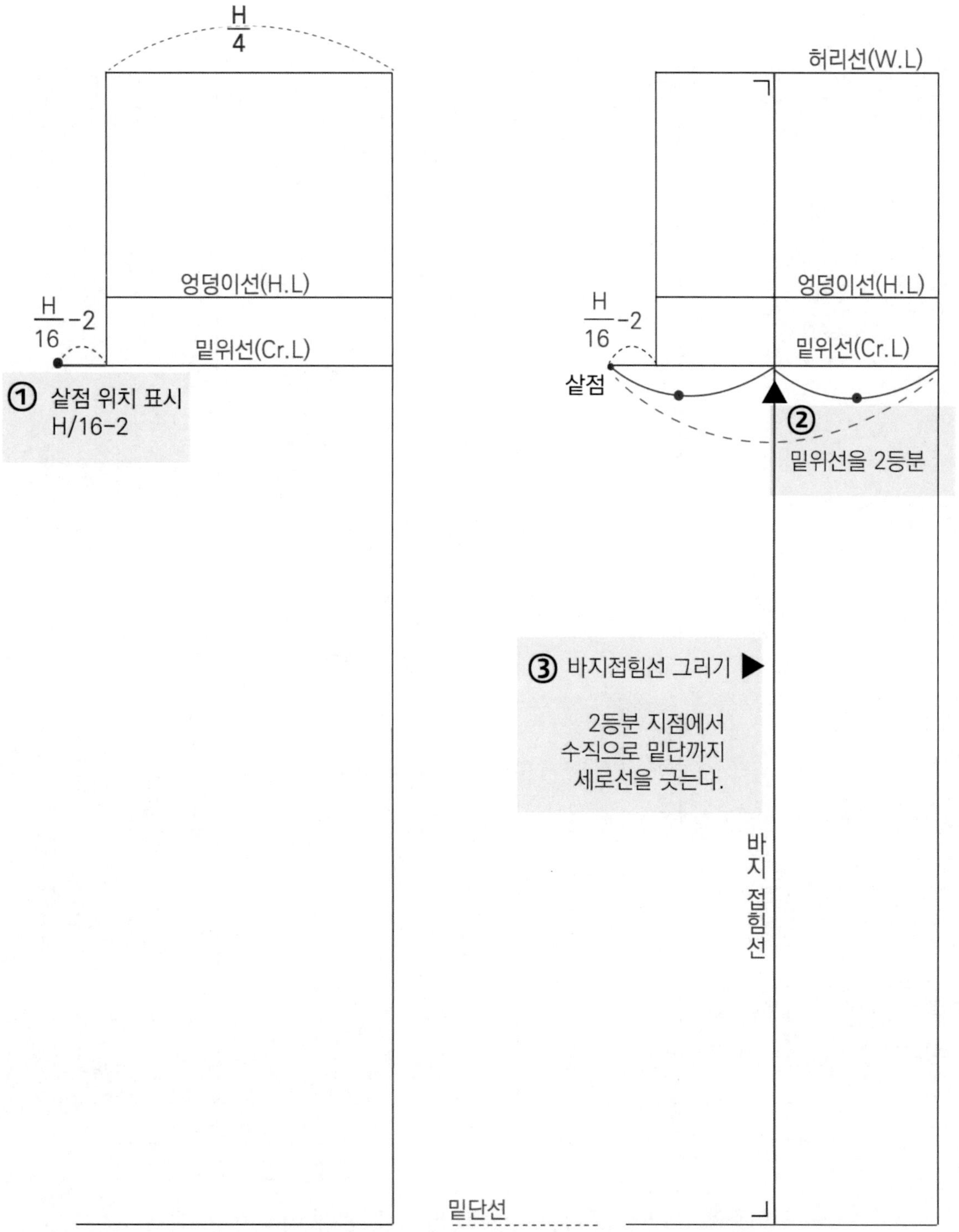

스트레이트 팬츠 (일자바지)

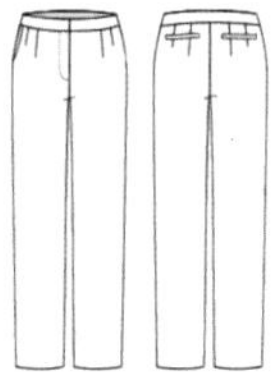

팬츠 패턴- 앞판 기초선 그리기

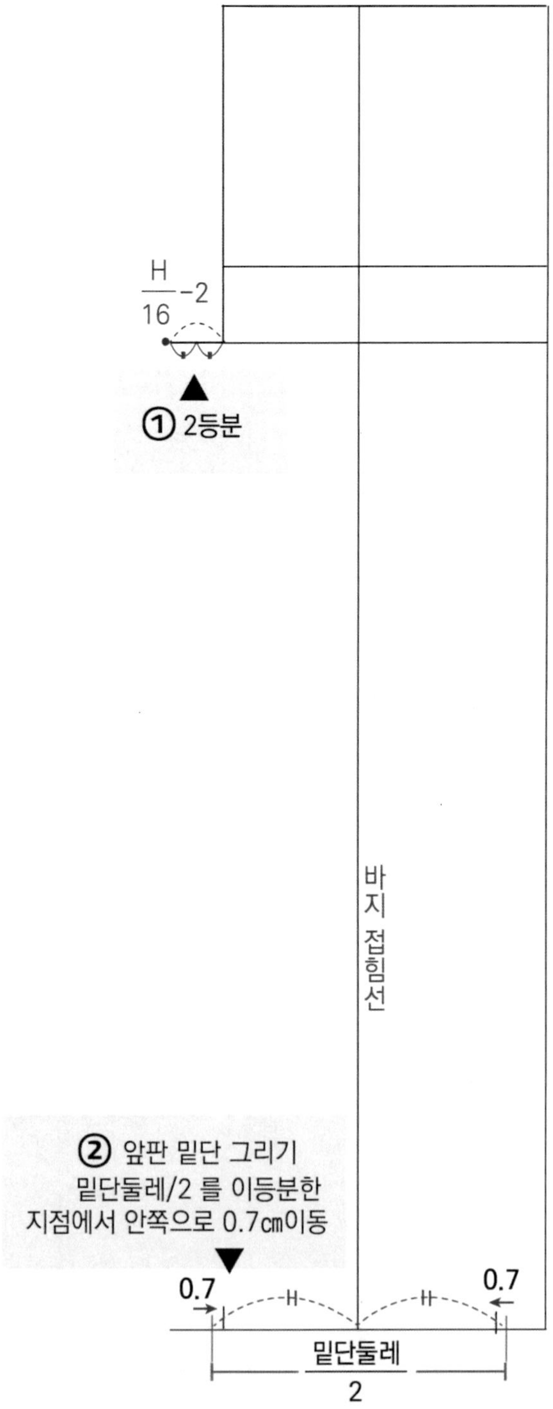

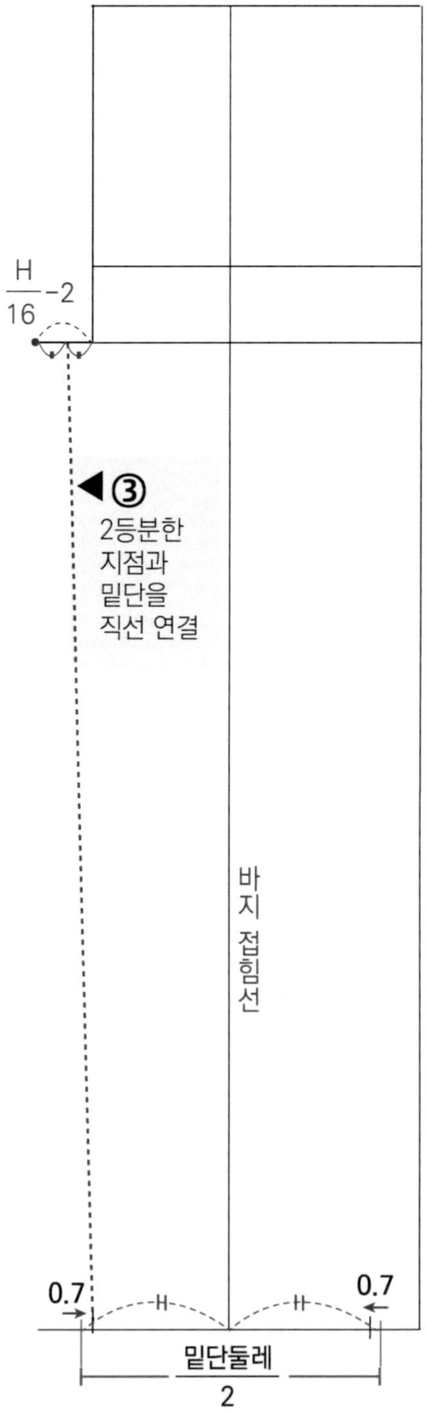

밑단둘레: 42㎝ (고정치수는 아님. 디자인에 따라 변동가능)

스트레이트 팬츠 (일자바지)

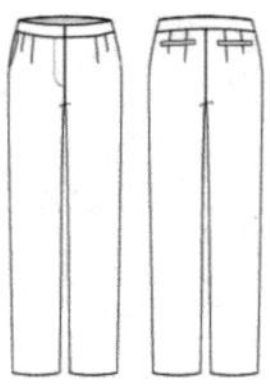

팬츠 패턴 – 앞판 무릎아래선 제도

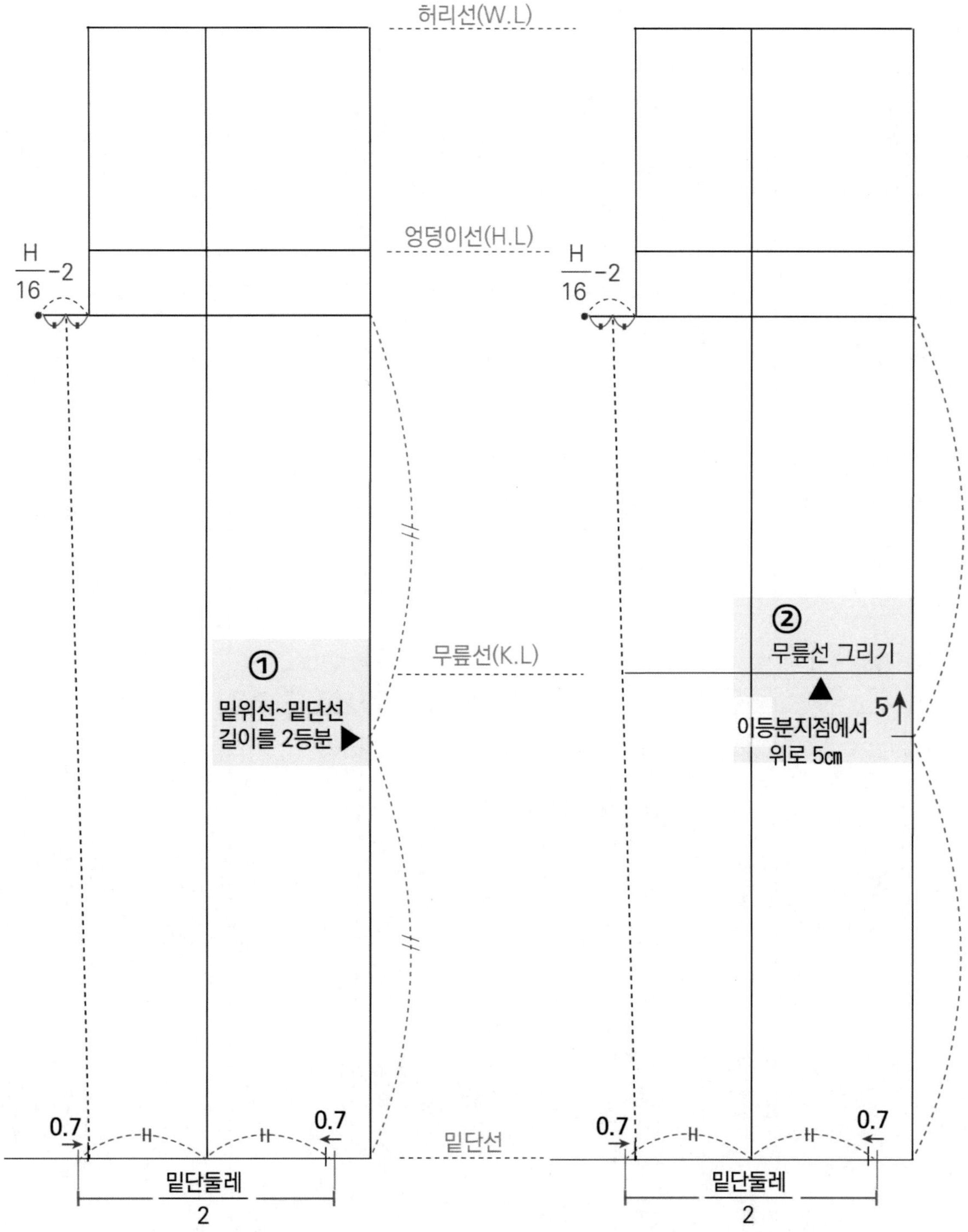

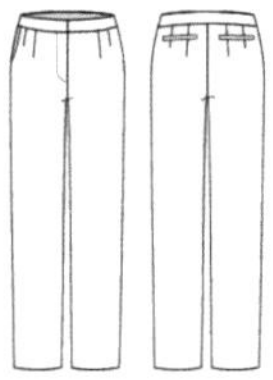

스트레이트 팬츠 (일자바지)

팬츠 패턴 - 앞판 무릎아래선 제도

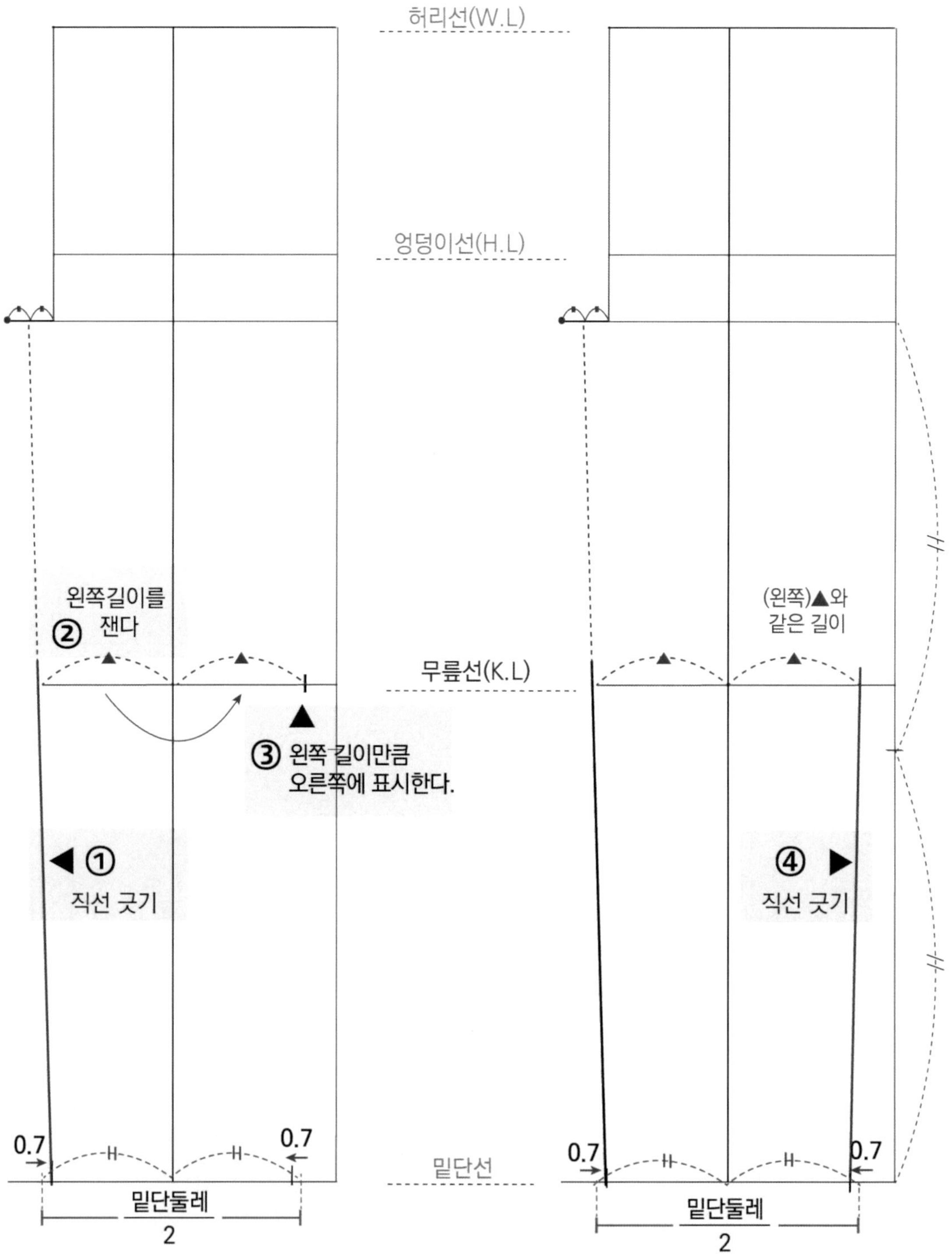

스트레이트 팬츠 (일자바지)

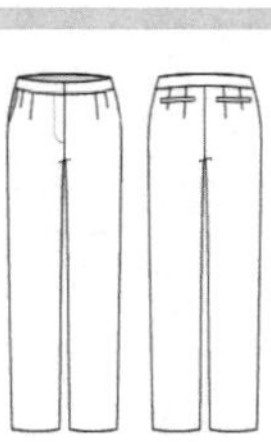

팬츠 패턴 – 앞판 밑위, 밑아래선 제도

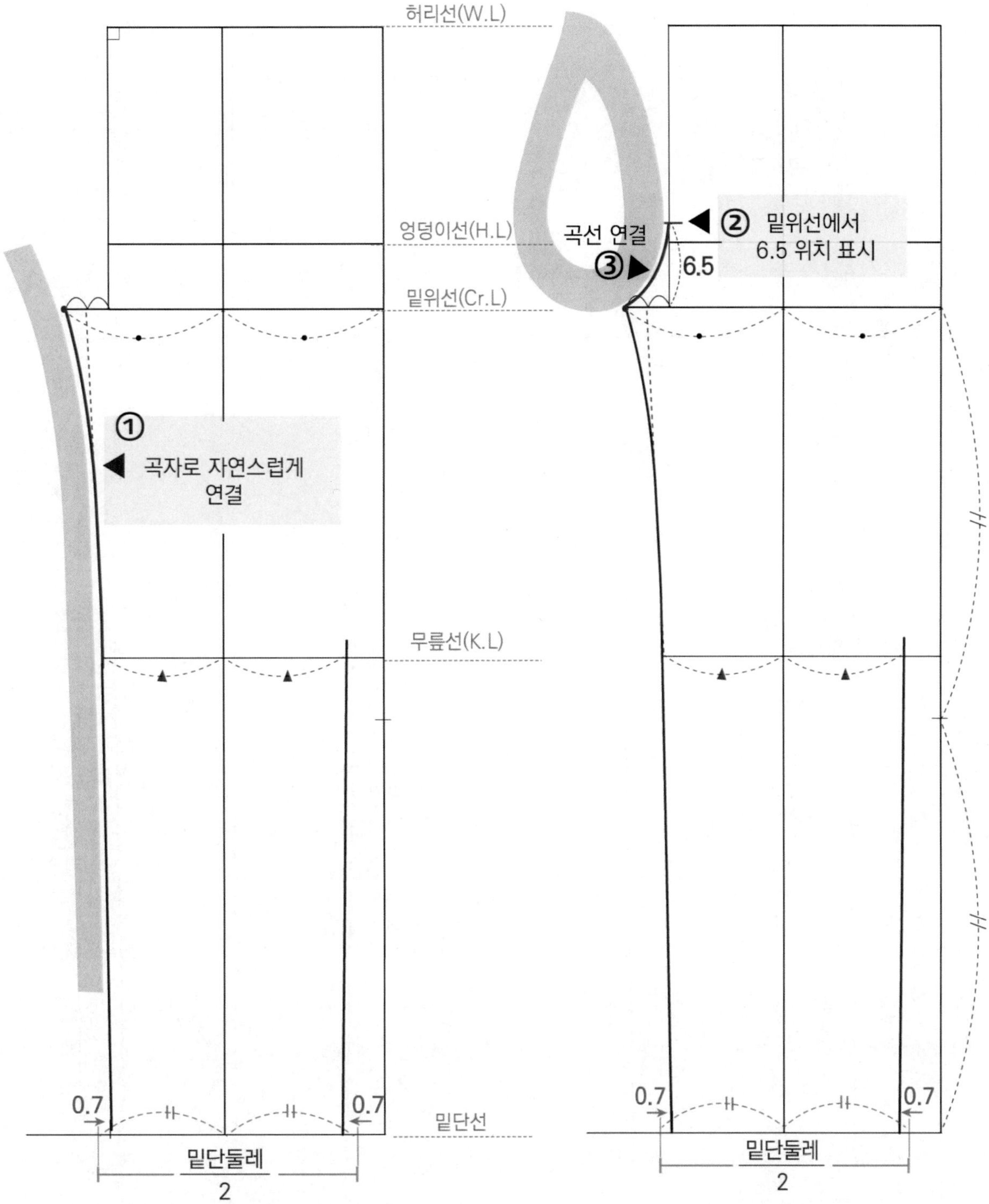

스트레이트 팬츠 (일자바지)

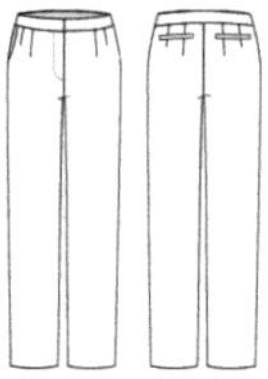

팬츠 패턴 - 앞중심선, 옆선 제도

W=허리둘레

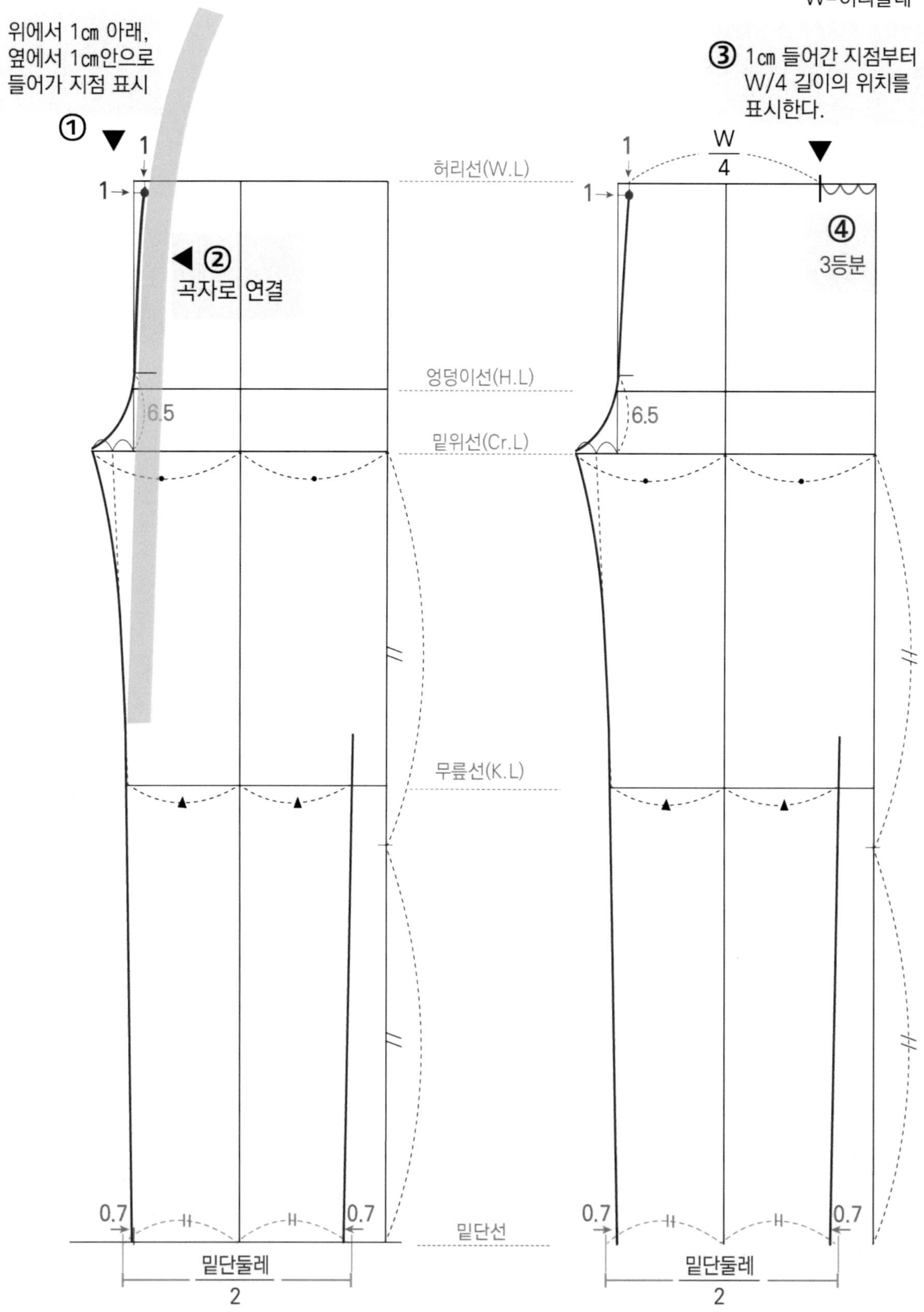

스트레이트 팬츠 (일자바지)

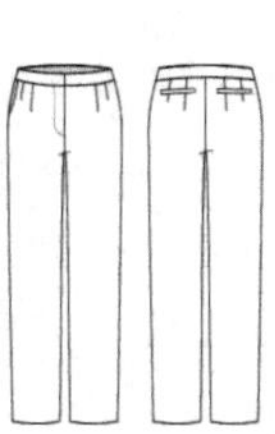

팬츠 패턴 – 앞판 옆선 제도

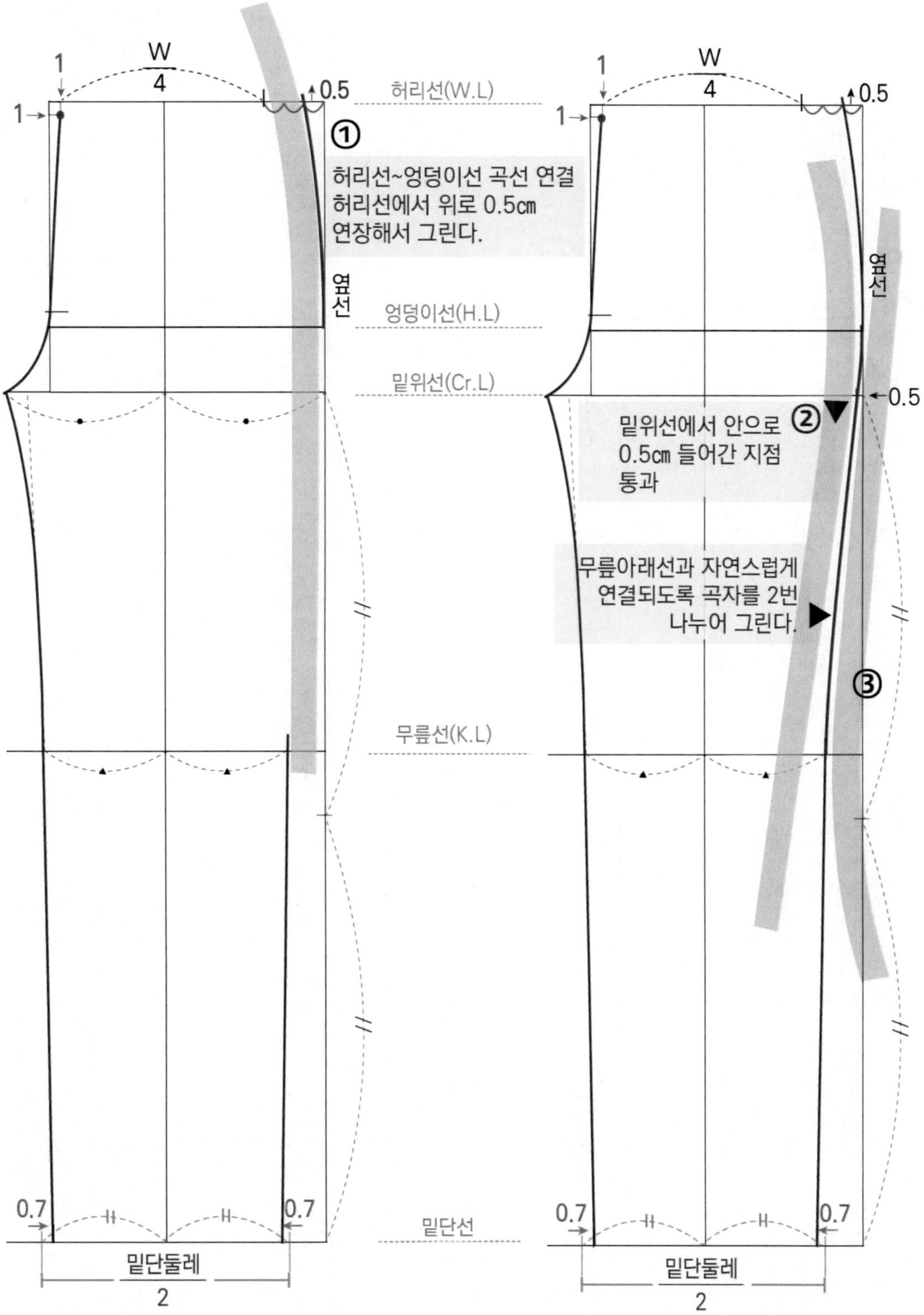

W/4
1
1
0.5
허리선(W.L)
①
허리선~엉덩이선 곡선 연결
허리선에서 위로 0.5㎝
연장해서 그린다.
옆선
엉덩이선(H.L)
밑위선(Cr.L)
무릎선(K.L)
밑단선
0.7
0.7
밑단둘레/2
②
밑위선에서 안으로
0.5㎝ 들어간 지점
통과
무릎아래선과 자연스럽게
연결되도록 곡자를 2번
나누어 그린다.
③

스트레이트 팬츠 (일자바지)

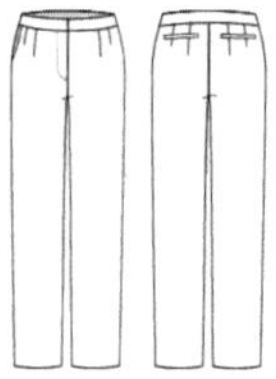

팬츠 패턴 - 앞판 허리선 제도

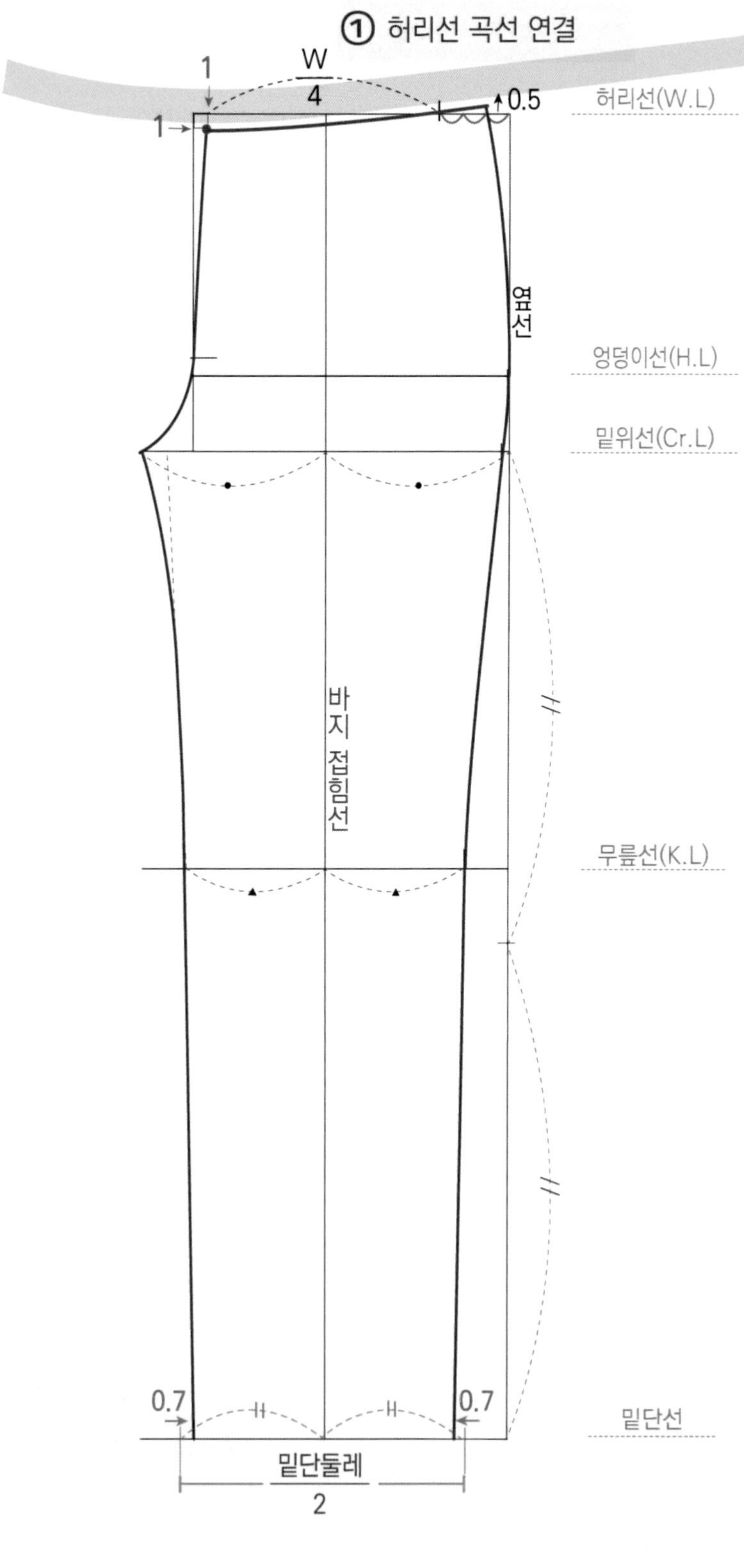

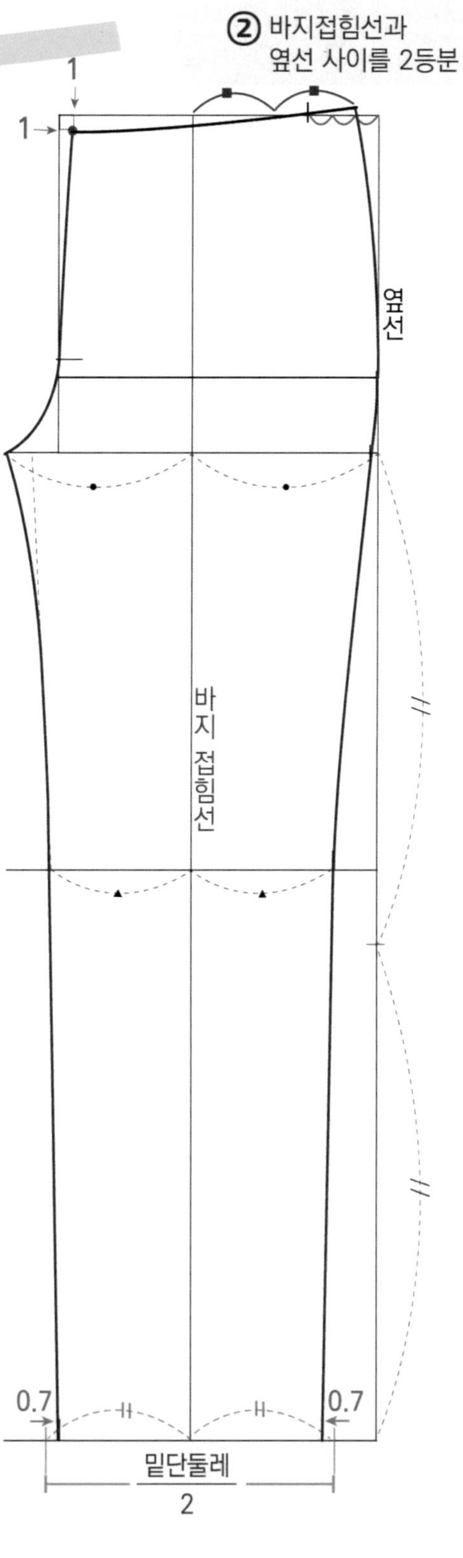

스트레이트 팬츠 (일자바지)

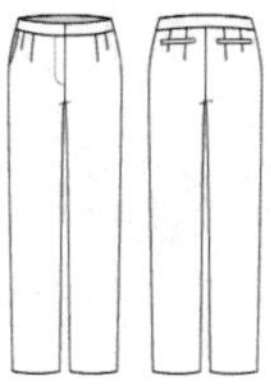

팬츠 패턴 - 앞판 다트선 제도

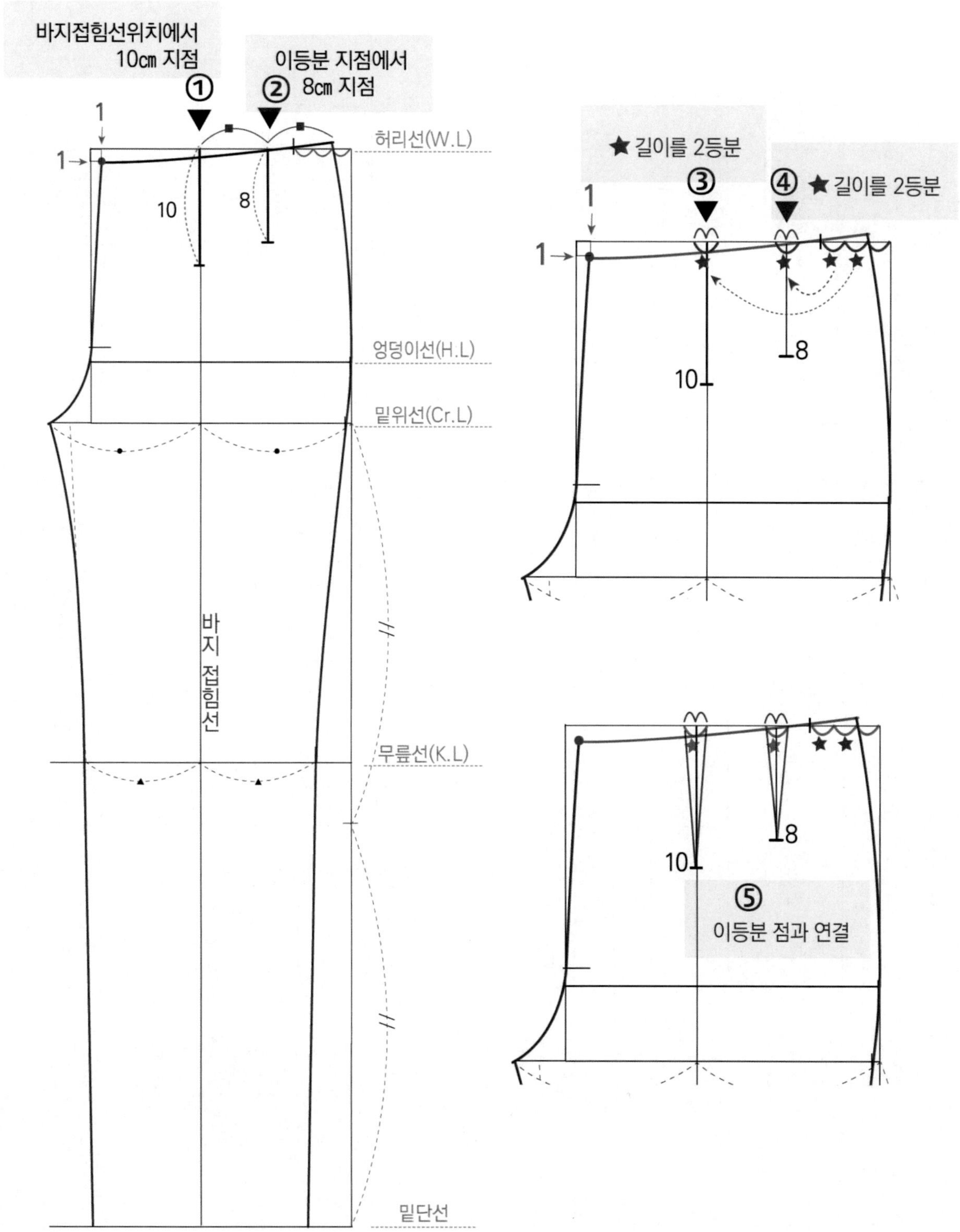

스트레이트 팬츠 (일자바지)

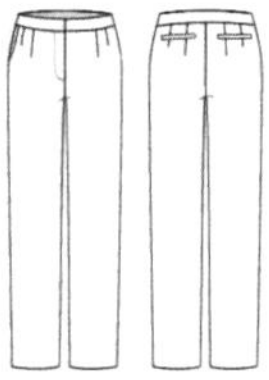

팬츠 패턴 – 앞판 벨트, 포켓 제도

① 허리선에서 3.5㎝ 폭으로
벨트 그리기

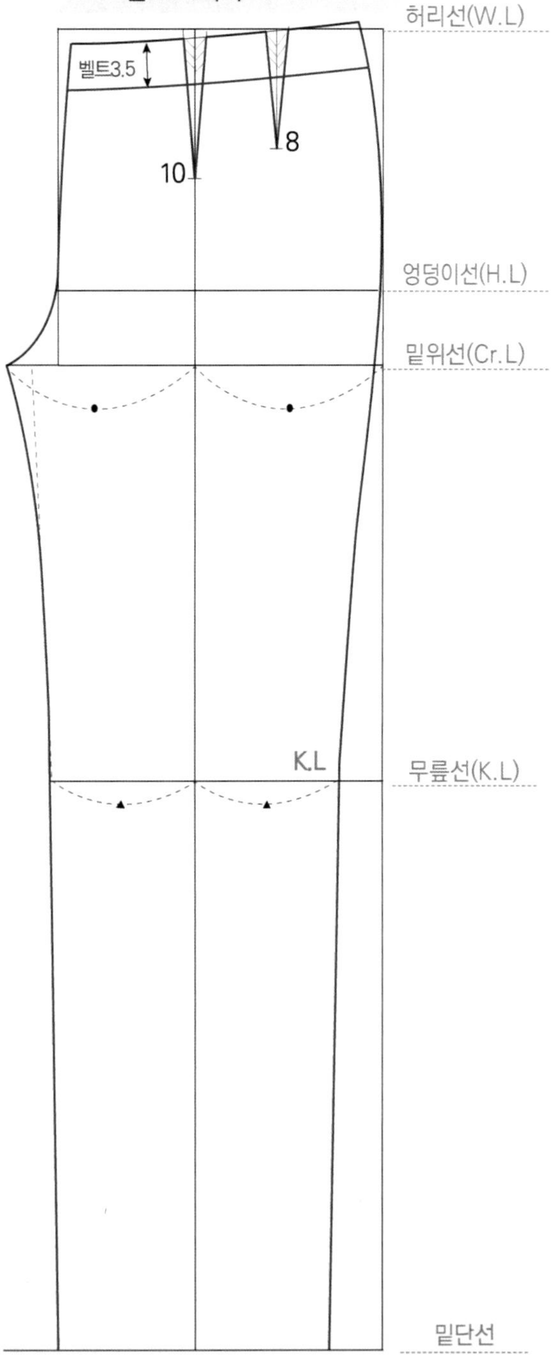

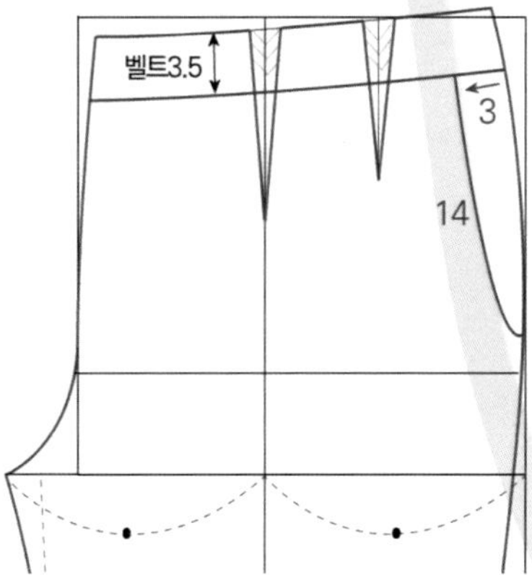

② 포켓 그리기

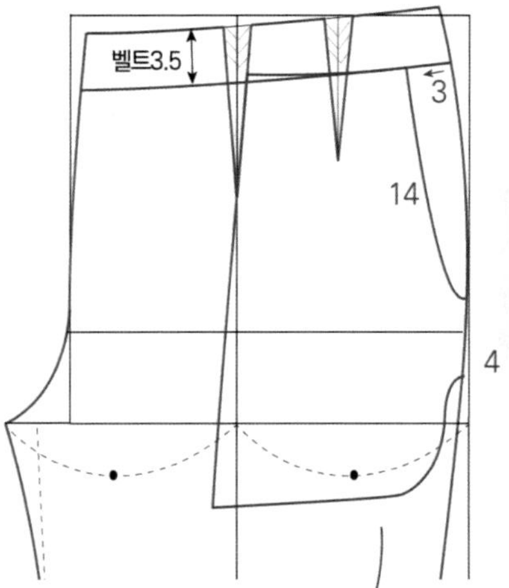

③ 포켓 안감
그리기

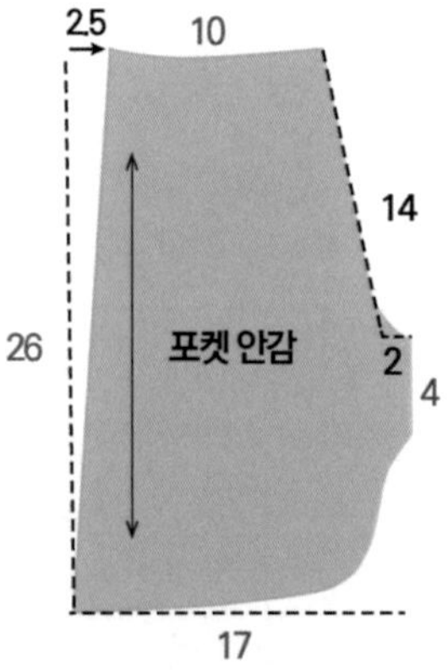

스트레이트 팬츠 (일자바지)

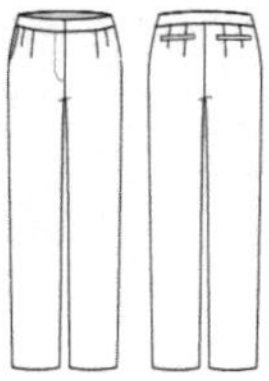

팬츠 앞판 패턴 전체 보기

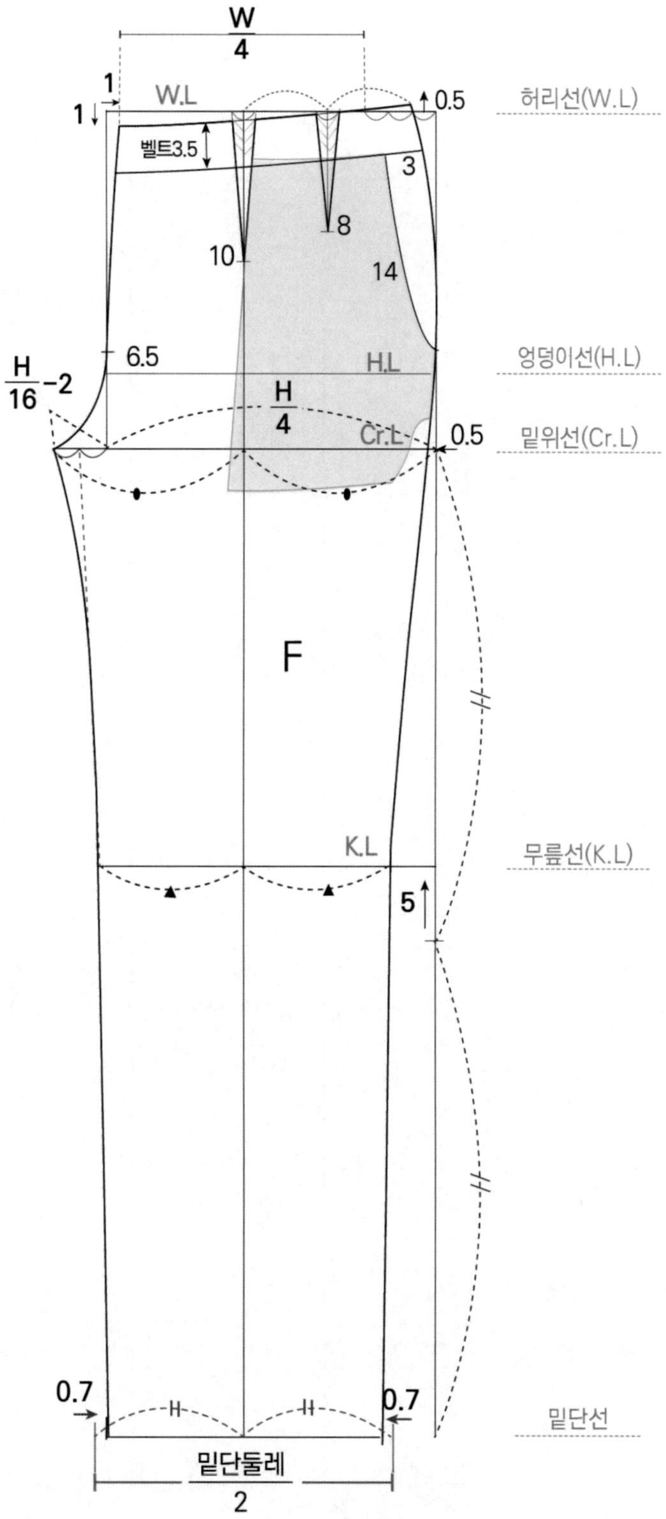

스트레이트 팬츠 (일자바지)

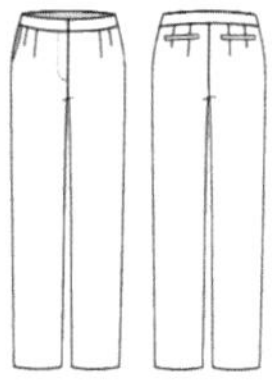

팬츠 패턴- 뒤판 기초선 그리기

※ 앞판의 기초선을 그대로 그린다.

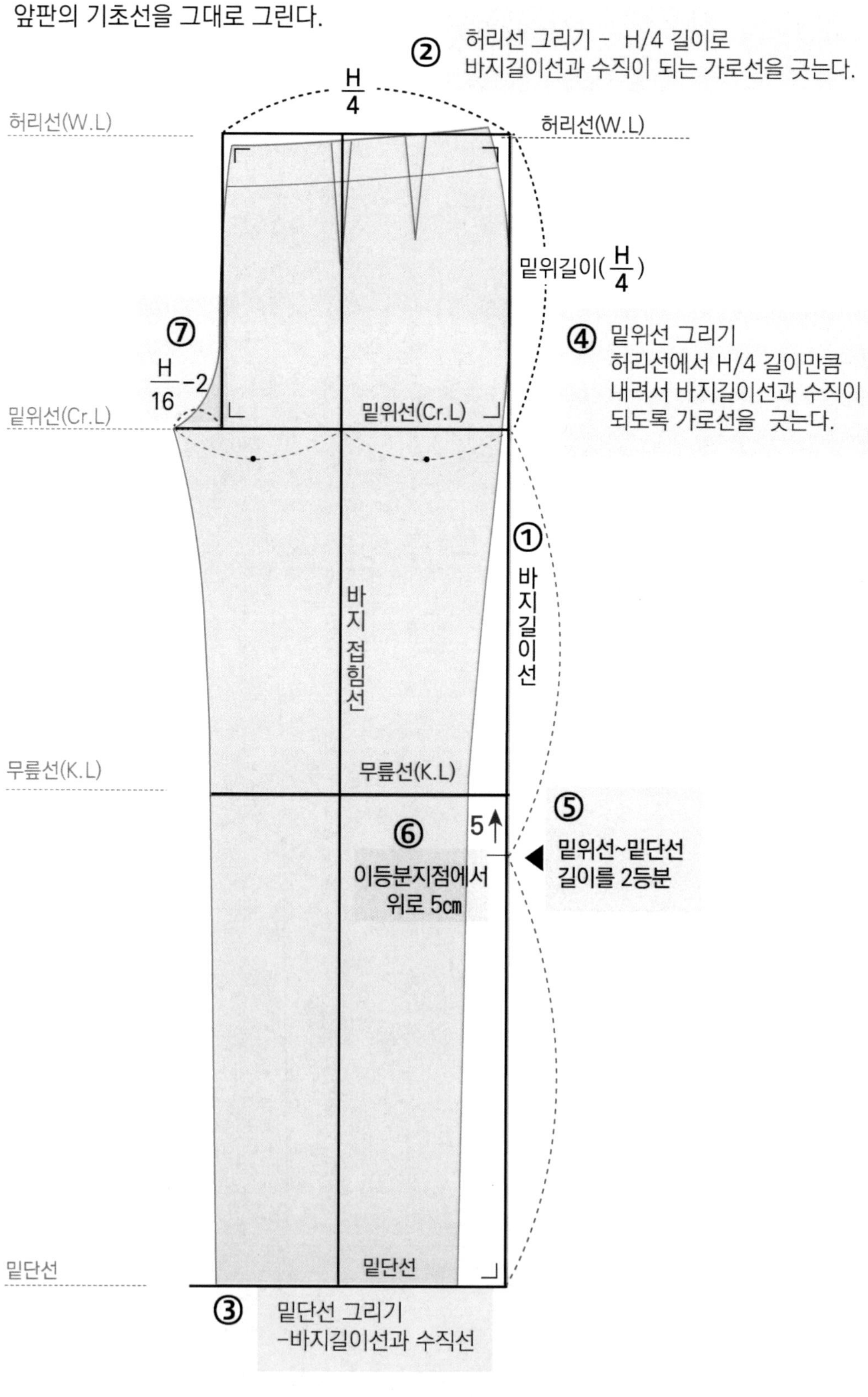

② 허리선 그리기 - H/4 길이로
바지길이선과 수직이 되는 가로선을 긋는다.
H/4
허리선(W.L)
허리선(W.L)
밑위길이(H/4)
④ 밑위선 그리기
허리선에서 H/4 길이만큼
내려서 바지길이선과 수직이
되도록 가로선을 긋는다.
⑦
H/16 -2
밑위선(Cr.L)
밑위선(Cr.L)
① 바지길이선
바지 접힘선
무릎선(K.L)
무릎선(K.L)
⑤ 밑위선~밑단선
길이를 2등분
5
⑥ 이등분지점에서
위로 5㎝
밑단선
밑단선
③ 밑단선 그리기
-바지길이선과 수직선

스트레이트 팬츠 (일자바지)

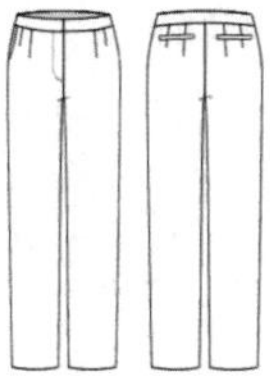

팬츠 패턴- 뒤판 기초선 그리기

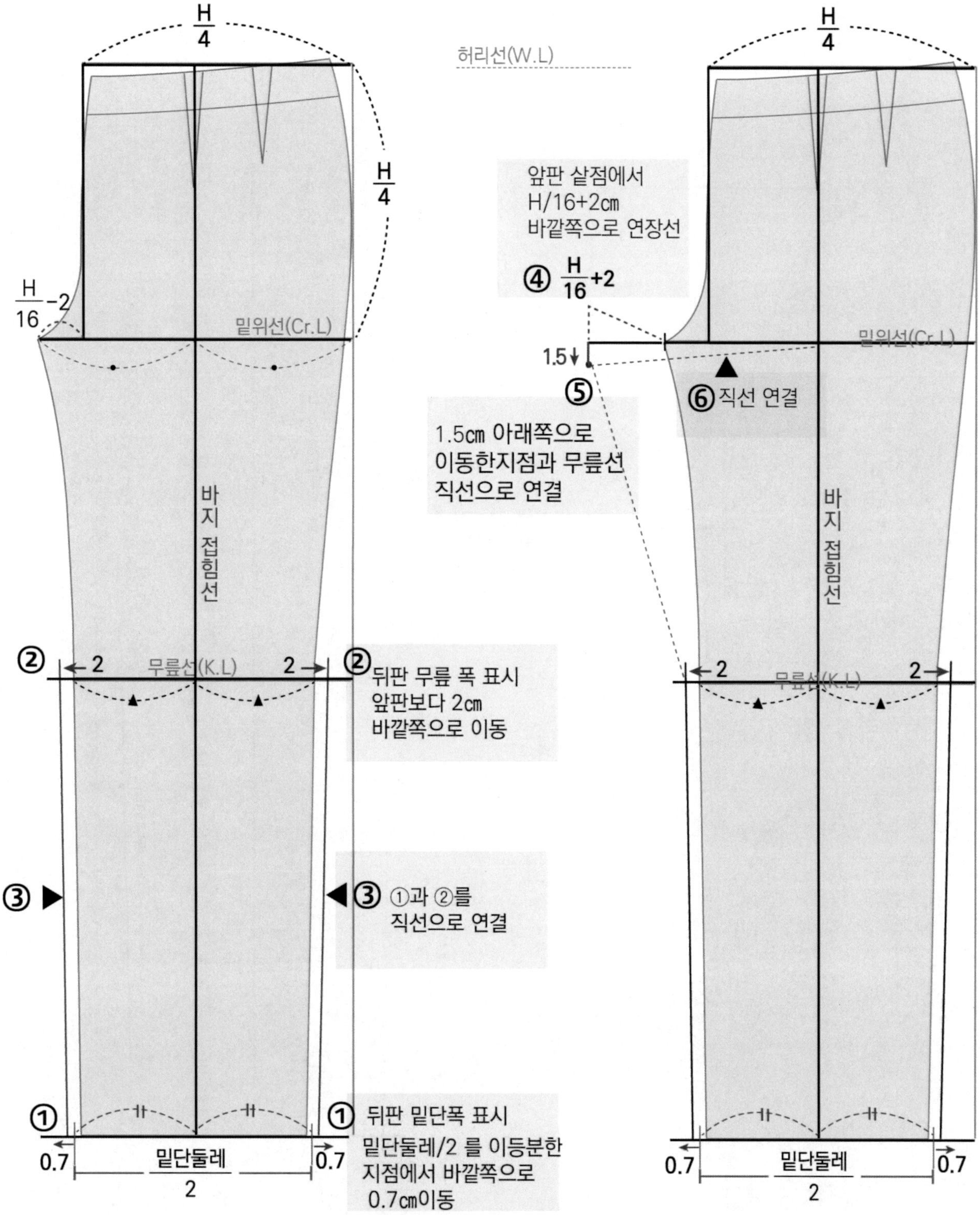
H/4
허리선(W.L)
H/4
H/16-2
밑위선(Cr.L)
바지 접힘선
② 2 무릎선(K.L) 2 ②
뒤판 무릎 폭 표시
앞판보다 2cm
바깥쪽으로 이동
③ ③ ①과 ②를
직선으로 연결
① ① 뒤판 밑단폭 표시
밑단둘레/2 를 이등분한
지점에서 바깥쪽으로
0.7cm이동
0.7 밑단둘레/2 0.7
앞판 샅점에서
H/16+2cm
바깥쪽으로 연장선
④ H/16+2
1.5
⑤
1.5cm 아래쪽으로
이동한지점과 무릎선
직선으로 연결
⑥ 직선 연결
H/4
밑위선(Cr.L)
바지 접힘선
2 무릎선(K.L) 2
0.7 밑단둘레/2 0.7

스트레이트 팬츠 (일자바지)

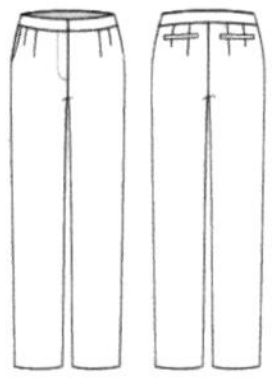

팬츠 패턴- 뒤판 밑아래선 제도

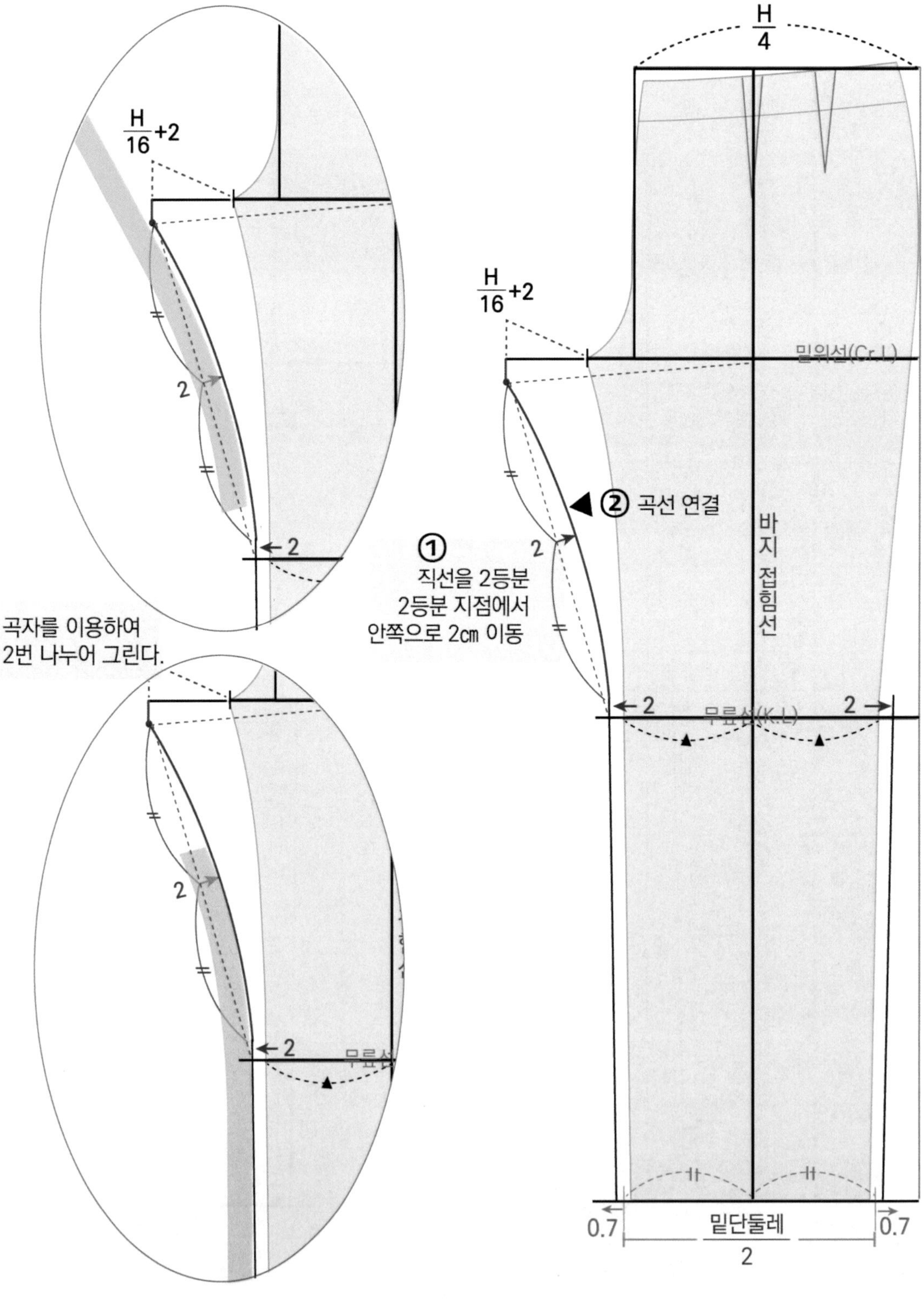

스트레이트 팬츠 (일자바지)

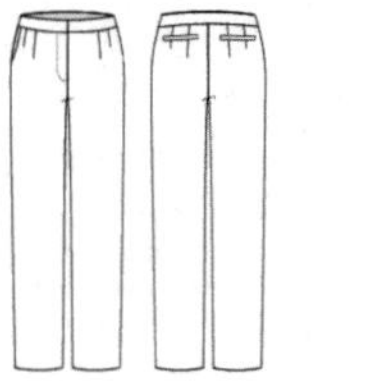

팬츠 패턴- 뒤판 밑위선, 허리선 제도

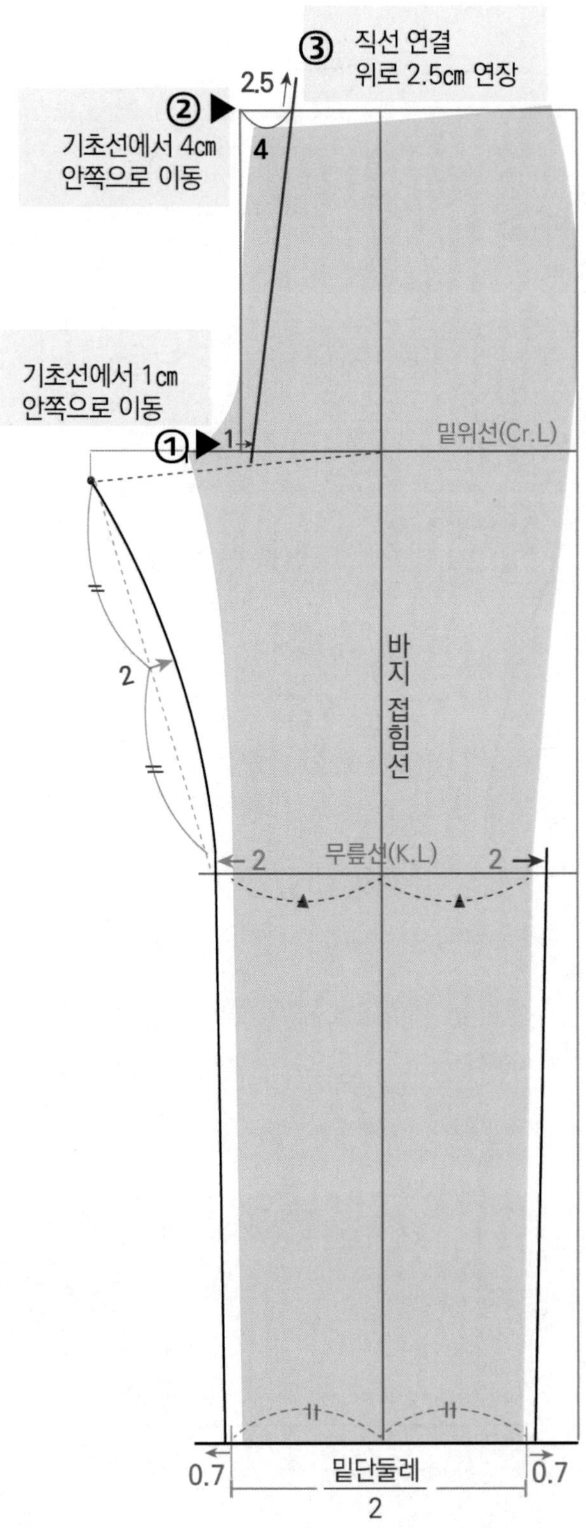

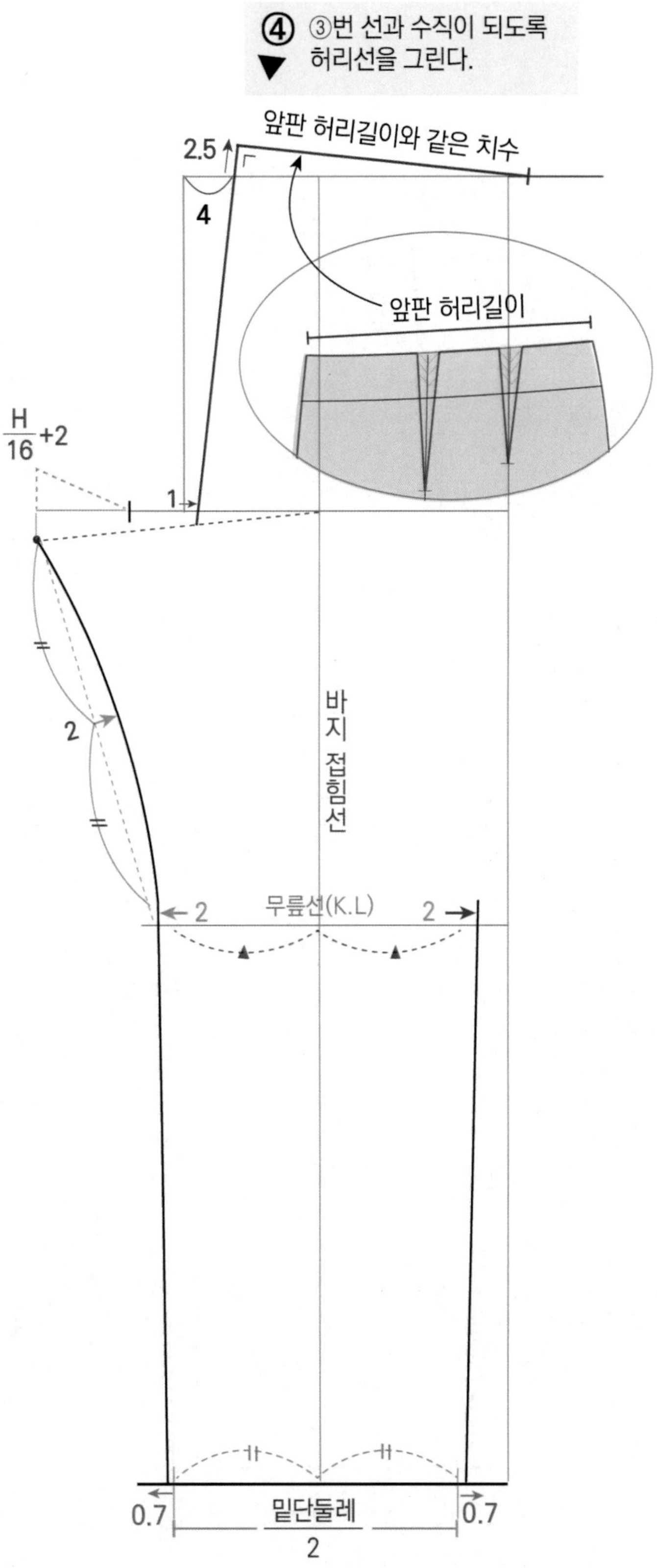

스트레이트 팬츠 (일자바지)

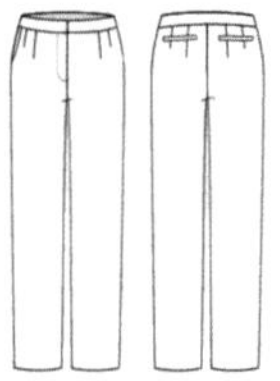

팬츠 패턴- 뒤판 밑위선, 허리선 제도

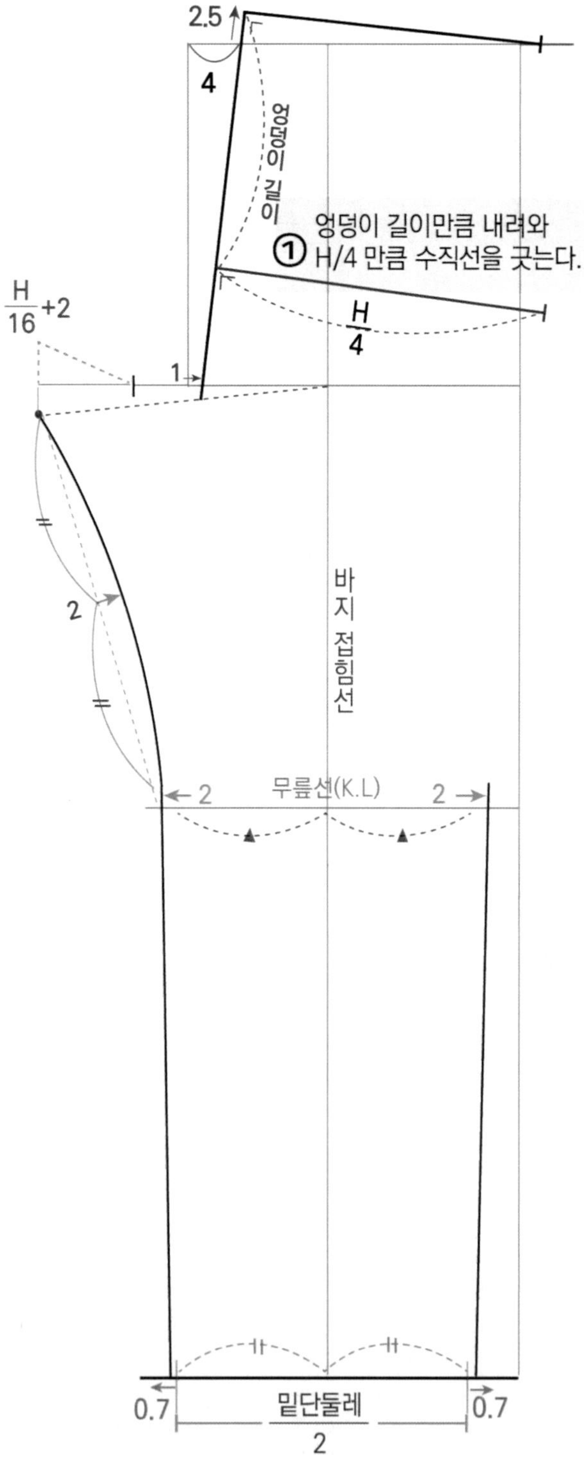
2.5
4
엉덩이 길이
① 엉덩이 길이만큼 내려와
H/4 만큼 수직선을 긋는다.
H/16 +2
H/4
1
2
바지 접힘선
무릎선(K.L)
2
2
0.7
밑단둘레/2
0.7

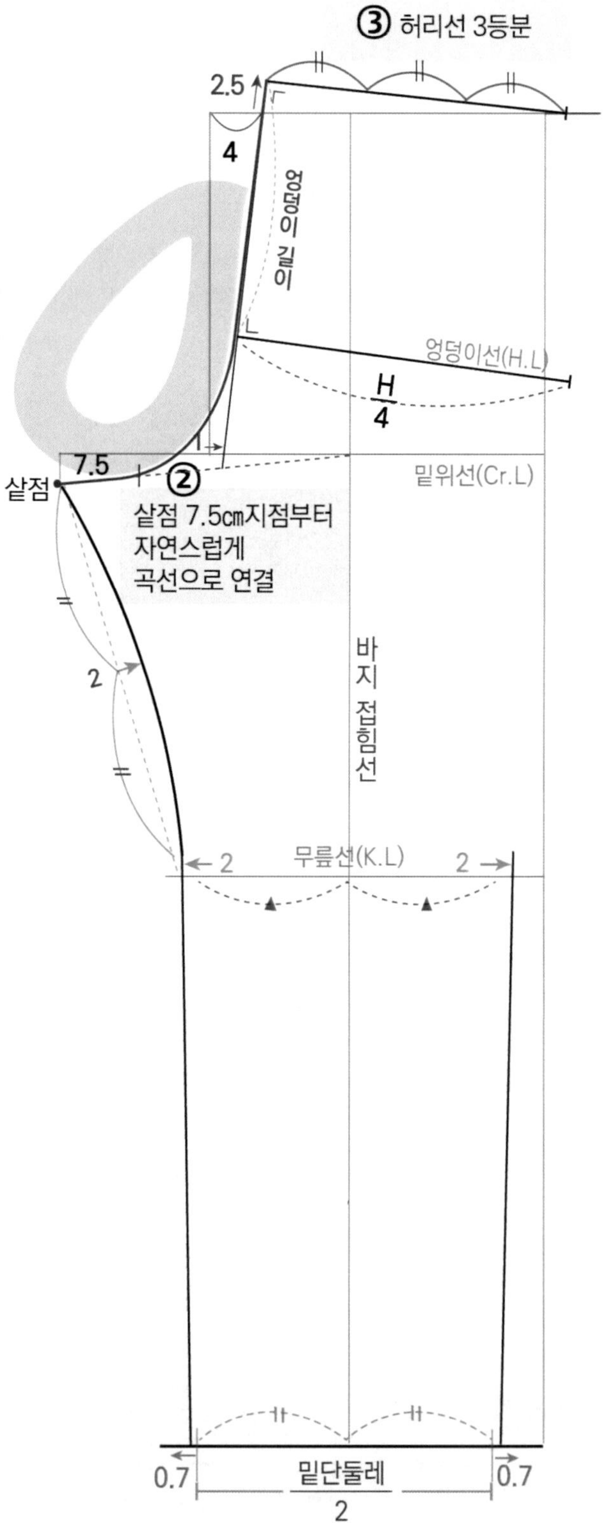
③ 허리선 3등분
2.5
4
엉덩이 길이
엉덩이선(H.L)
H/4
7.5
살점
② 살점 7.5㎝지점부터
자연스럽게
곡선으로 연결
밑위선(Cr.L)
2
바지 접힘선
무릎선(K.L)
2
2
0.7
밑단둘레/2
0.7

스트레이트 팬츠 (일자바지)

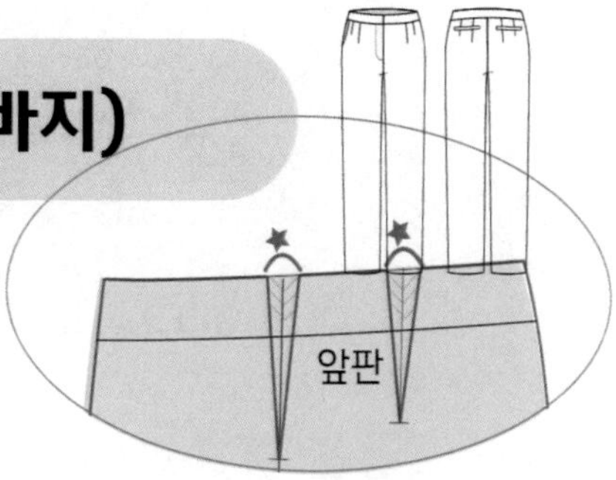

팬츠 패턴- 다트선 제도

① 3등분 지점에서 아래로 12㎝, 10㎝ 수직선을 그린다.

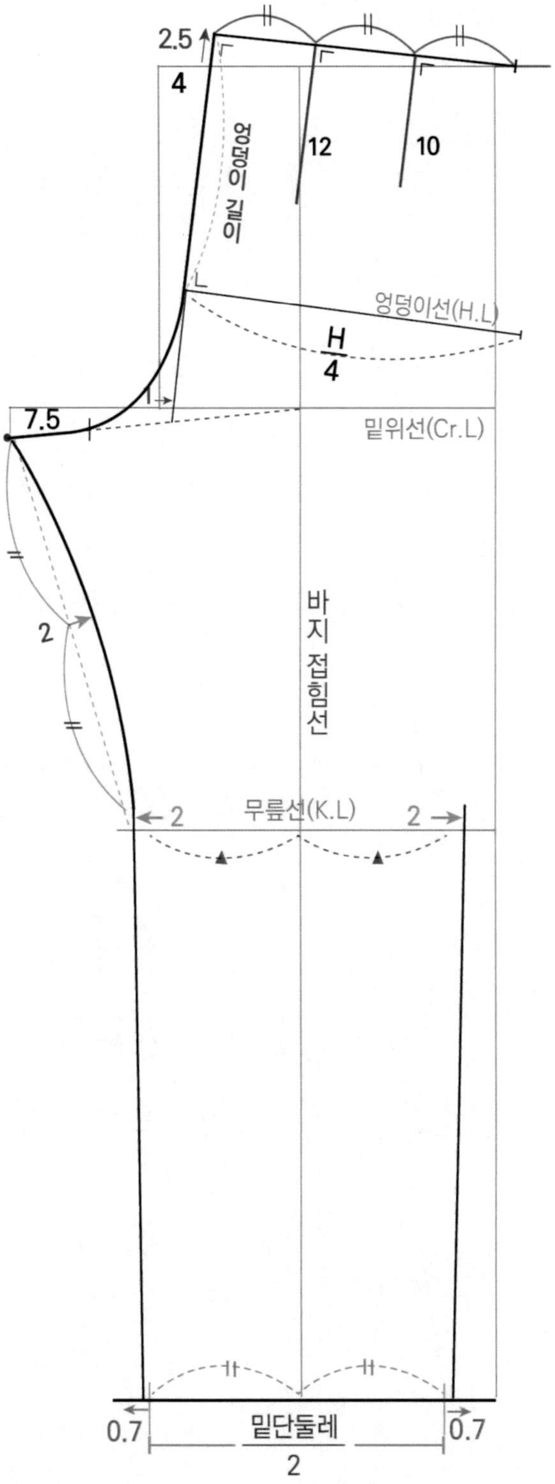

② 앞판 다트와 같은 폭으로 다트를 그린다.

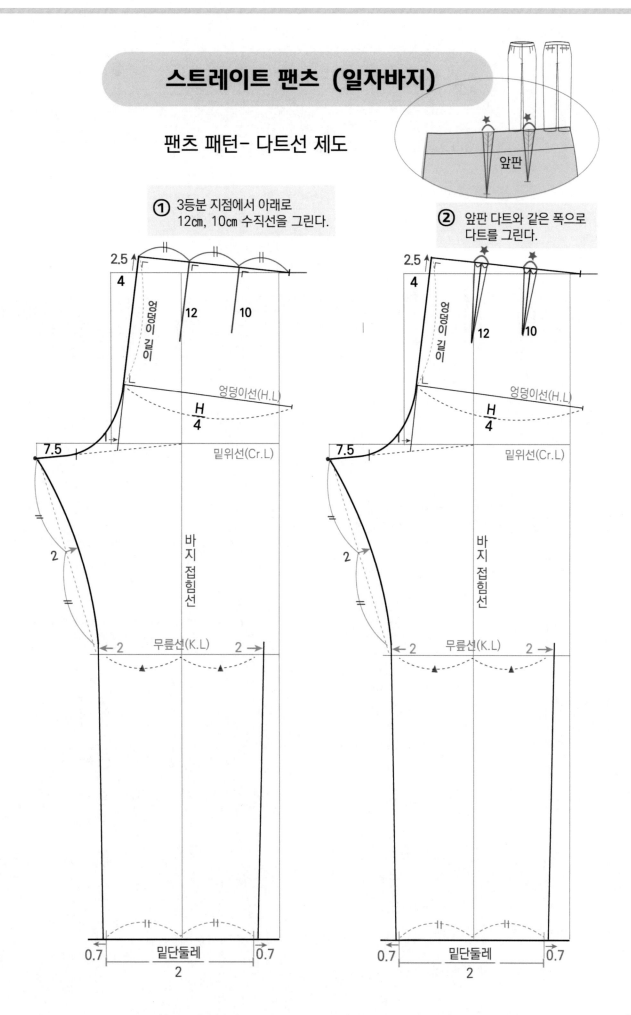

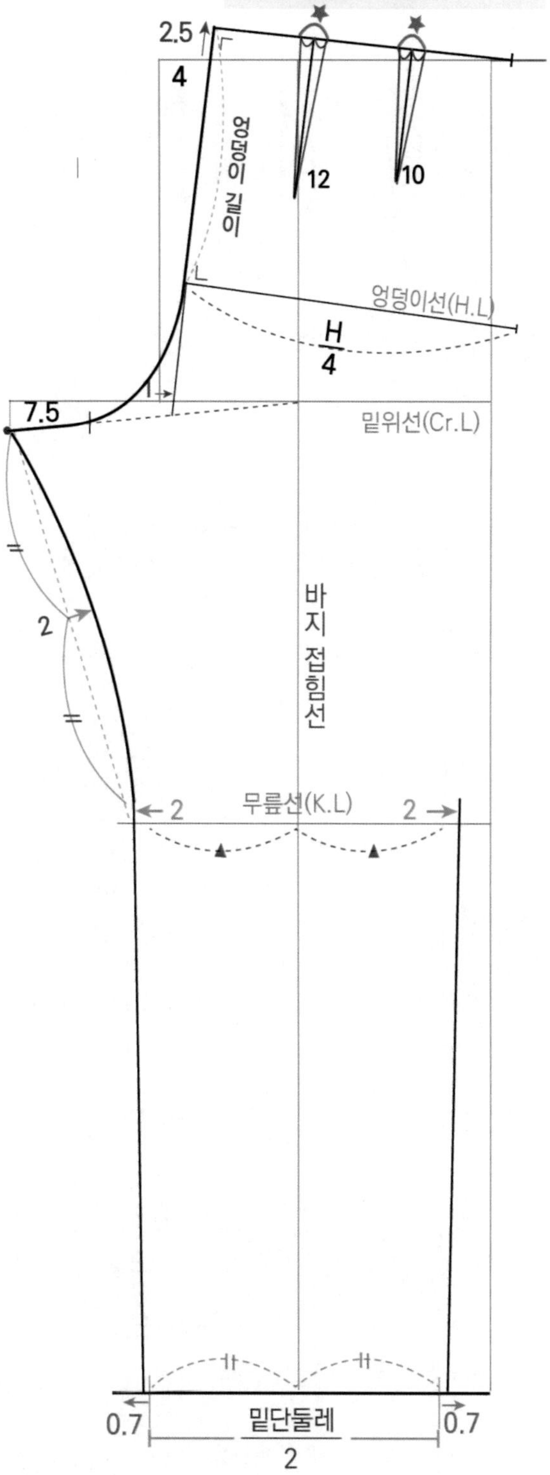

스트레이트 팬츠 (일자바지)

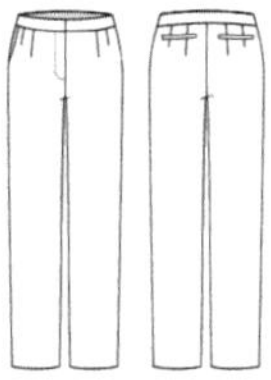

팬츠 패턴- 뒤판 옆선, 허리선, 벨트, 포켓 제도

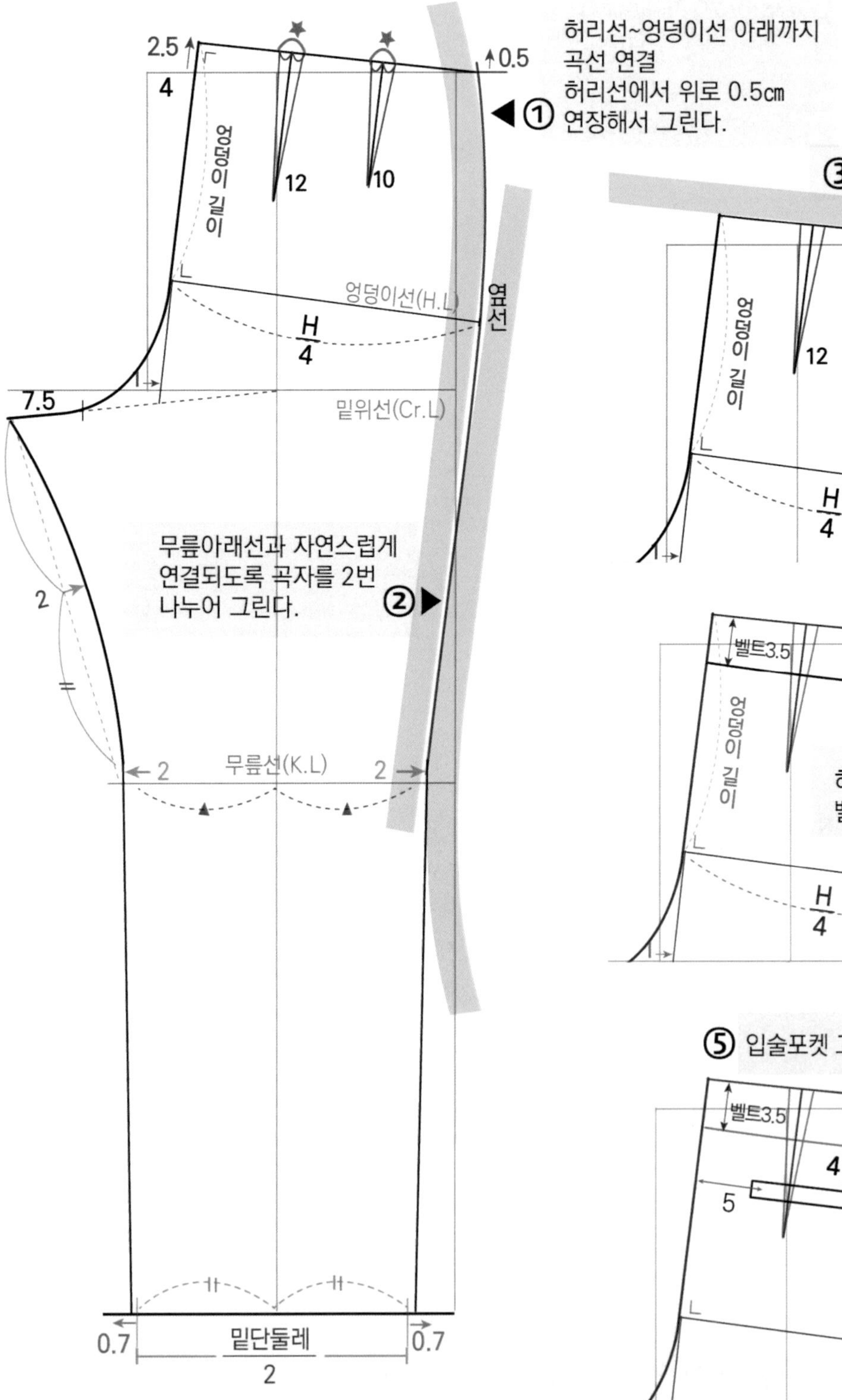

스트레이트 팬츠 (일자바지)

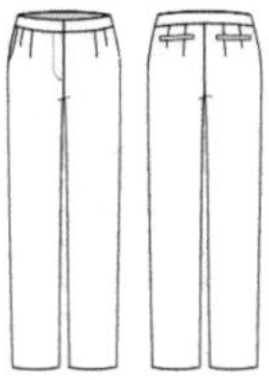

팬츠 패턴 앞,뒤판 전체 보기

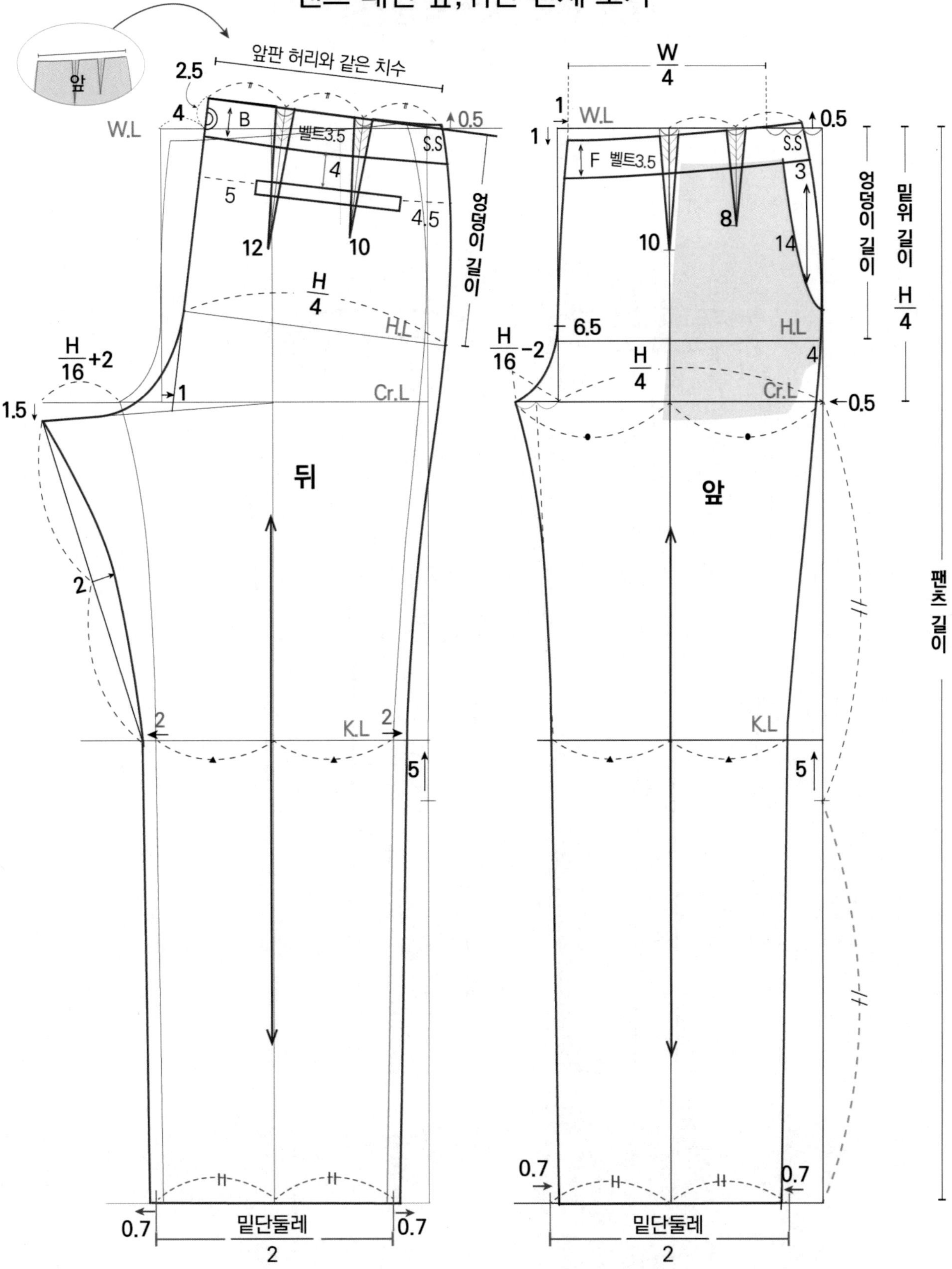

바지부리: 대략 42㎝ (고정치수는 아님. 디자인에 따라 변동가능)

기본 팬츠 (슬림팬츠)

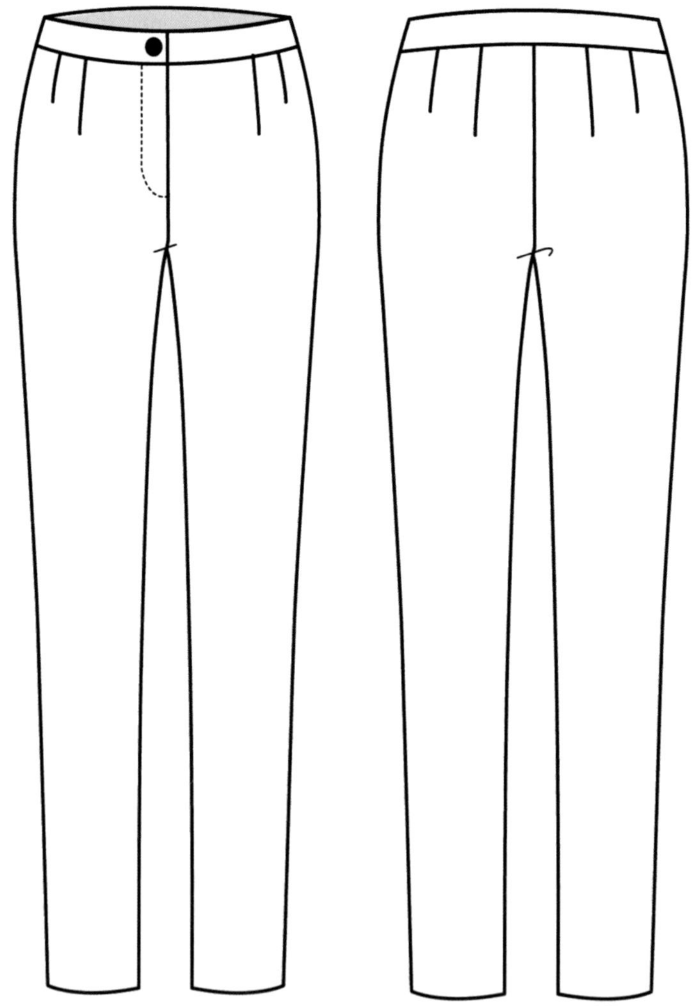

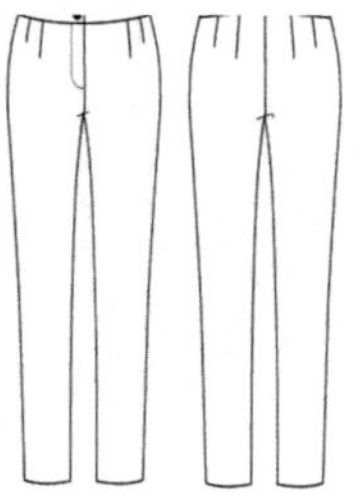

기본 팬츠 (슬림팬츠)

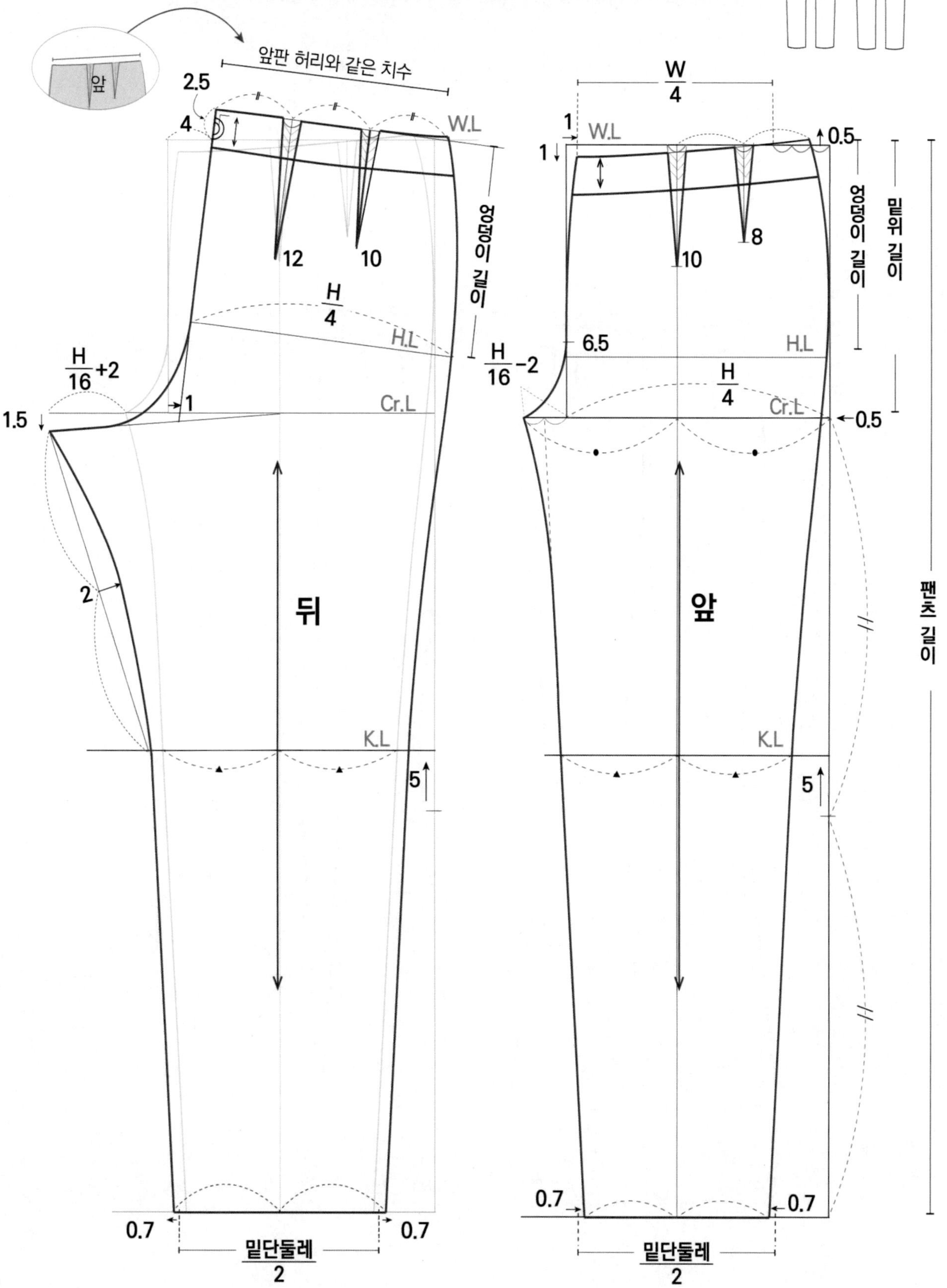

밑단둘레: 대략 36㎝ (고정치수는 아님. 디자인에 따라 변동가능)

벨보텀 팬츠 (나팔바지)

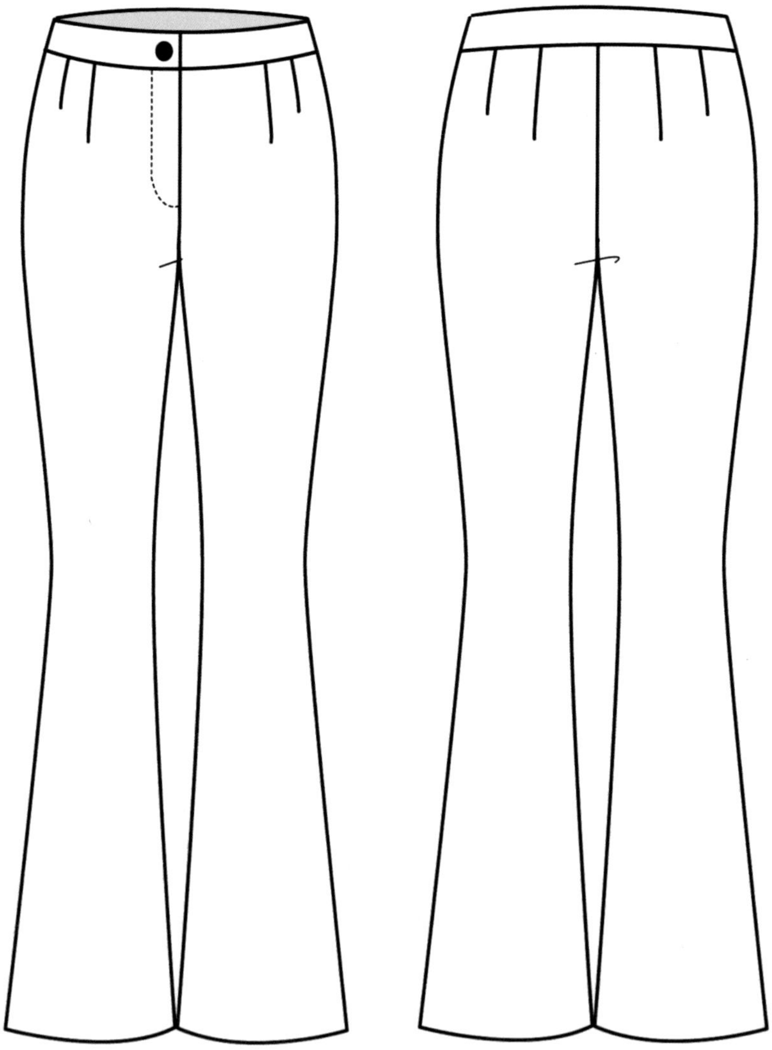

벨보텀 팬츠 (나팔바지)

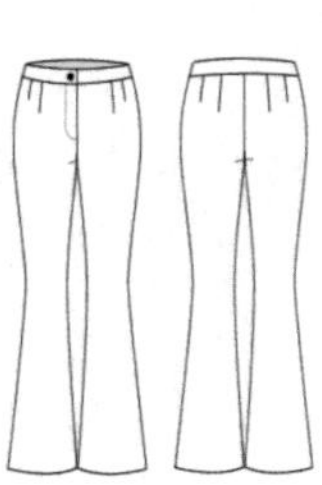

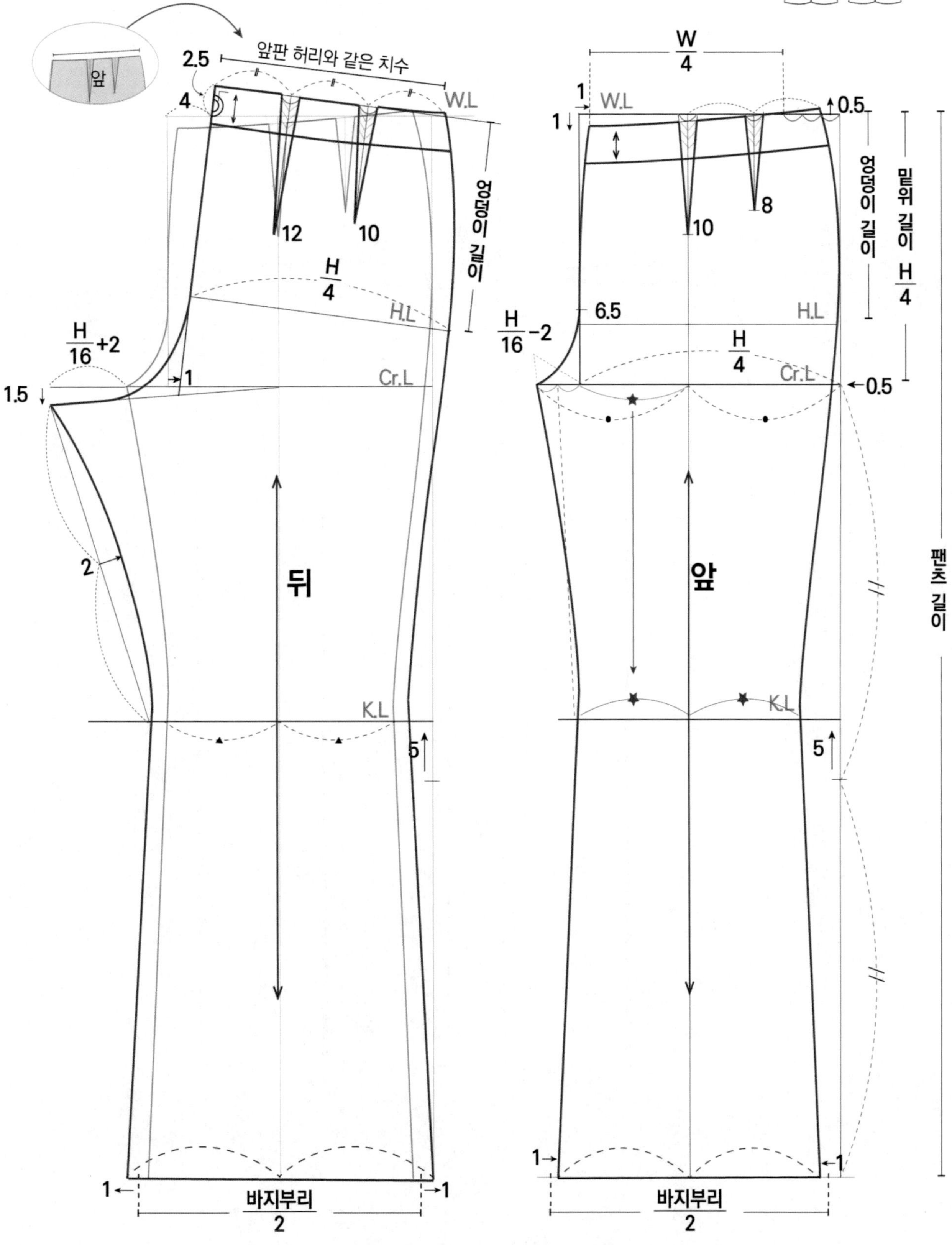

바지부리: 대략 50㎝ (고정치수는 아님. 디자인에 따라 변동가능)

요크 와이드팬츠(통바지)

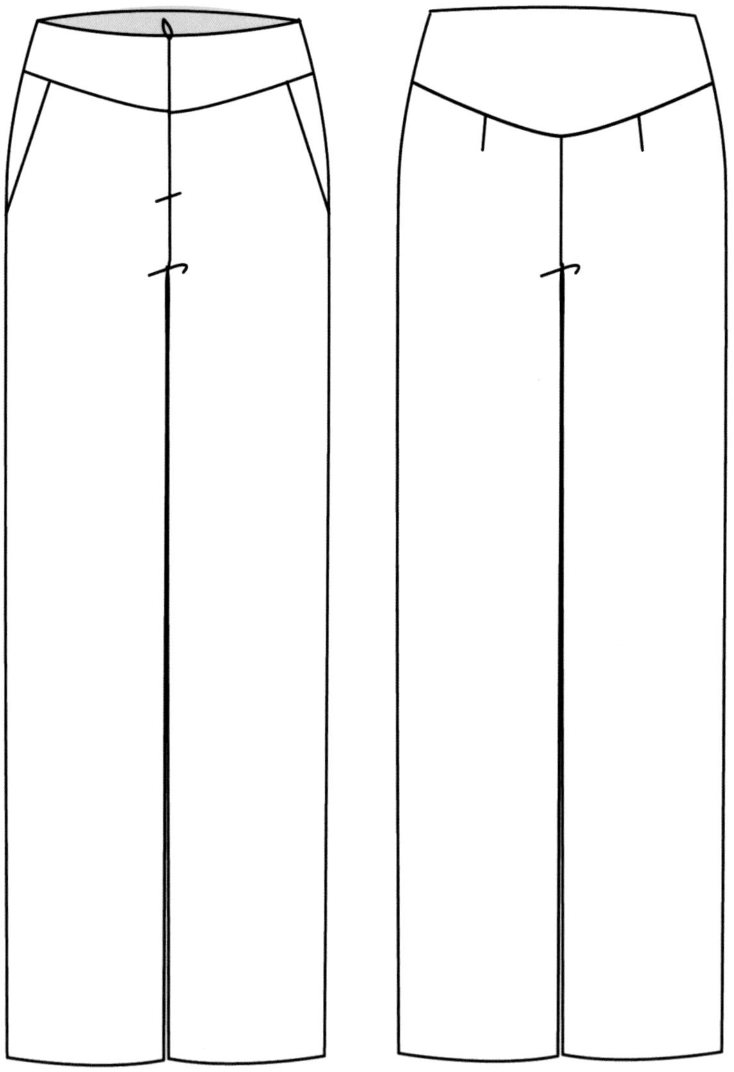

요크 와이드팬츠(통바지)

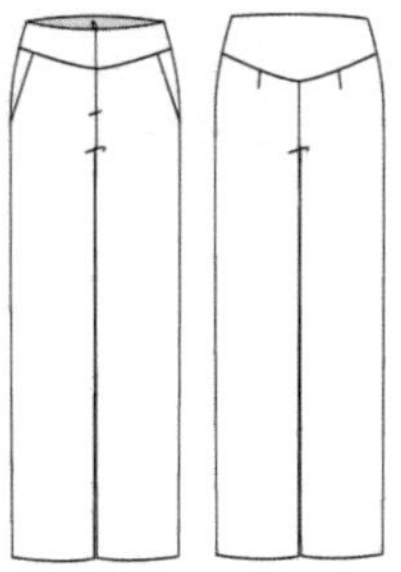

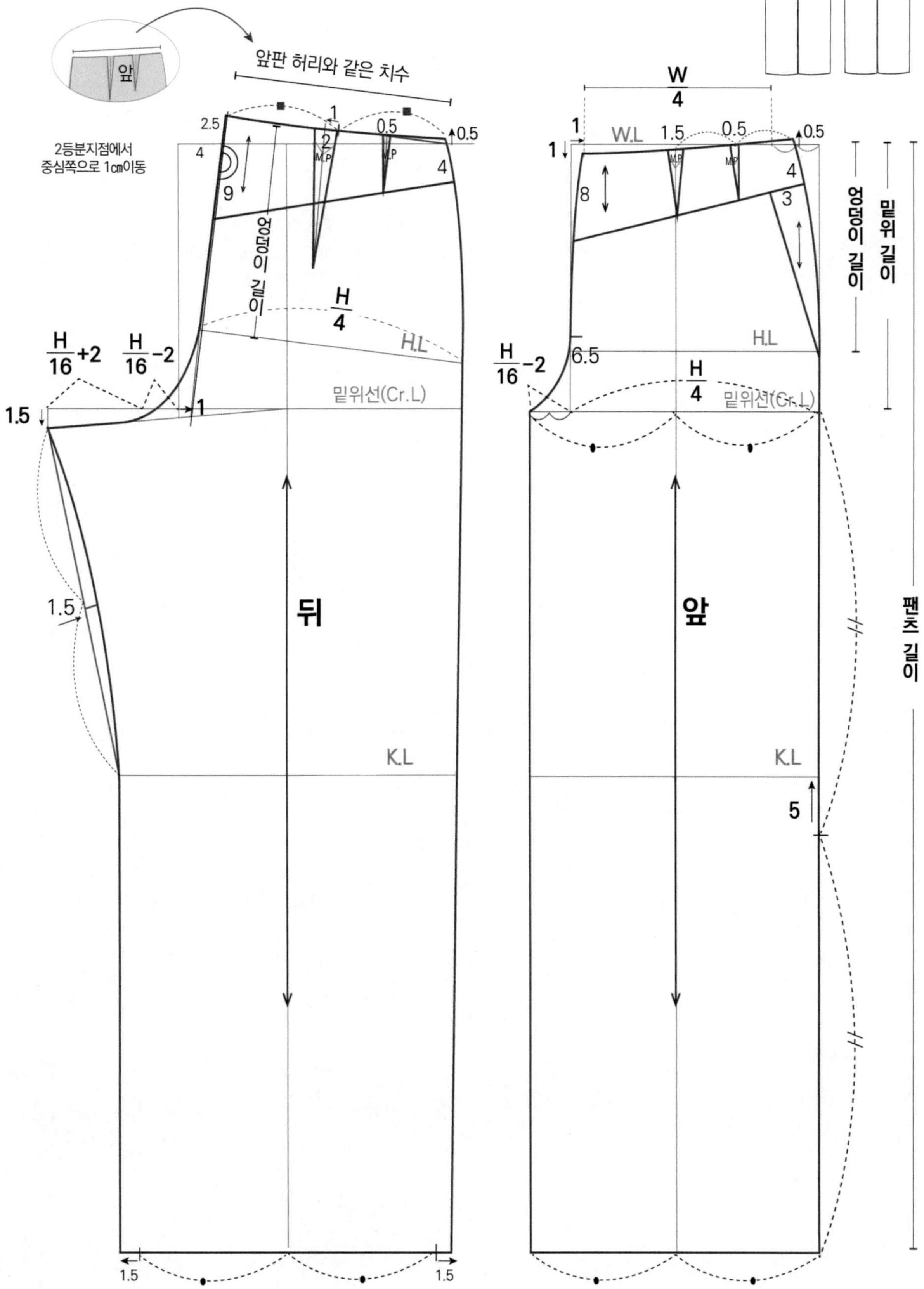
앞
앞판 허리와 같은 치수
2등분지점에서
중심쪽으로 1㎝이동
2.5
1
2
0.5
0.5
4
4
9
M.P
엉덩이 길이
H
4
H.L
H
16
+2
H
16
−2
1.5
1
밑위선(Cr.L)
1.5
뒤
K.L
1.5
1.5
W
4
1
W.L
1.5
0.5
0.5
1
8
4
3
엉덩이 길이
밑위 길이
H.L
6.5
H
16
−2
H
4
밑위선(Cr.L)
앞
팬츠 길이
K.L
5

상의

알아두기

패턴 제도 시 다양한 방법이 있으나, 이 책에서는 가슴둘레를 활용하는 제도법으로
의복 맞춤 제작 시 실제 현장에서 사용하고 있는 상동(윗가슴둘레)와 유상동(젖가슴둘레)을 구분하여 제도하는 패턴을 실었다.

상의(셔츠, 재킷, 베스트, 코트)와 원피스 패턴 제도시 기초가 되는 상의원형 제도법을 상세히 단계별로 상세히 설명하였다. 상의원형은 뒤판을 먼저 제도하고 앞판을 제도한다. 각 아이템별 디자인은 같은 상의원형을 활용하여 활동여유분을 더 주거나, 진동깊이를 가감하는 하는 등 디자인에 맞게 패턴을 변형하고 수정하여 설계한다.

상의 원형 제도 시 앞판 가슴둘레는 유상동(젖가슴둘레)를 적용하고 그외는 상동(윗가슴둘레)를 적용한다.

상의 원형 제도시 상동(윗가슴둘레) 적용
● 목둘레선 설계를 위한 기초선 제도시 뒤판은 상동/12+0.5㎝, 앞판은 상동/12를 적용,
● 진동깊이: 상동/4
● 뒤판 가슴둘레: 상동/4 + 여유분량

상의 원형 제도시 유상동(젖가슴둘레) 적용
● 앞판 가슴둘레 = 유상동/4 + 여유분량

☞ 각종 수치들:
체형이나 사이즈, 디자인에 따라 각종 길이, 둘레, 깊이, 다트분량, 여유분량 등이 달라지므로 여기서 설명하는 수치들은 절댓값이 아님을 유념해주기 바란다.

상의 각 부분 명칭

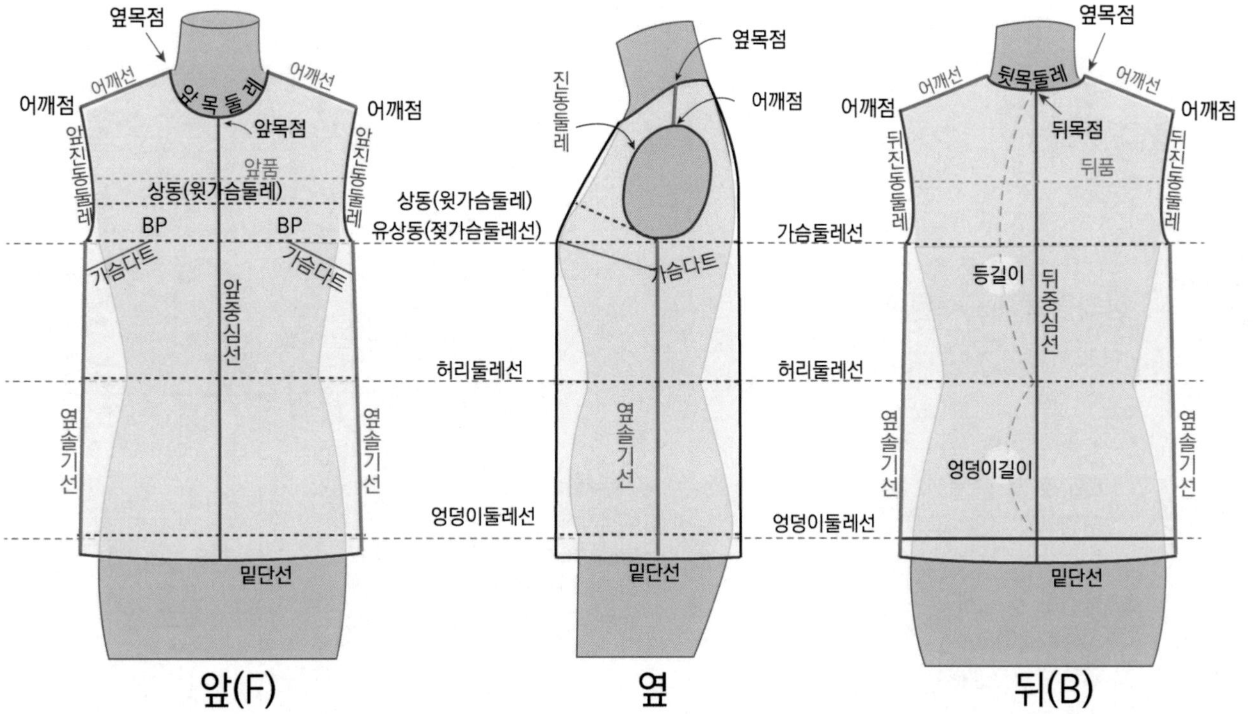
옆목점
어깨선
어깨선
앞목둘레
어깨점
앞목점
어깨점
앞진동둘레
앞품
앞진동둘레
상동(윗가슴둘레)
BP
BP
가슴다트
가슴다트
앞중심선
옆솔기선
옆솔기선
밑단선
앞(F)
옆목점
진동둘레
어깨점
상동(윗가슴둘레)
유상동(젖가슴둘레선)
가슴둘레선
가슴다트
허리둘레선
허리둘레선
옆솔기선
엉덩이둘레선
엉덩이둘레선
밑단선
옆
옆목점
어깨선
뒷목둘레
어깨선
어깨점
뒤목점
어깨점
뒤진동둘레
뒤품
뒤진동둘레
등길이
뒤중심선
옆솔기선
엉덩이길이
옆솔기선
밑단선
뒤(B)

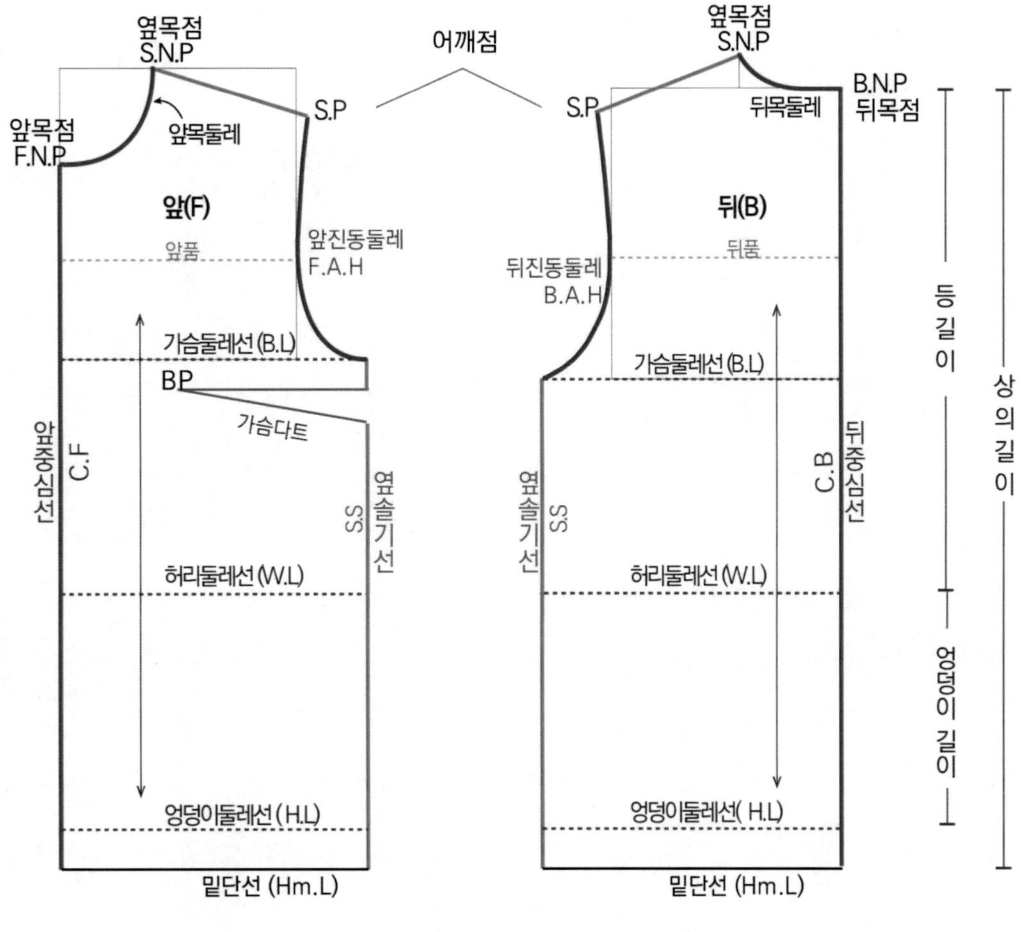
옆목점
S.N.P
어깨점
옆목점
S.N.P
앞목점
F.N.P
앞목둘레
S.P
S.P
뒤목둘레
B.N.P
뒤목점
앞(F)
뒤(B)
앞품
뒤품
앞진동둘레
F.A.H
뒤진동둘레
B.A.H
가슴둘레선(B.L)
가슴둘레선(B.L)
BP
가슴다트
앞중심선
C.F
옆솔기선
S.S
옆솔기선
S.S
C.B
뒤중심선
등길이
상의길이
허리둘레선(W.L)
허리둘레선(W.L)
엉덩이 길이
엉덩이둘레선(H.L)
엉덩이둘레선(H.L)
밑단선 (Hm.L)
밑단선 (Hm.L)

상의원형 제도

뒤판 기초선 그리기

상의원형 제도시 필요치수

ex) 55사이즈

상동(윗가슴둘레)	84
유상동(젖가슴둘레)	86.5
어깨너비	38
뒤품	35
등길이	38
엉덩이길이	18
앞품	33
앞길이	40.5
유폭	18
유장	24
허리둘레	70
엉덩이둘레	90

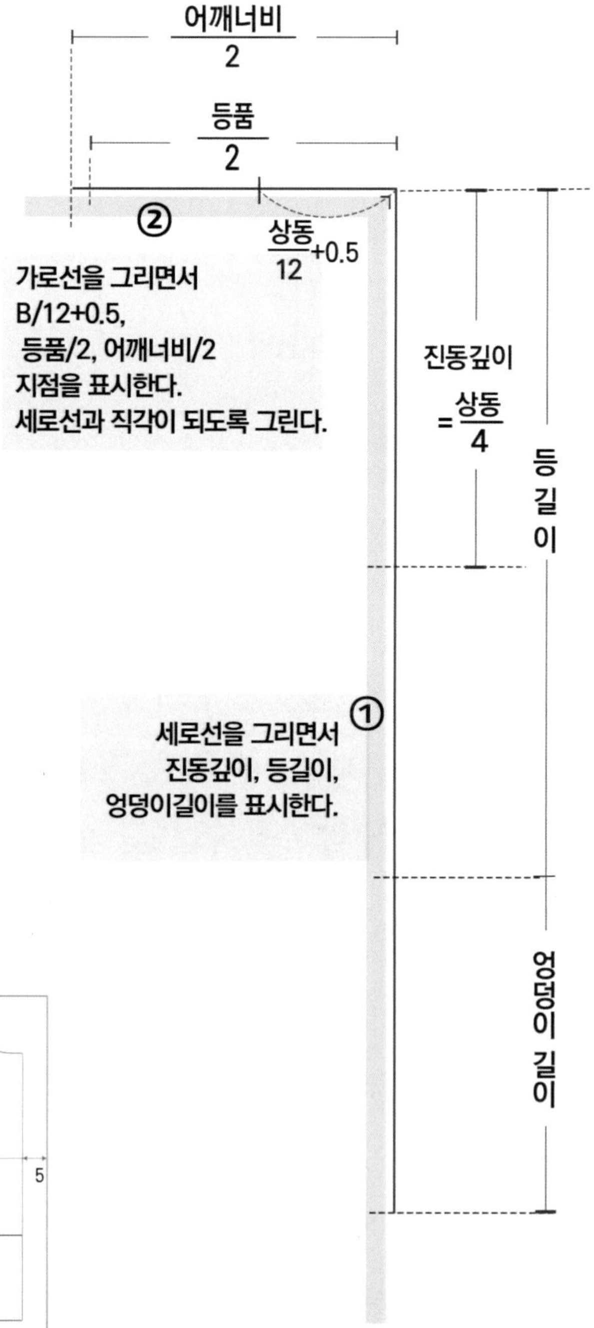
어깨너비/2
등품/2
②
상동/12+0.5
가로선을 그리면서
B/12+0.5,
등품/2, 어깨너비/2
지점을 표시한다.
세로선과 직각이 되도록 그린다.
진동깊이
=상동/4
등길이
①
세로선을 그리면서
진동깊이, 등길이,
엉덩이길이를 표시한다.
엉덩이 길이

패턴지 배치 참조

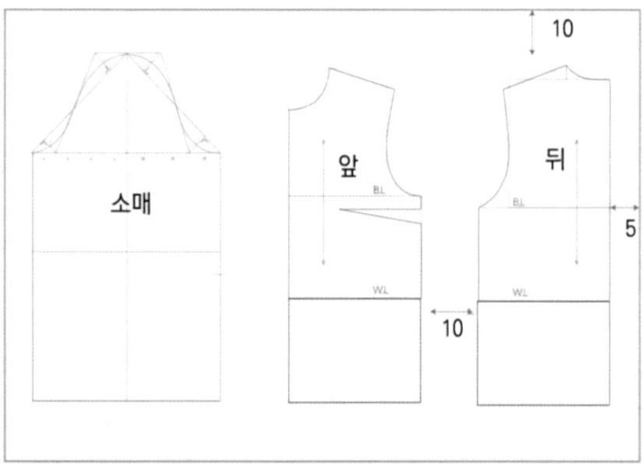
10
앞
뒤
소매
5
10

상의원형 제도

뒤판 기초선 그리기

가슴둘레선, 허리선, 엉덩이선 그리기
뒤품선 그리기

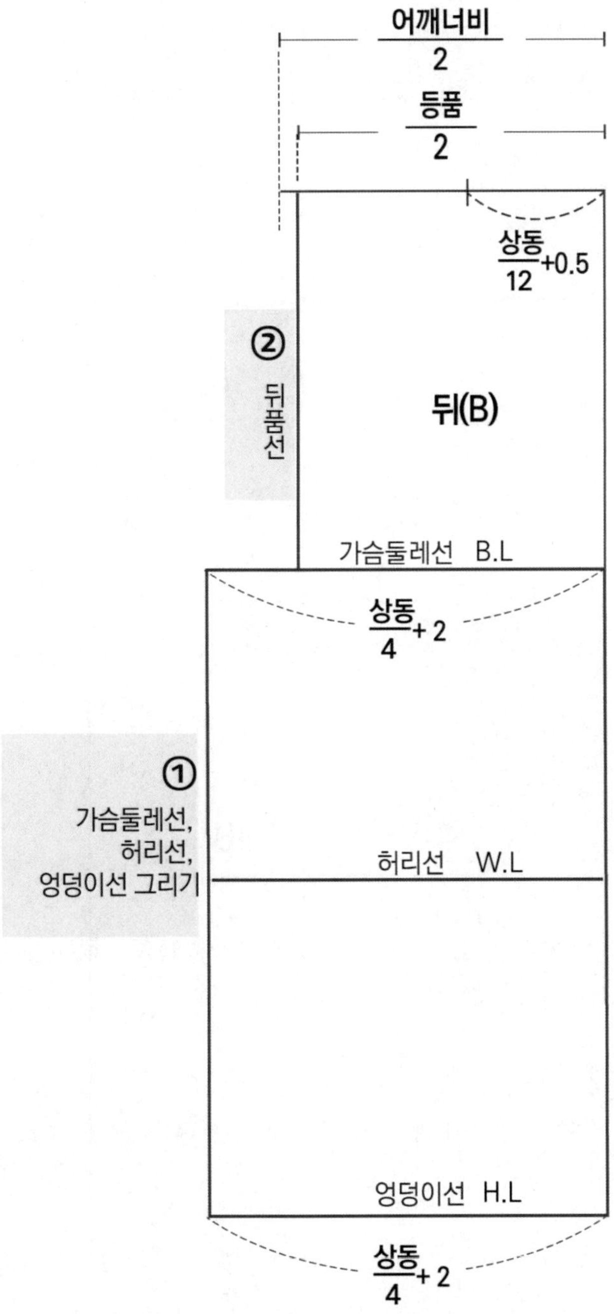

옆목점 표시, 뒤어깨선 그리기

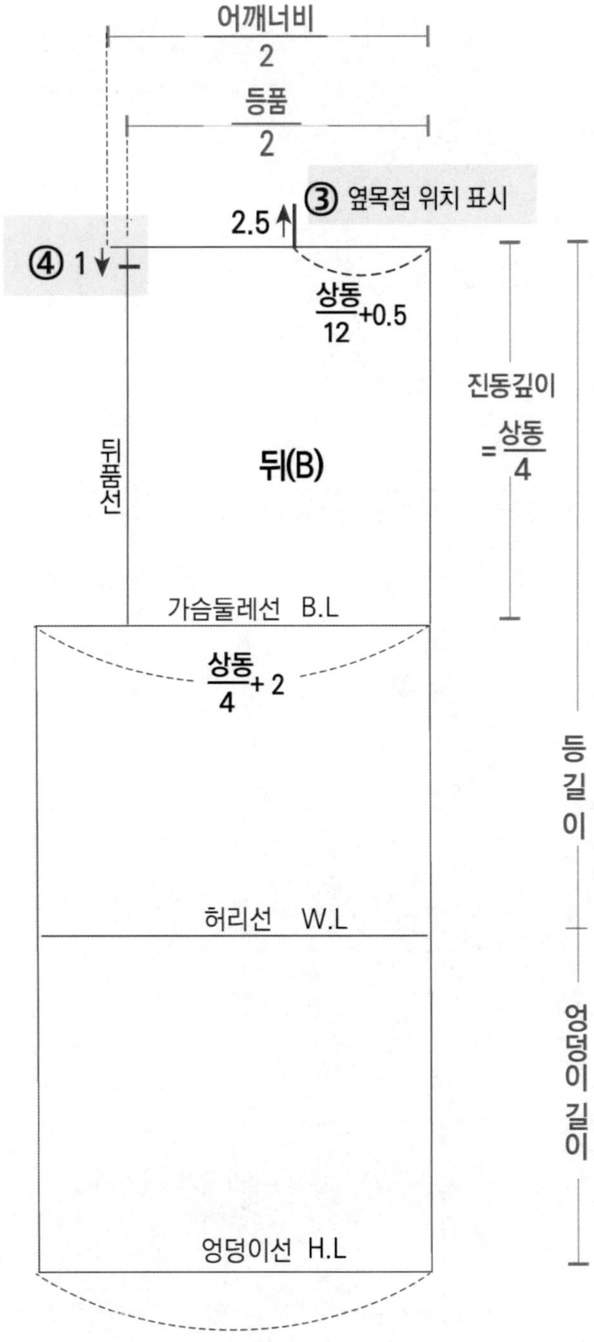

상의원형 제도

뒤판 목둘레선, 어깨선 그리기

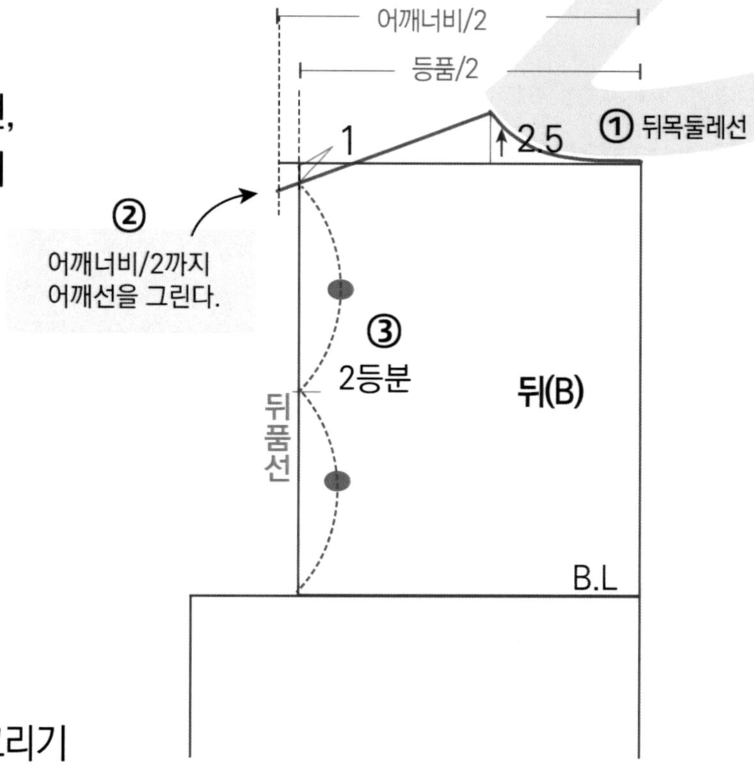
어깨너비/2
등품/2
1
2.5
① 뒤목둘레선
②
어깨너비/2까지
어깨선을 그린다.
③
2등분
뒤품선
뒤(B)
B.L

뒤판 진동둘레 그리기

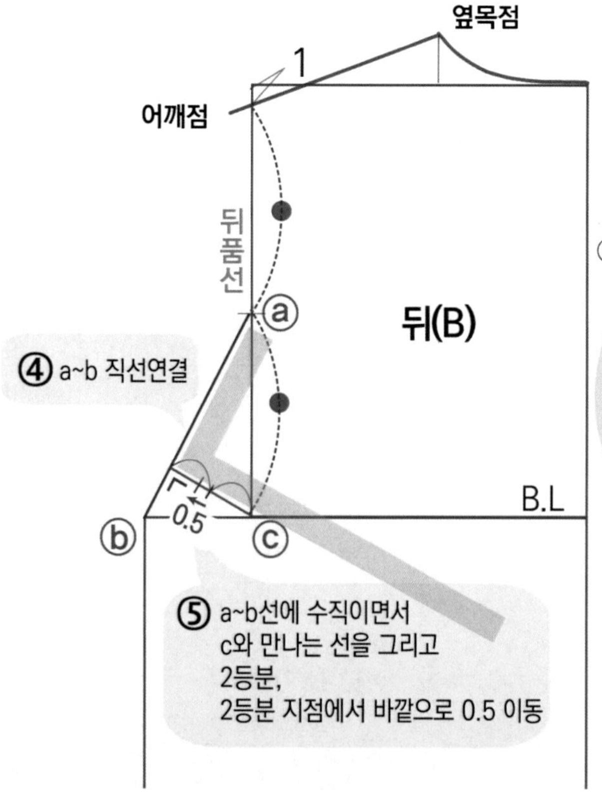
옆목점
1
어깨점
뒤품선
ⓐ
뒤(B)
④ a~b 직선연결
0.5
ⓑ
ⓒ
B.L
⑤ a~b선에 수직이면서
c와 만나는 선을 그리고
2등분,
2등분 지점에서 바깥으로 0.5 이동

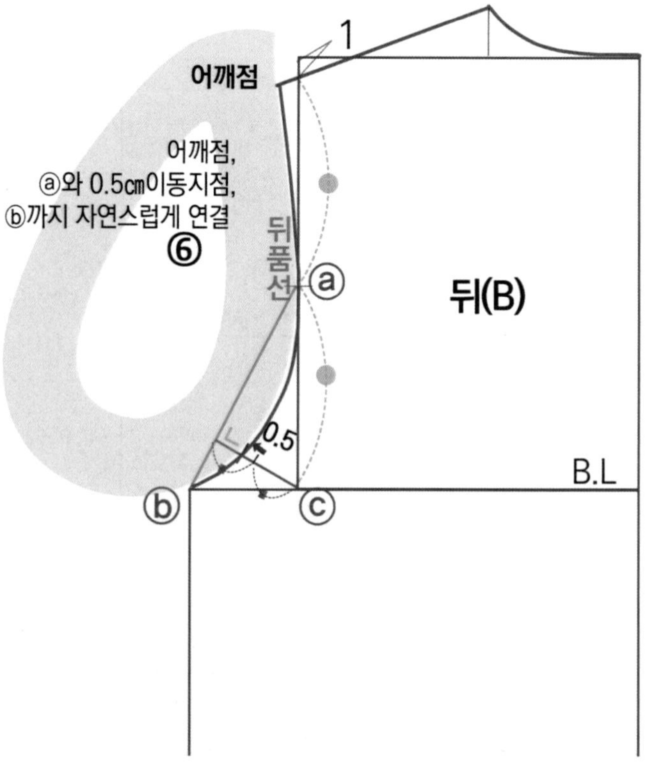
1
어깨점
어깨점,
ⓐ와 0.5㎝이동지점,
ⓑ까지 자연스럽게 연결
⑥
뒤품선
ⓐ
뒤(B)
0.5
ⓑ
ⓒ
B.L

상의원형 제도

앞판 기초선 그리기

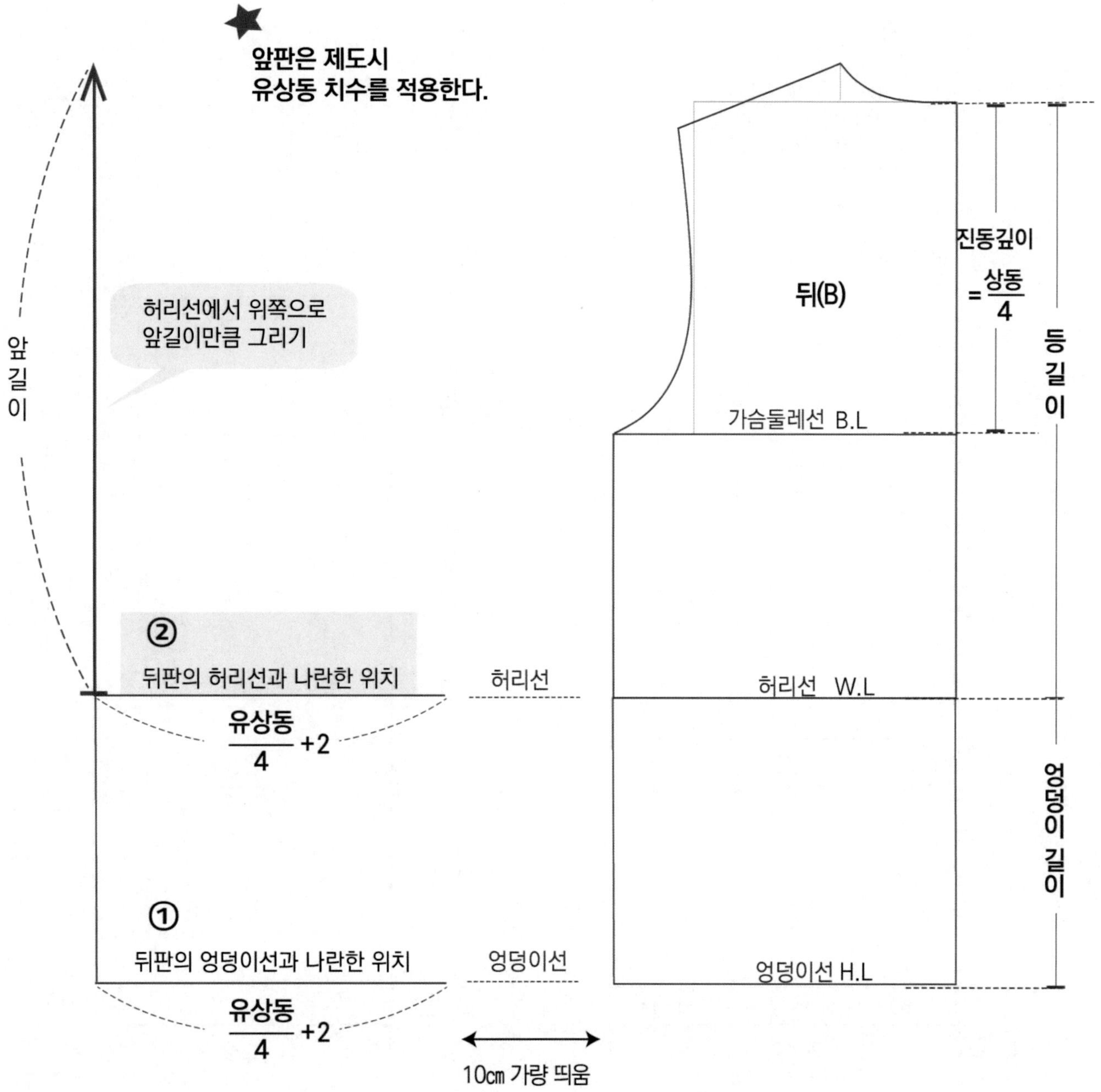
앞판은 제도시
유상동 치수를 적용한다.
허리선에서 위쪽으로
앞길이만큼 그리기
앞길이
②
뒤판의 허리선과 나란한 위치
허리선
유상동/4 +2
①
뒤판의 엉덩이선과 나란한 위치
엉덩이선
유상동/4 +2
10㎝ 가량 띄움
뒤(B)
진동길이
= 상동/4
등길이
가슴둘레선 B.L
허리선 W.L
엉덩이 길이
엉덩이선 H.L

상의원형 제도

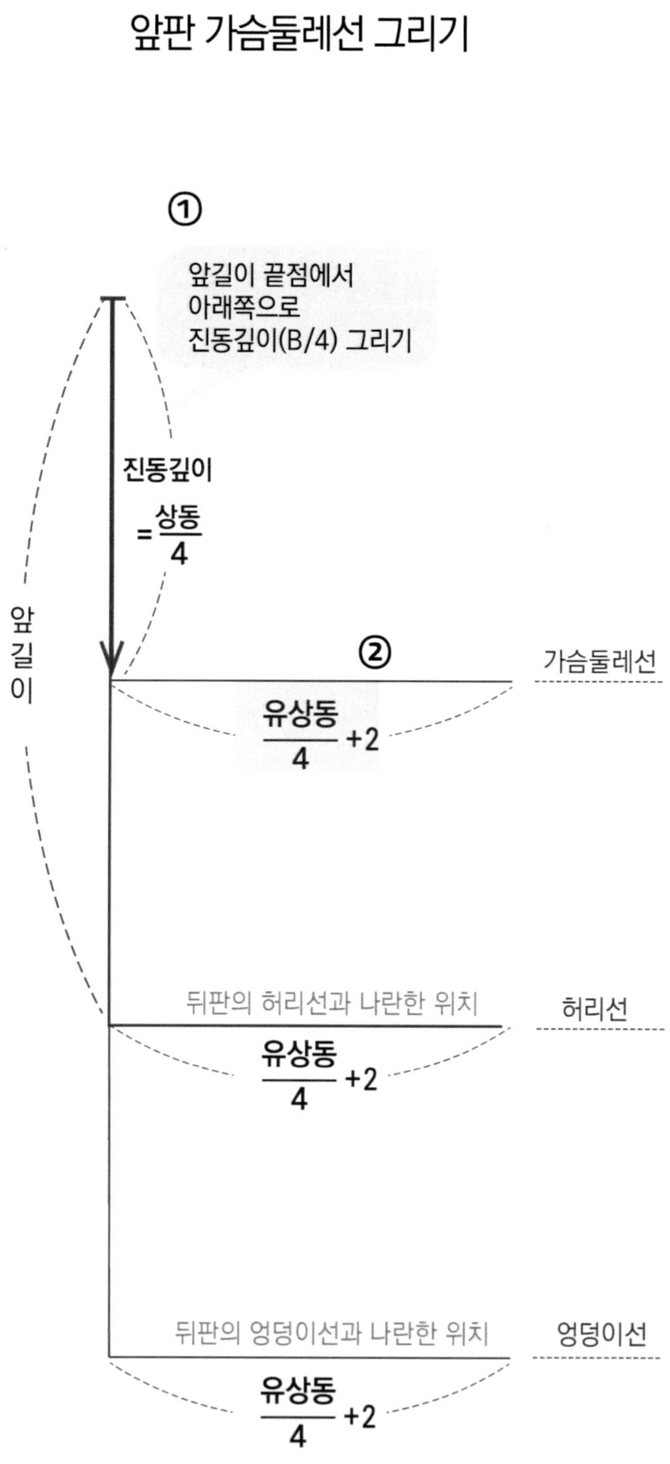
앞판 가슴둘레선 그리기
①
앞길이 끝점에서
아래쪽으로
진동깊이(B/4) 그리기
진동깊이
= 상동/4
앞길이
②
가슴둘레선
유상동/4 +2
뒤판의 허리선과 나란한 위치
허리선
유상동/4 +2
뒤판의 엉덩이선과 나란한 위치
엉덩이선
유상동/4 +2

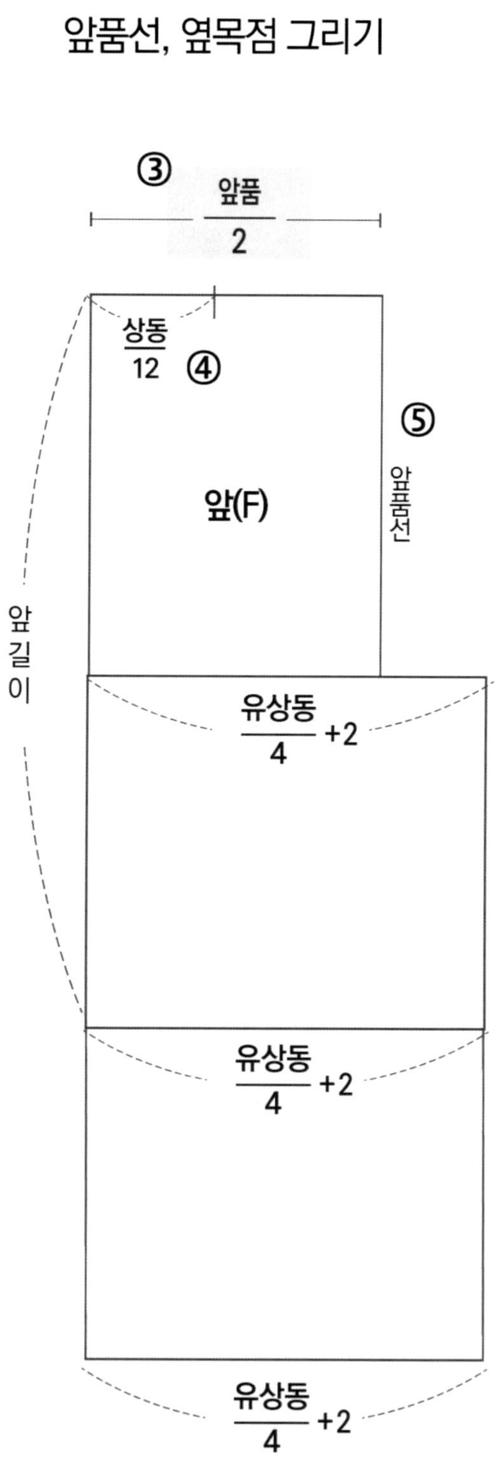
앞품선, 옆목점 그리기
③
앞품/2
상동/12
④
⑤
앞품선
앞(F)
앞길이
유상동/4 +2
유상동/4 +2
유상동/4 +2

상의원형 제도

앞판 젖꼭지점(B.P) 찾기

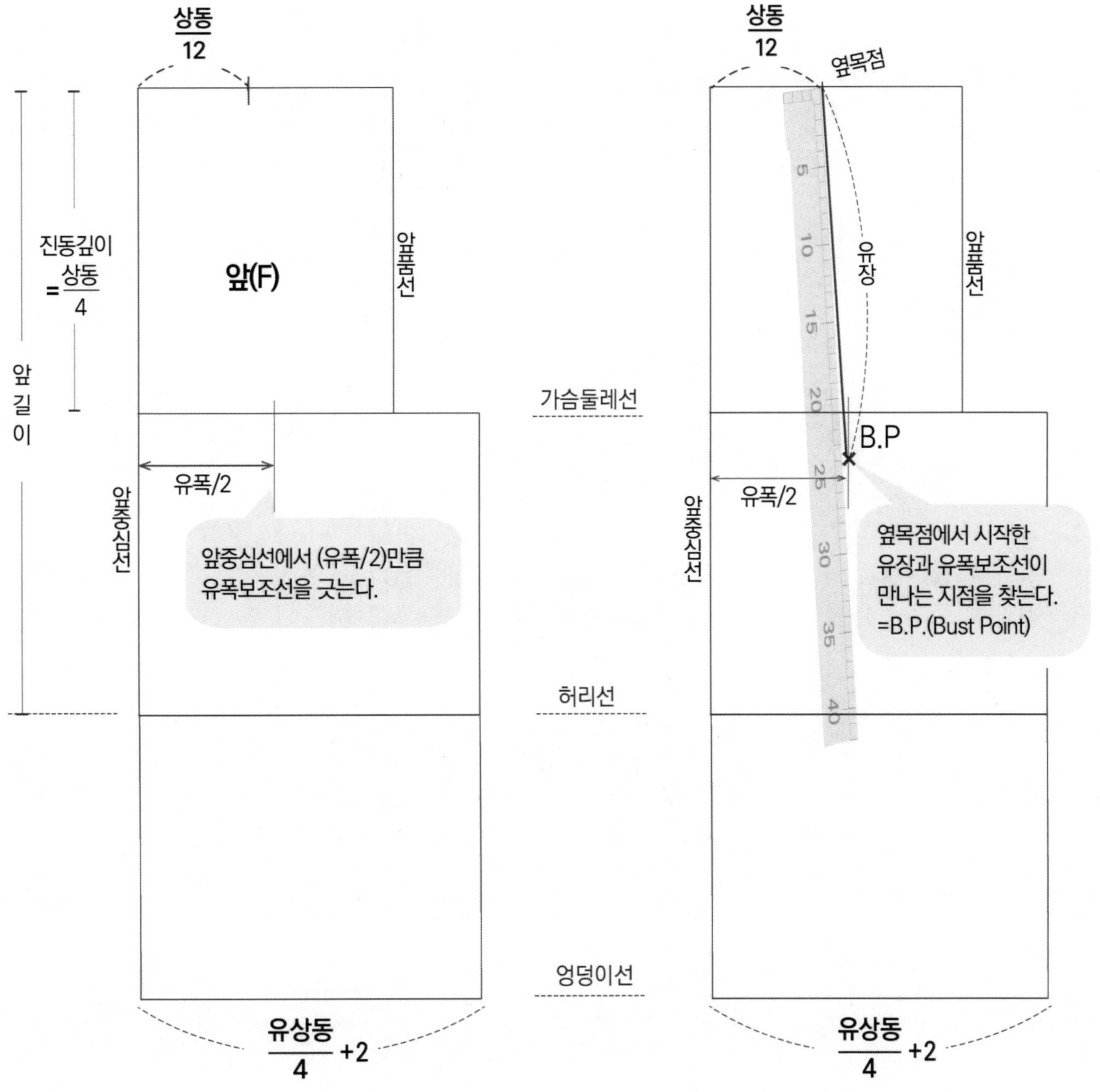

상의원형 제도

앞판 가슴다트 분량 표시

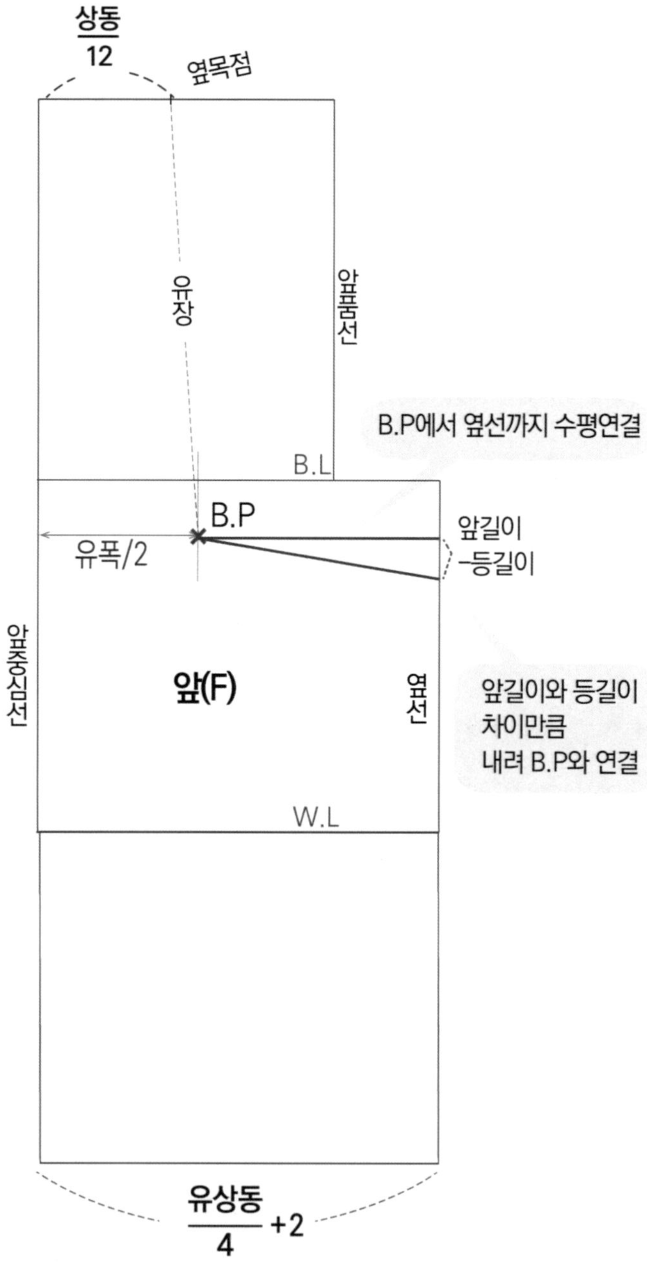

앞목둘레선 그리기

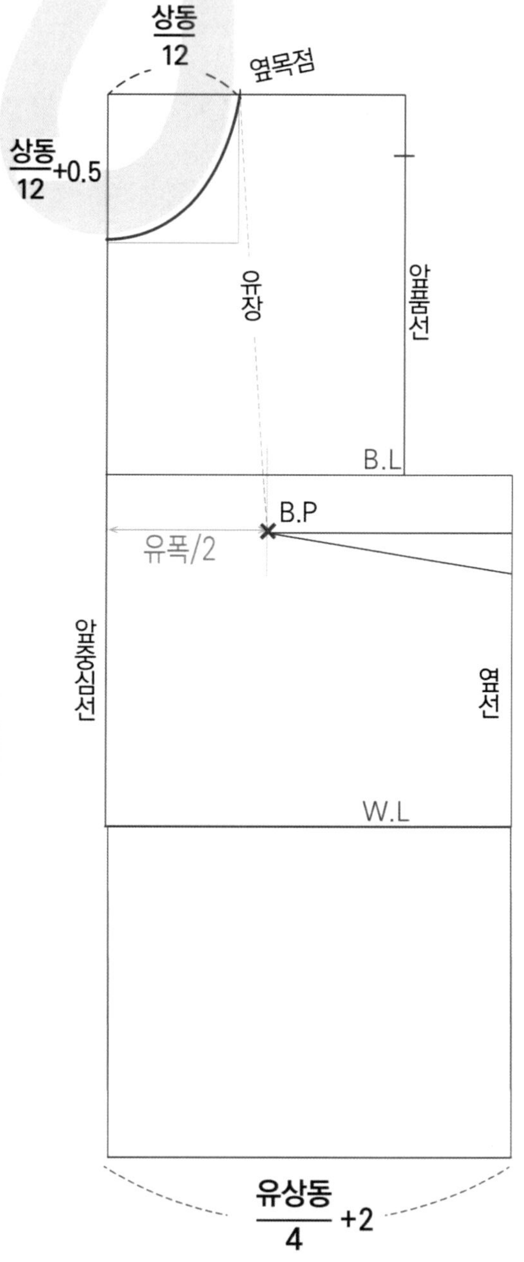

상의원형 제도

앞판 어깨선 그리기

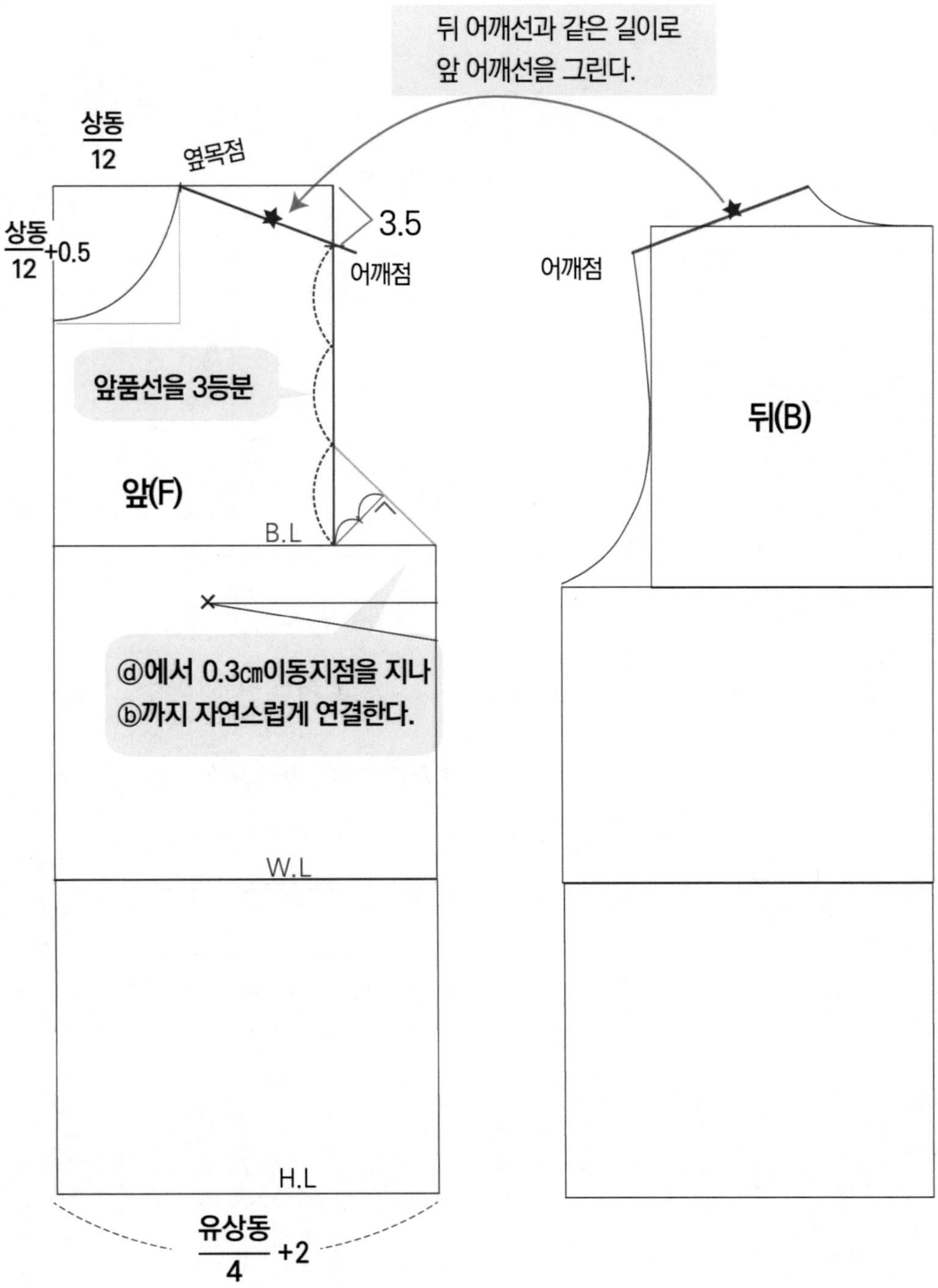

상의원형 제도

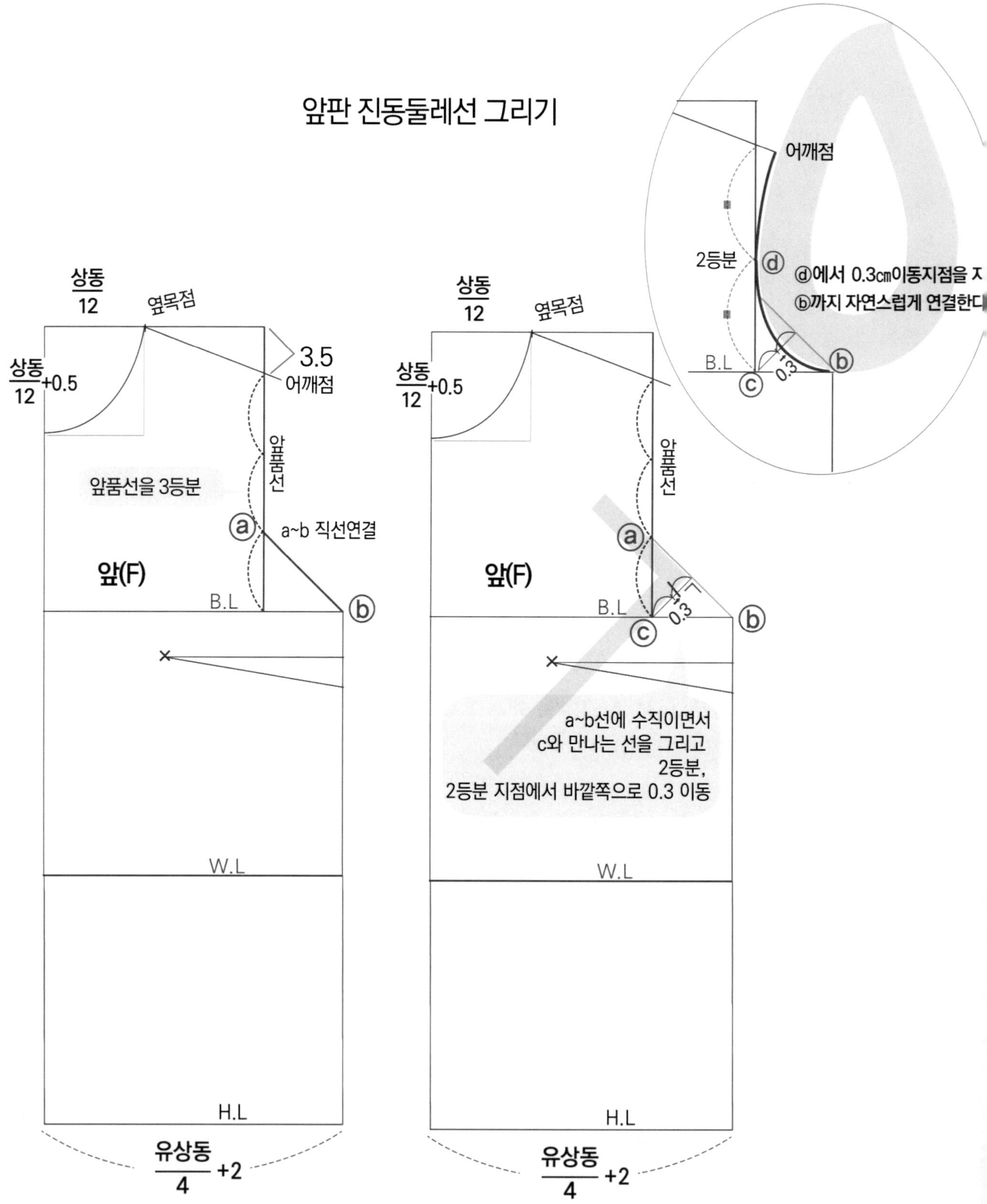
앞판 진동둘레선 그리기
상동/12
옆목점
상동/12 +0.5
3.5
어깨점
앞품선
앞품선을 3등분
ⓐ
a~b 직선연결
앞(F)
B.L
ⓑ
W.L
H.L
유상동/4 +2
ⓒ
0.3
a~b선에 수직이면서
c와 만나는 선을 그리고
2등분,
2등분 지점에서 바깥쪽으로 0.3 이동
2등분
ⓓ
ⓓ에서 0.3㎝이동지점을 지
ⓑ까지 자연스럽게 연결한다

상의원형 제도

앞, 뒤판 패턴 전체 보기

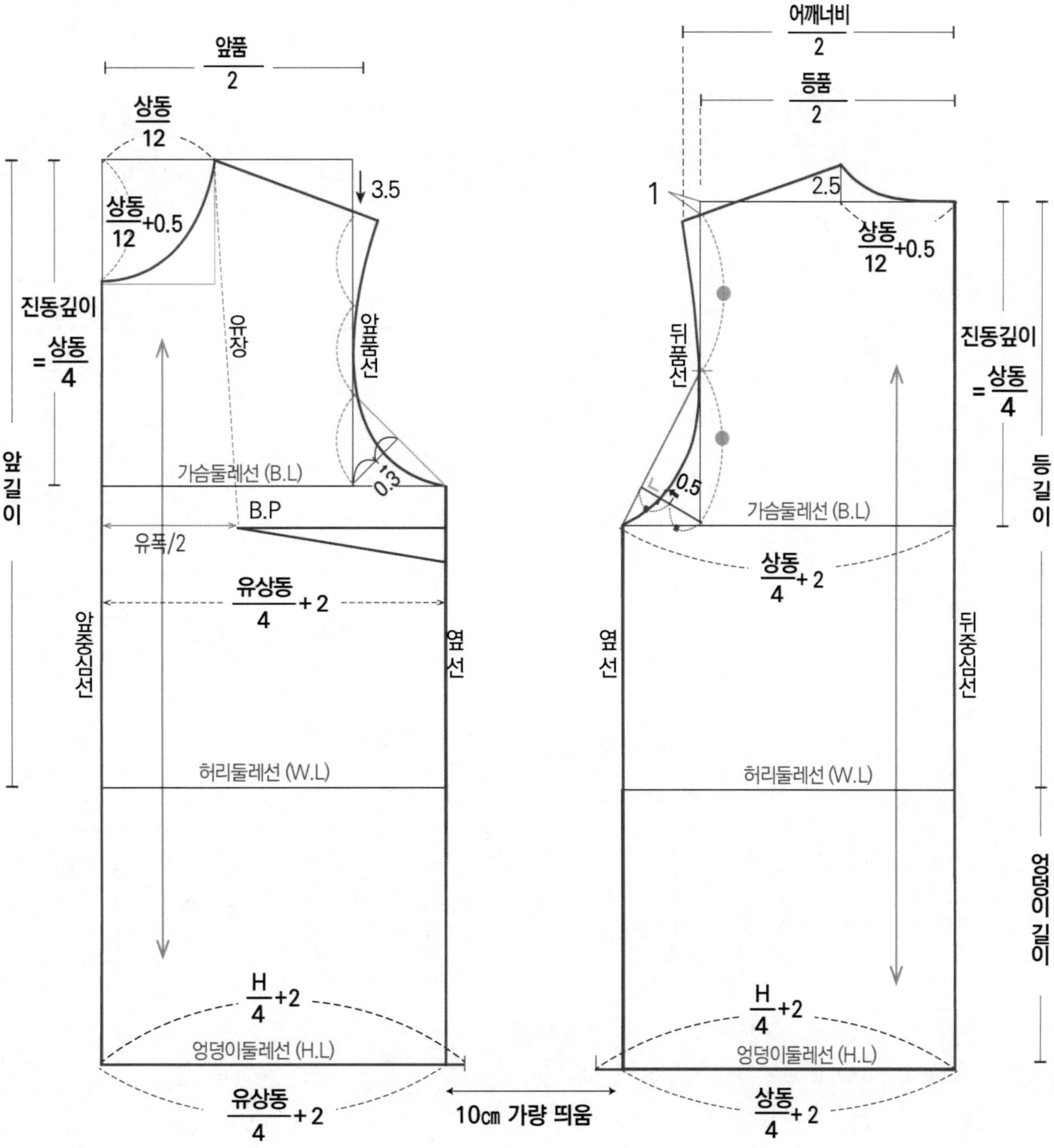

소매 각 부분 명칭

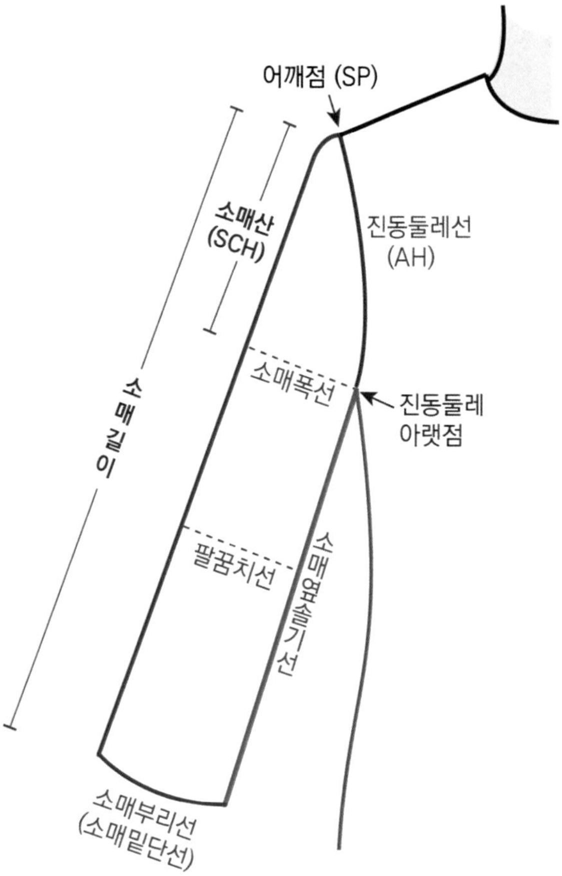
어깨점 (SP)
소매산
(SCH)
진동둘레선
(AH)
소매폭선
진동둘레
아랫점
소매길이
팔꿈치선
소매옆솔기선
소매부리선
(소매밑단선)

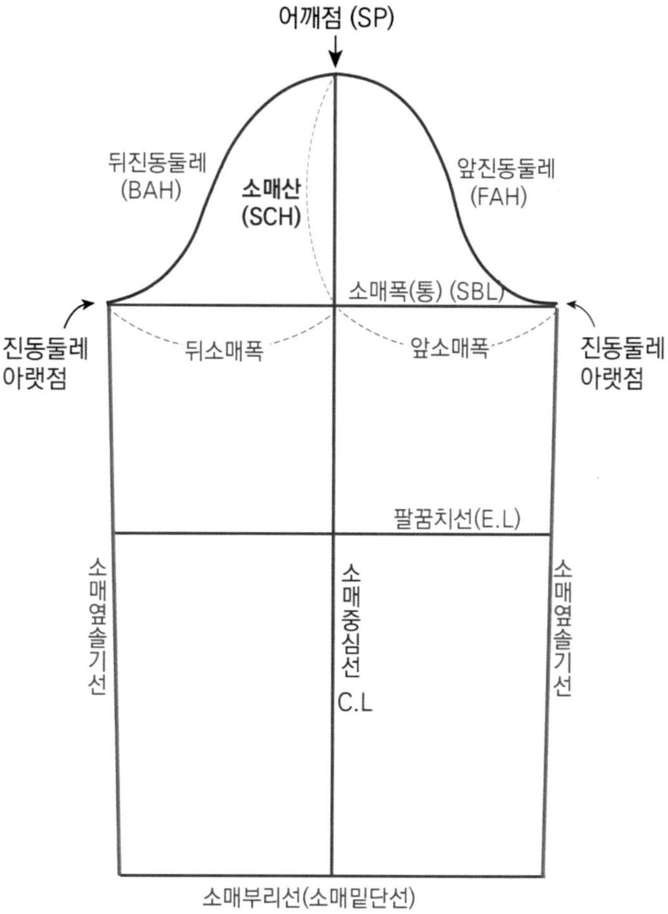
어깨점 (SP)
뒤진동둘레
(BAH)
소매산
(SCH)
앞진동둘레
(FAH)
소매폭(통) (SBL)
진동둘레
아랫점
뒤소매폭
앞소매폭
진동둘레
아랫점
팔꿈치선(E.L)
소매옆솔기선
소매중심선
C.L
소매옆솔기선
소매부리선(소매밑단선)

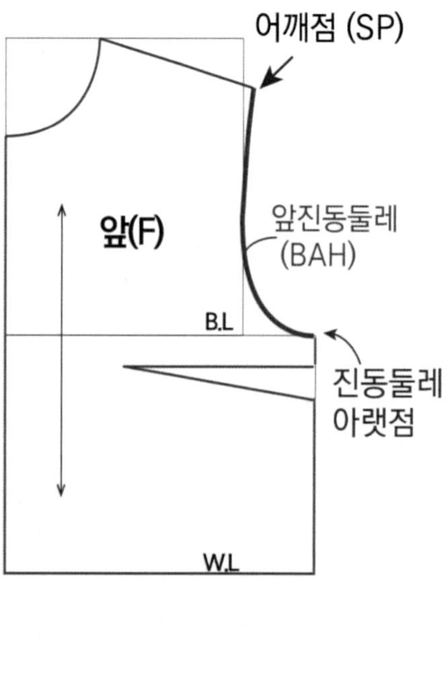
어깨점 (SP)
앞(F)
앞진동둘레
(BAH)
B.L
진동둘레
아랫점
W.L

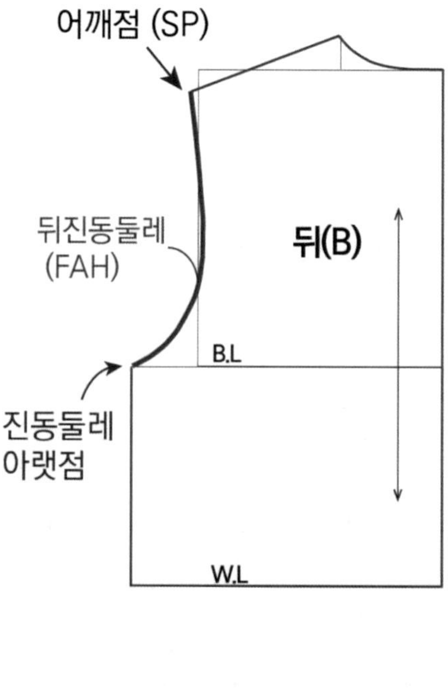
어깨점 (SP)
뒤진동둘레
(FAH)
뒤(B)
B.L
진동둘레
아랫점
W.L

소매 원형 제도

소매 원형 기초선 그리기

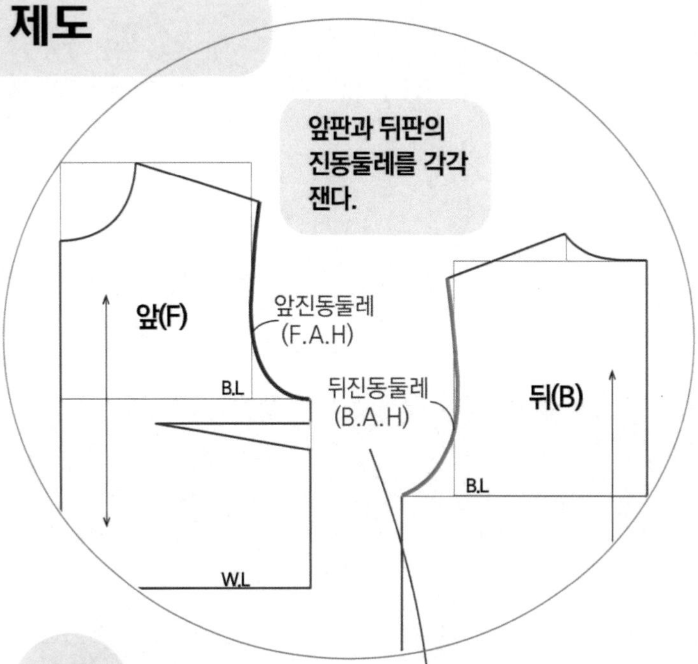
앞판과 뒤판의
진동둘레를 각각
잰다.
앞(F)
앞진동둘레
(F.A.H)
B.L
뒤진동둘레
(B.A.H)
뒤(B)
B.L
W.L

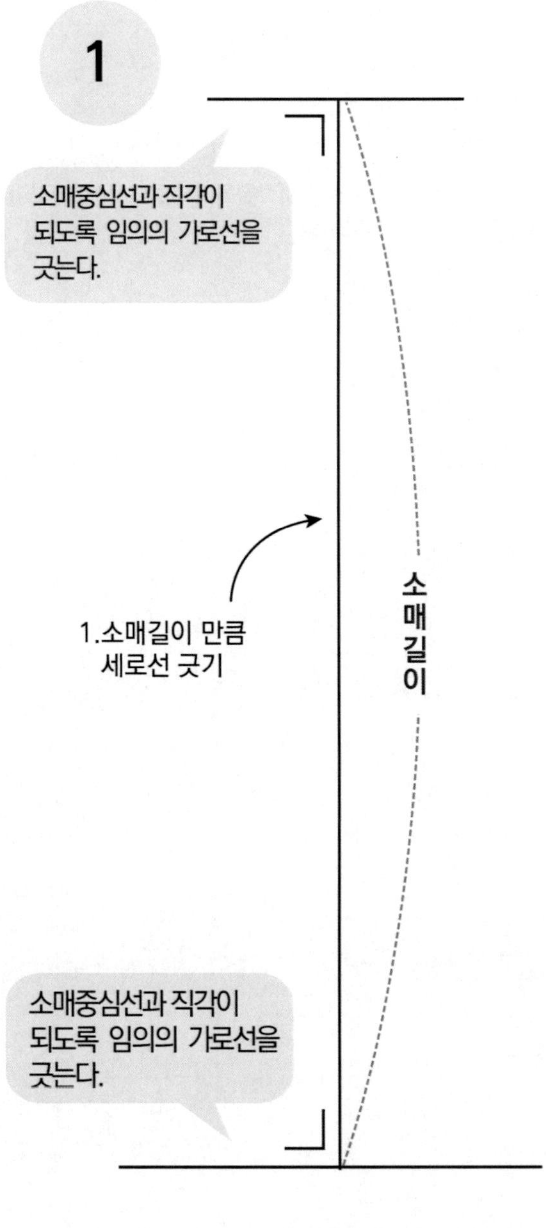
1
소매중심선과 직각이
되도록 임의의 가로선을
긋는다.
1.소매길이 만큼
세로선 긋기
소매길이
소매중심선과 직각이
되도록 임의의 가로선을
긋는다.

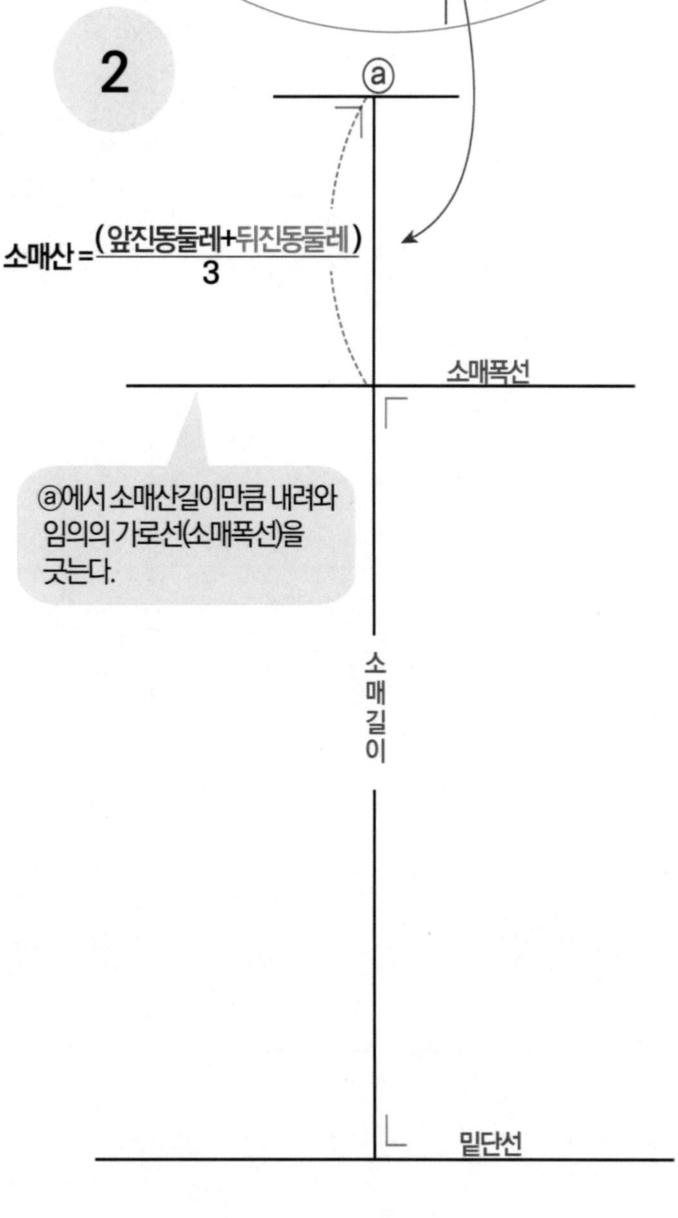
2
ⓐ
소매산 = (앞진동둘레+뒤진동둘레) / 3
소매폭선
ⓐ에서 소매산길이만큼 내려와
임의의 가로선(소매폭선)을
긋는다.
소매길이
밑단선

소매 원형 제도

소매 기초선 그리기 (앞 소매폭)

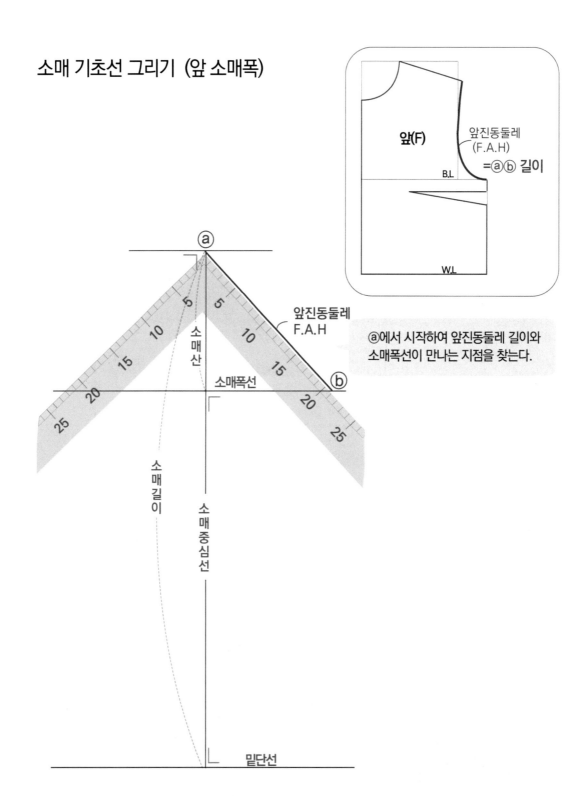

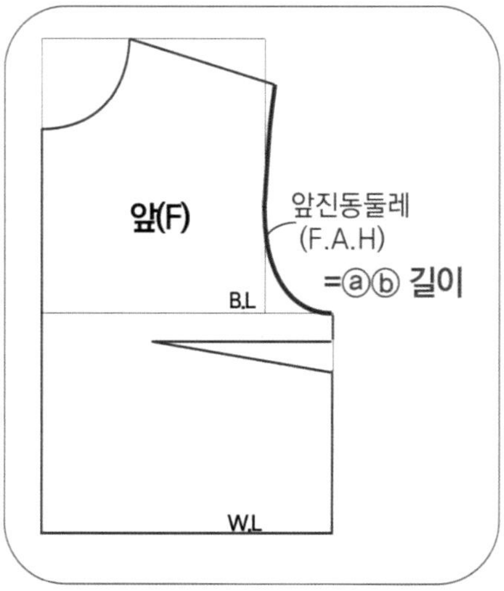

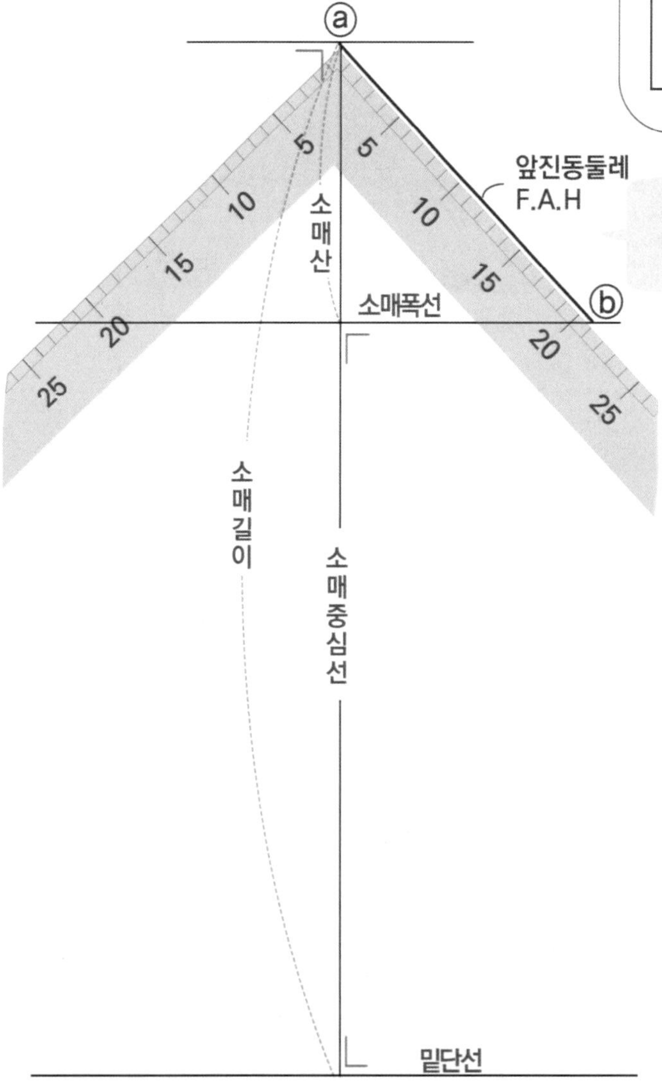

ⓐ에서 시작하여 앞진동둘레 길이와 소매폭선이 만나는 지점을 찾는다.

소매 원형 제도

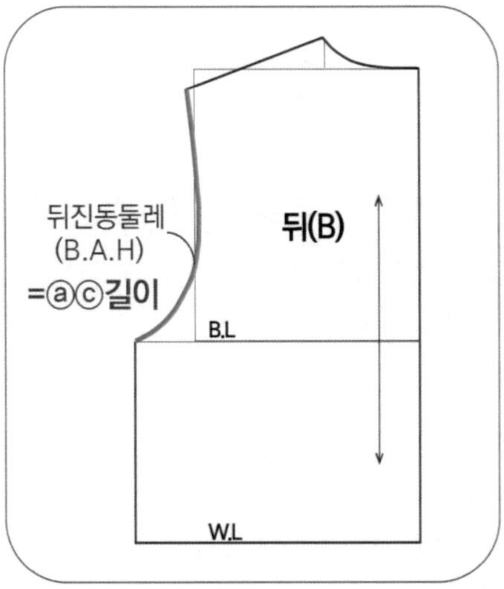

소매 기초선 그리기 (뒤소매폭)

ⓐ에서 시작하여 뒤진동둘레 길이와 소매폭선이 만나는 지점을 찾는다.

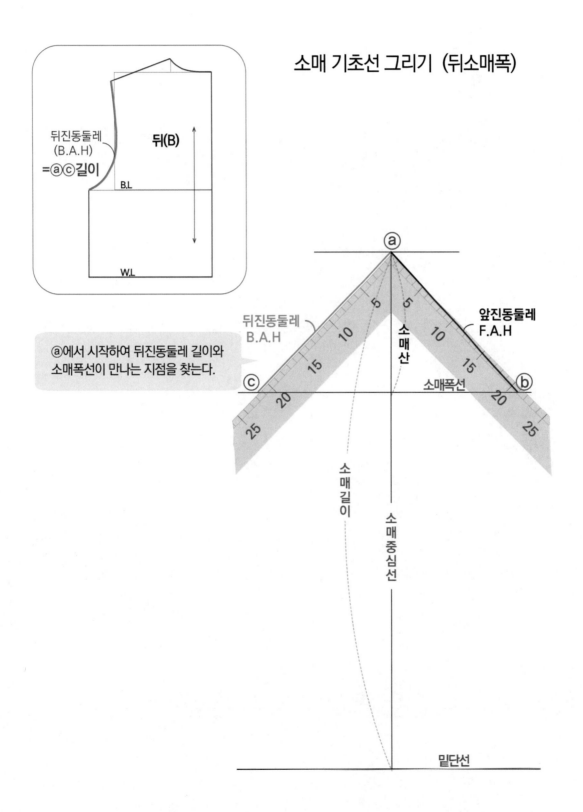

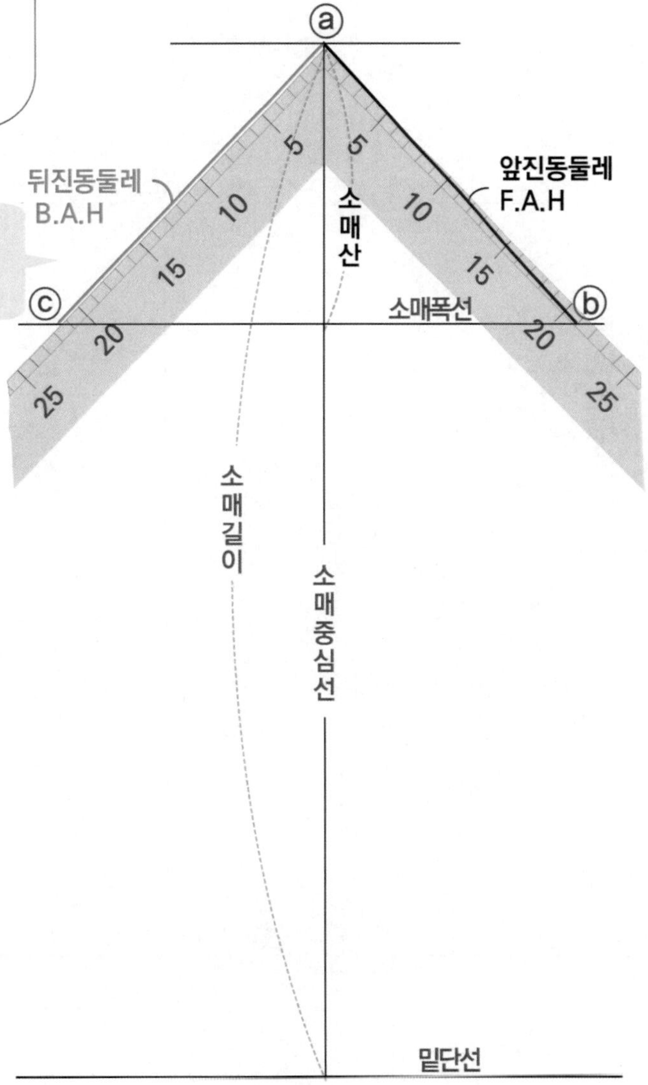

소매 원형 제도

옆선 그리기

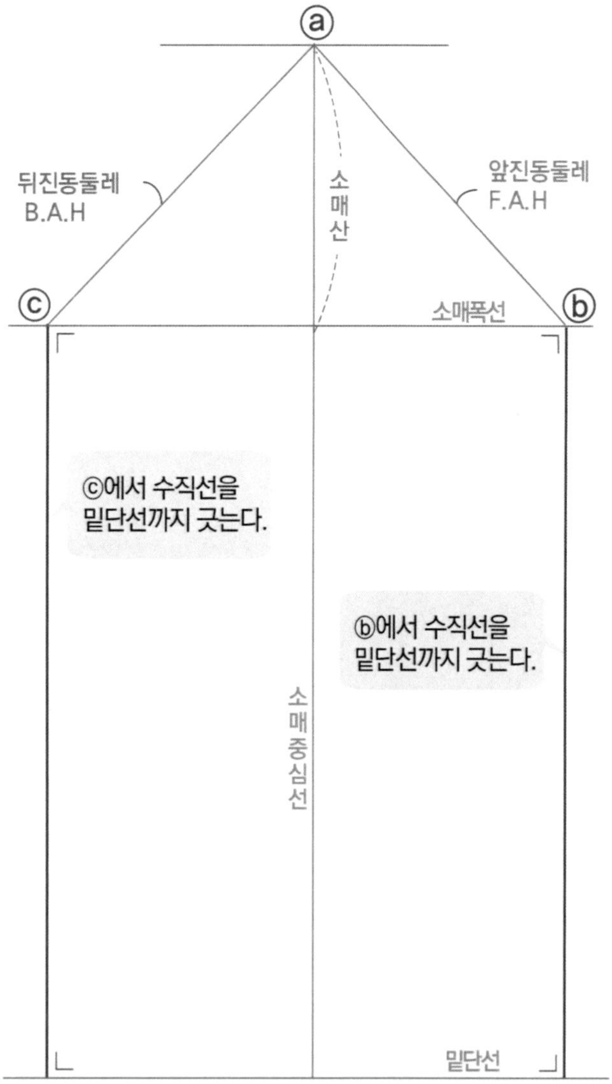

팔꿈치선 그리기

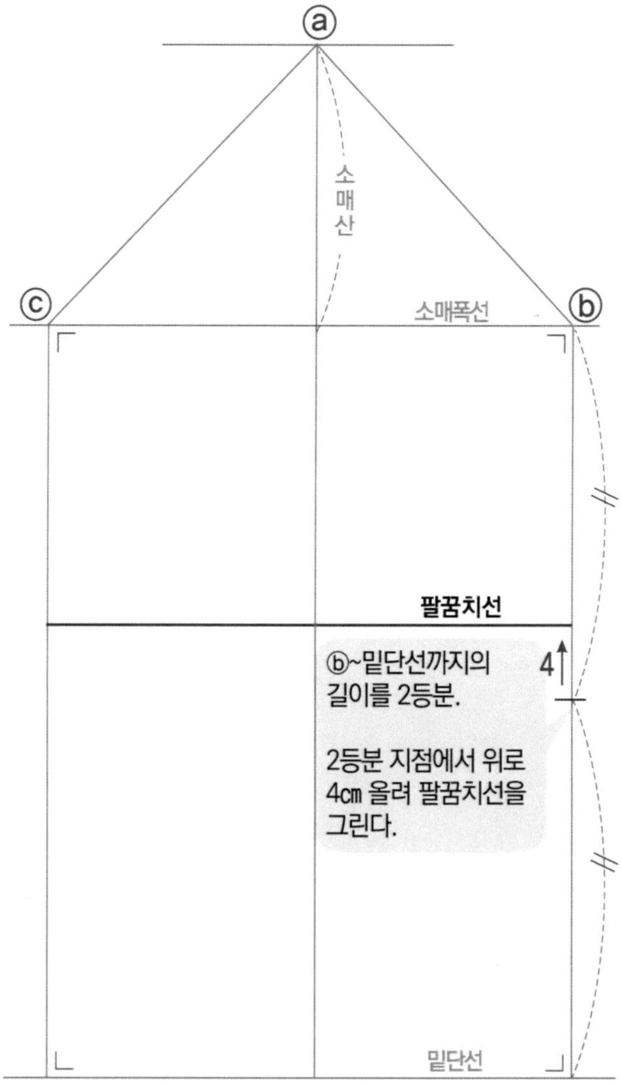

소매 원형 제도

진동둘레 안내선 그리기

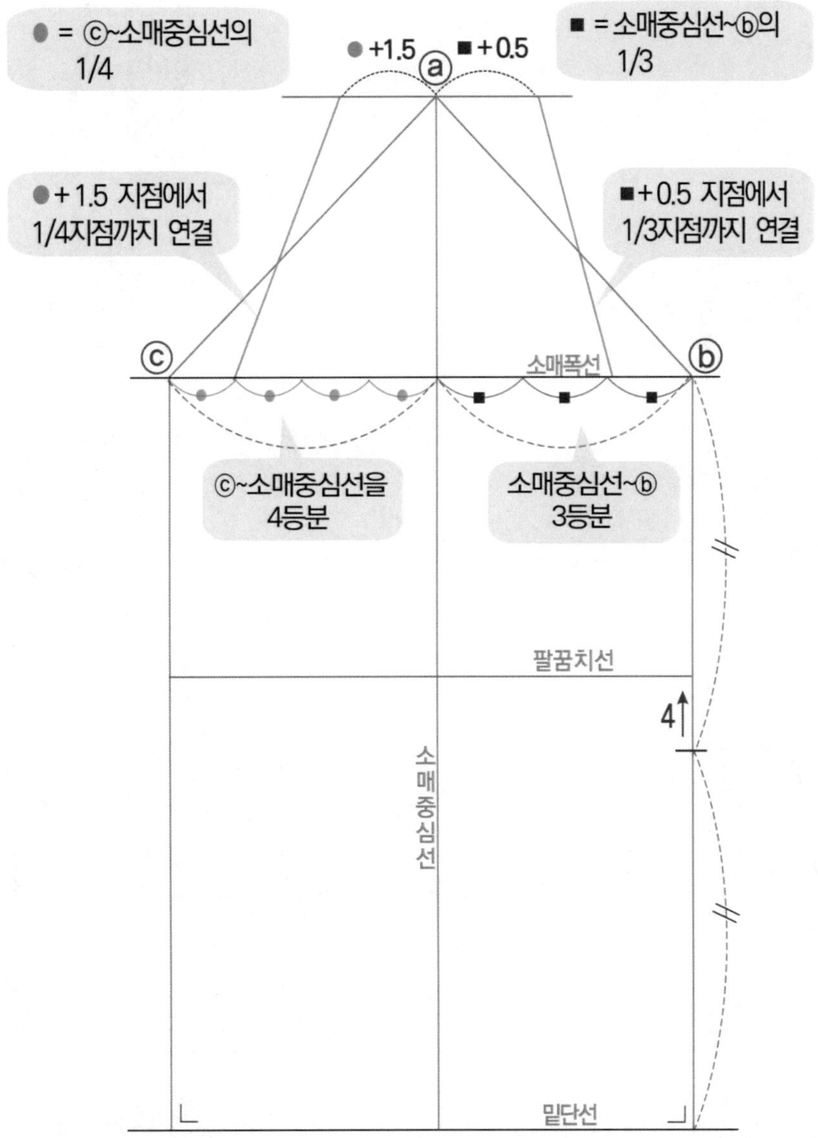

소매 원형 제도

진동둘레 안내선 그리기

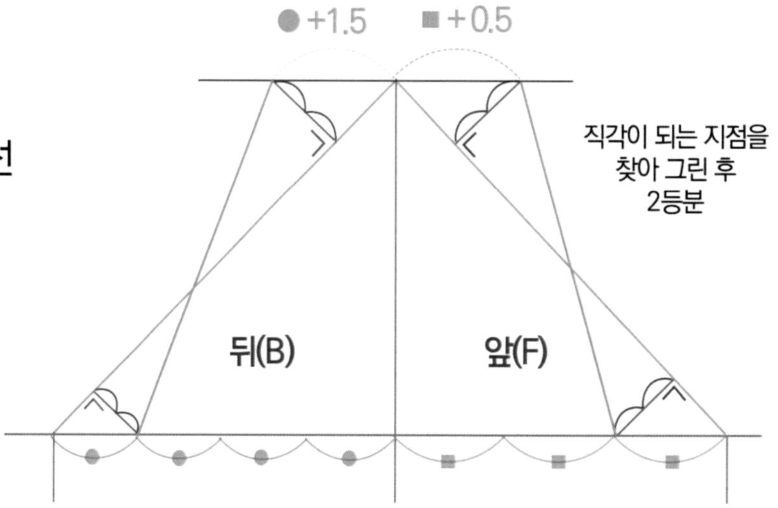

●+1.5
■+0.5
직각이 되는 지점을 찾아 그린 후 2등분
뒤(B)
앞(F)

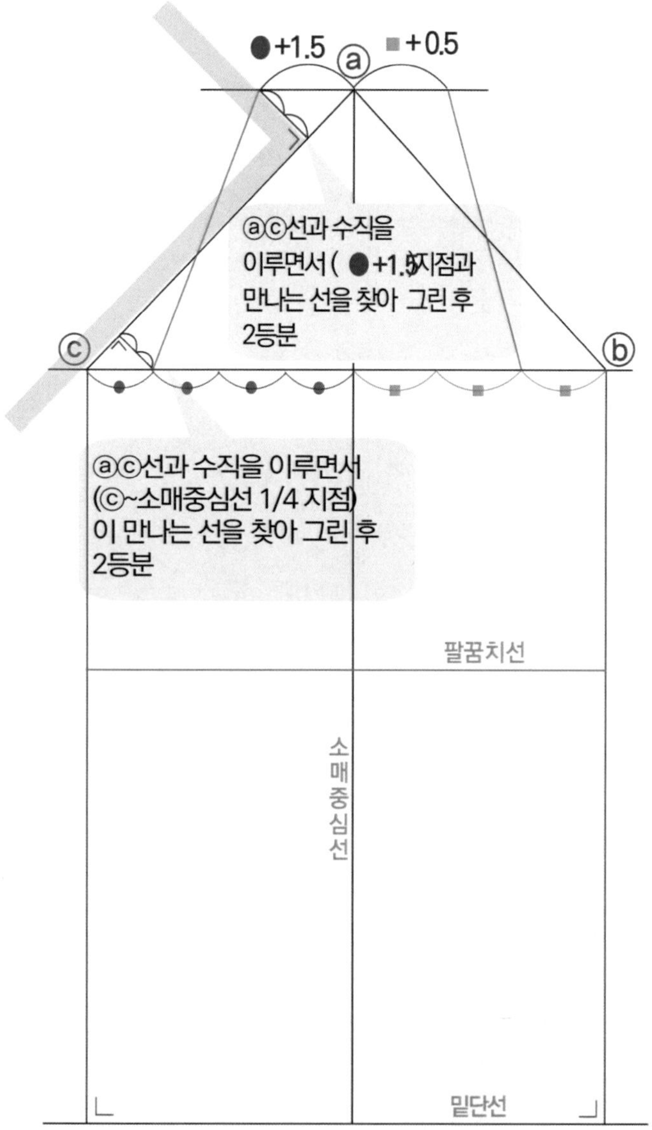

●+1.5
ⓐ
■+0.5
ⓐⓒ선과 수직을 이루면서 (●+1.5)지점과 만나는 선을 찾아 그린 후 2등분
ⓒ
ⓑ
ⓐⓒ선과 수직을 이루면서 (ⓒ~소매중심선 1/4 지점) 이 만나는 선을 찾아 그린 후 2등분
팔꿈치선
소매중심선
밑단선

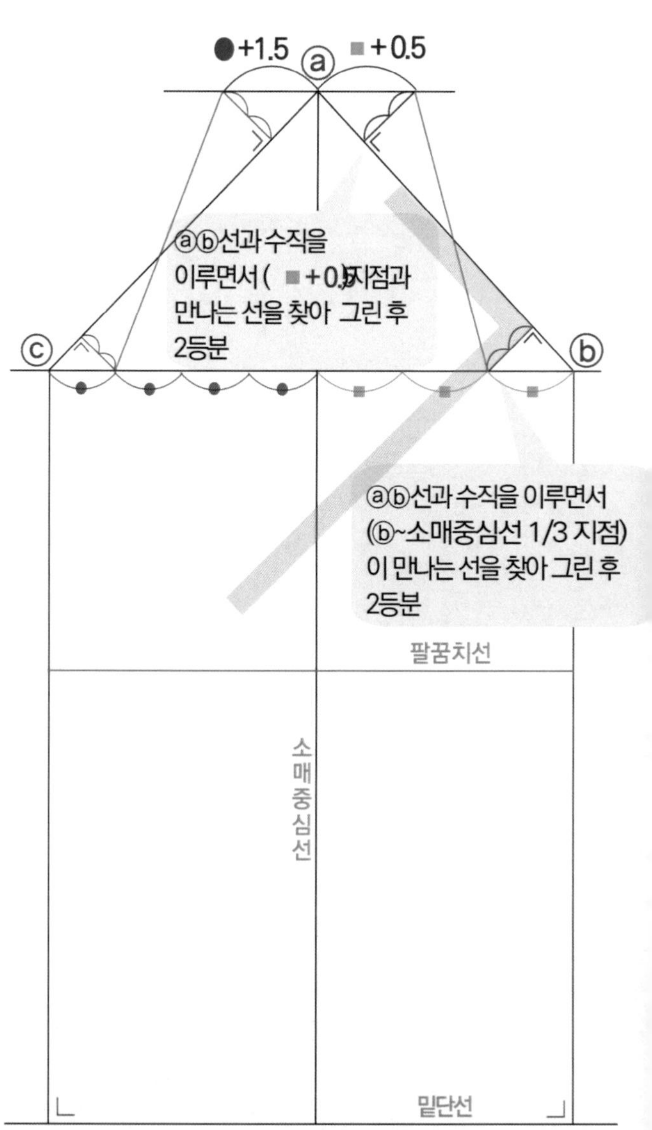

●+1.5
ⓐ
■+0.5
ⓐⓑ선과 수직을 이루면서 (■+0.5)지점과 만나는 선을 찾아 그린 후 2등분
ⓒ
ⓑ
ⓐⓑ선과 수직을 이루면서 (ⓑ~소매중심선 1/3 지점) 이 만나는 선을 찾아 그린 후 2등분
팔꿈치선
소매중심선
밑단선

소매 원형 제도

앞진동둘레 그리기

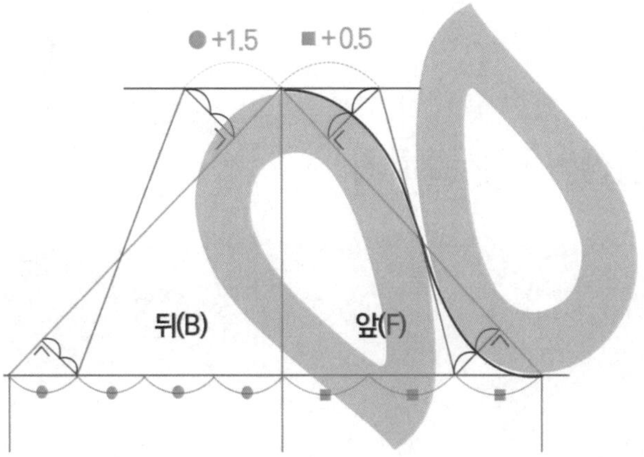

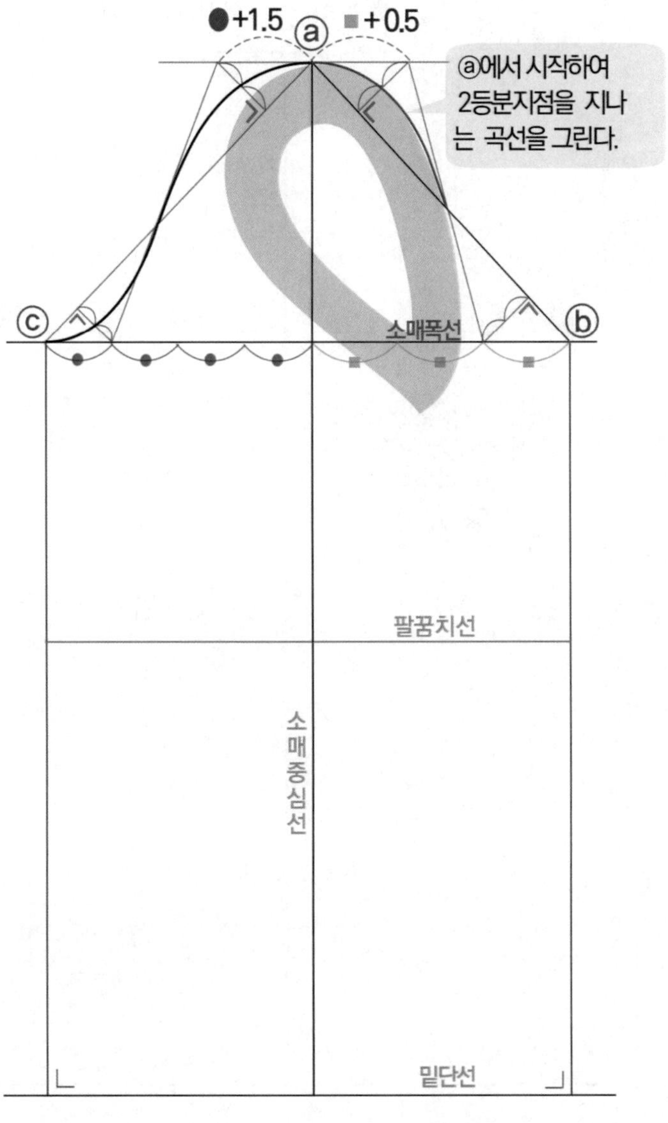

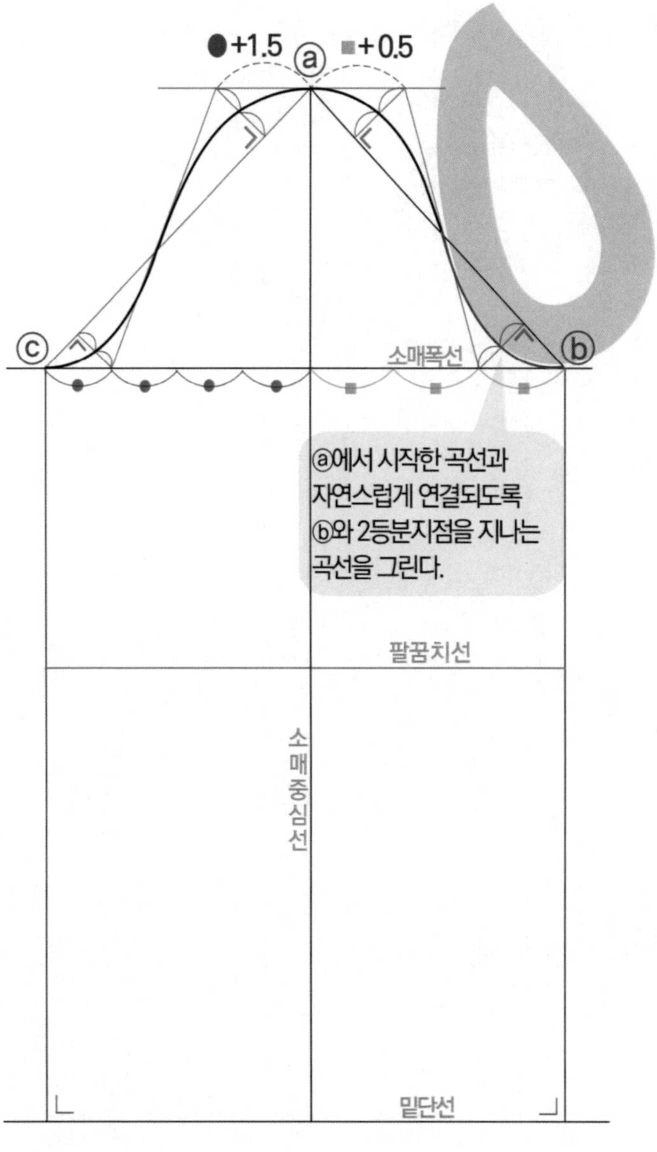

소매 원형 제도

뒤진동둘레 그리기

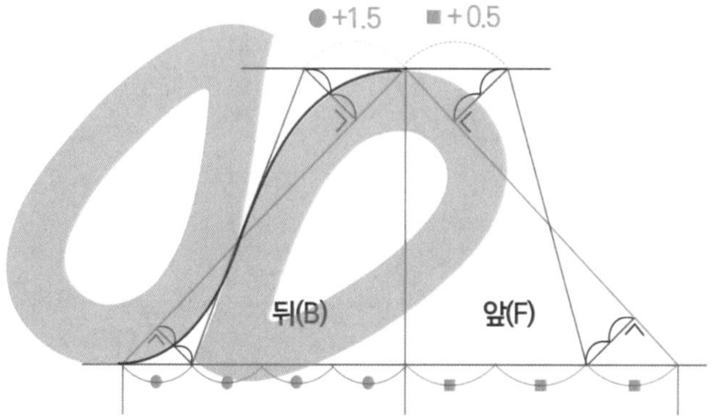

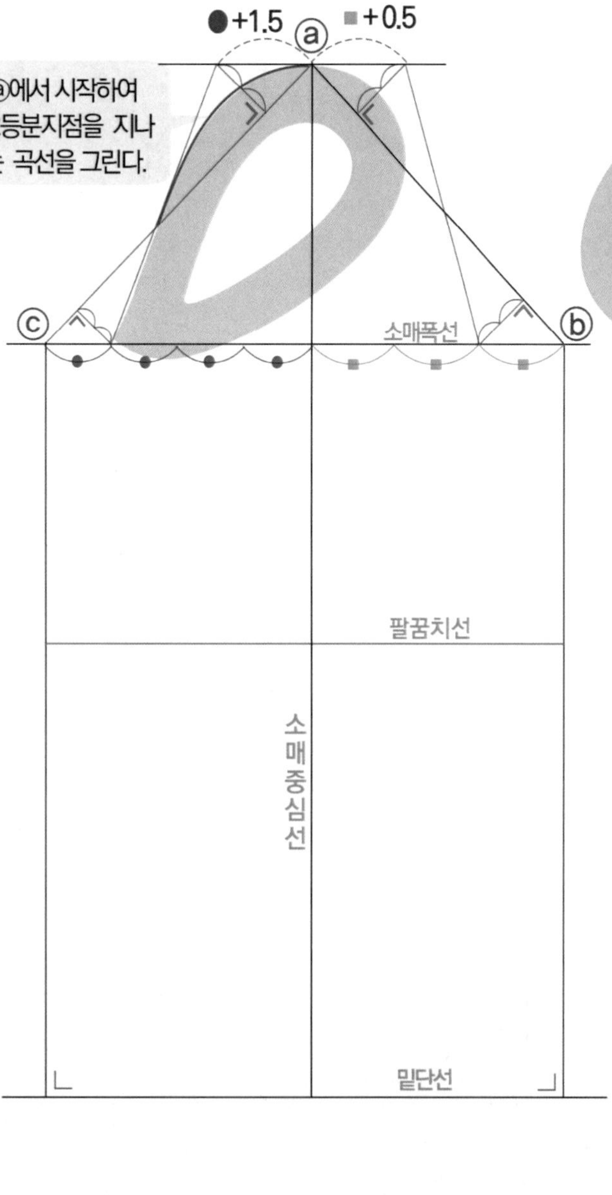

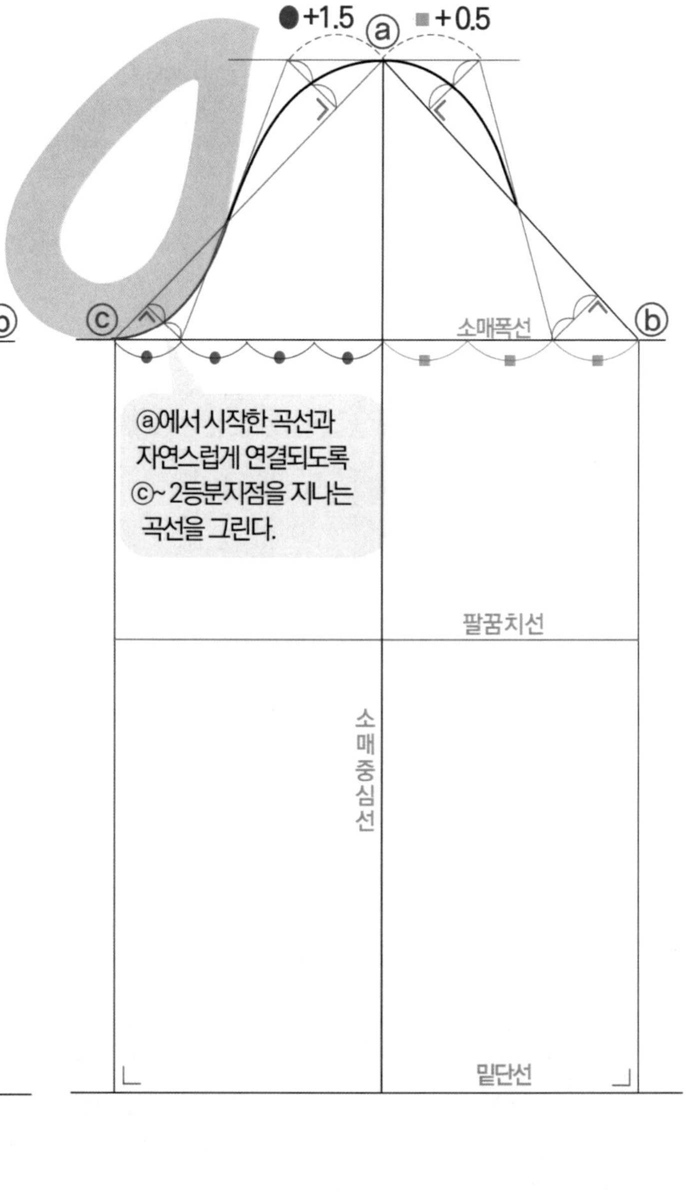

소매 원형

▶ 소매산의 높이, 앞진동둘레와 뒤진동둘레 적용치수는 옷의 디자인에 따라 변동된다.

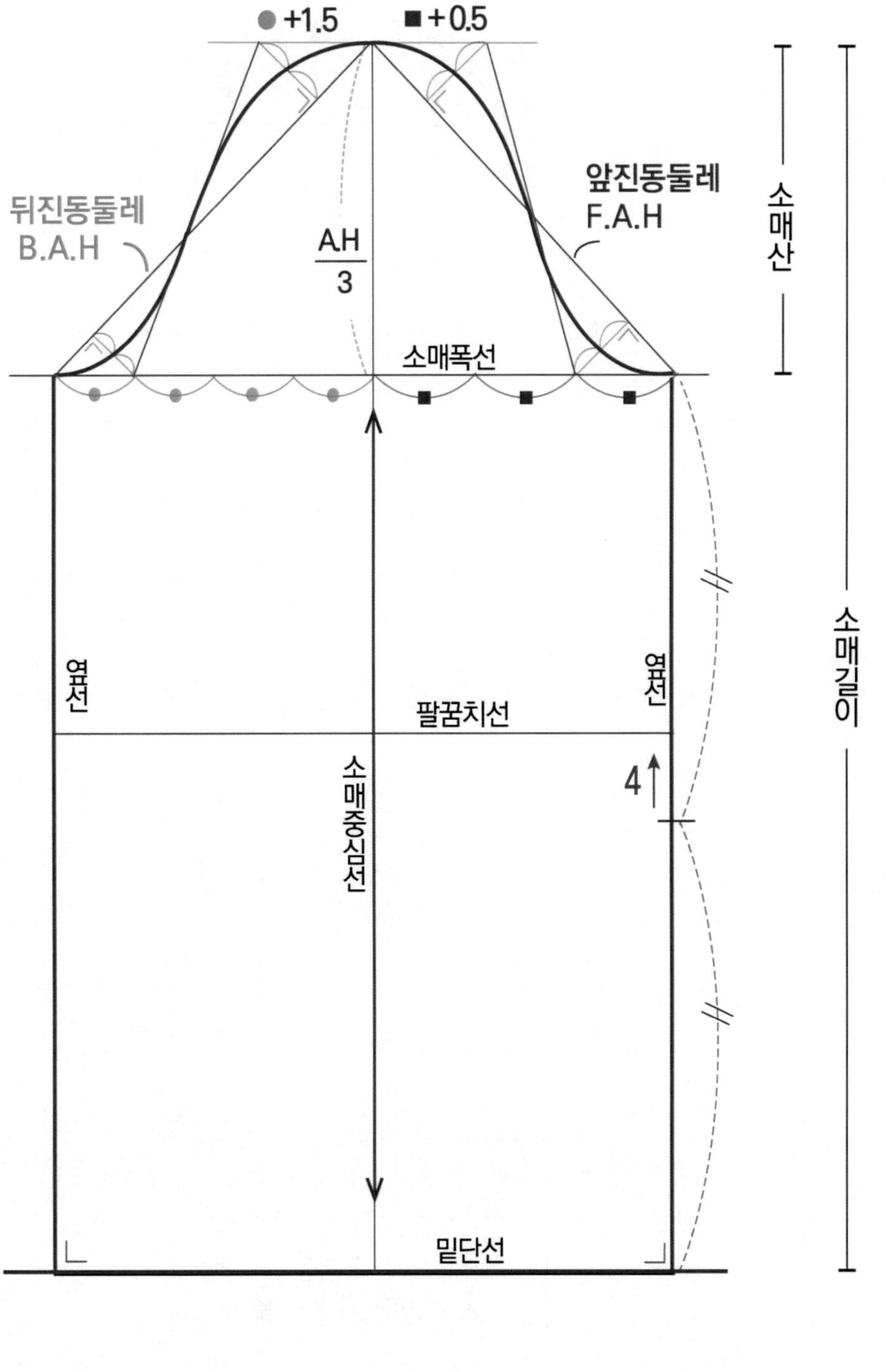

다트 없는 한장 소매

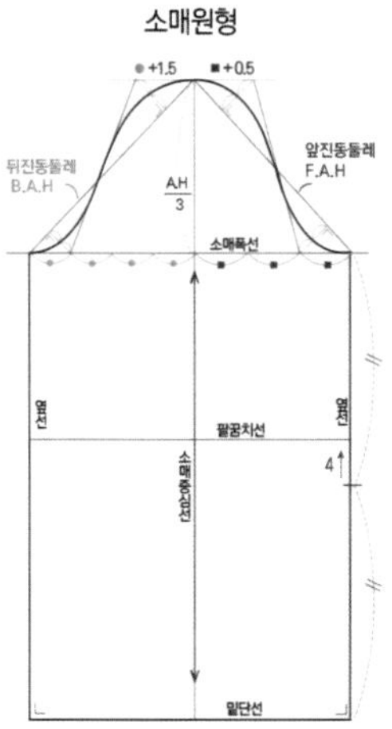

소매 원형 제도 후 밑단둘레를 적용하여 제도한다.

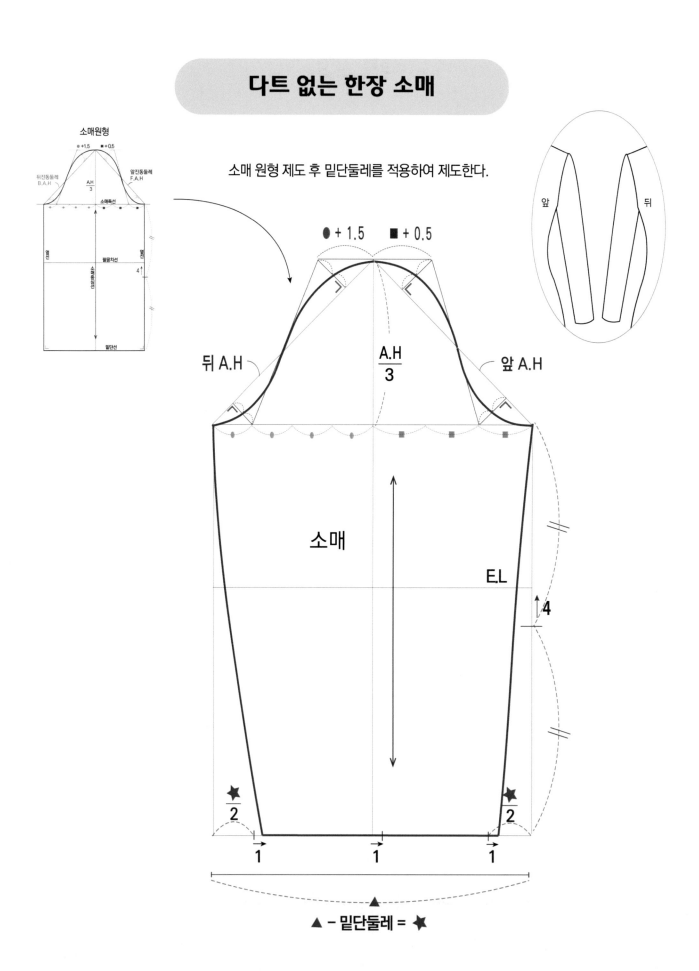

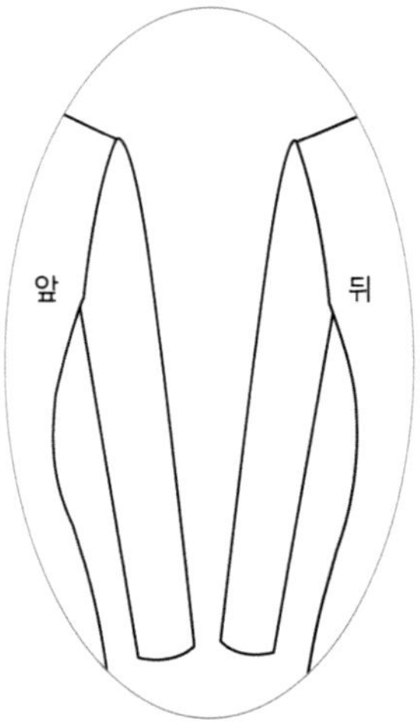

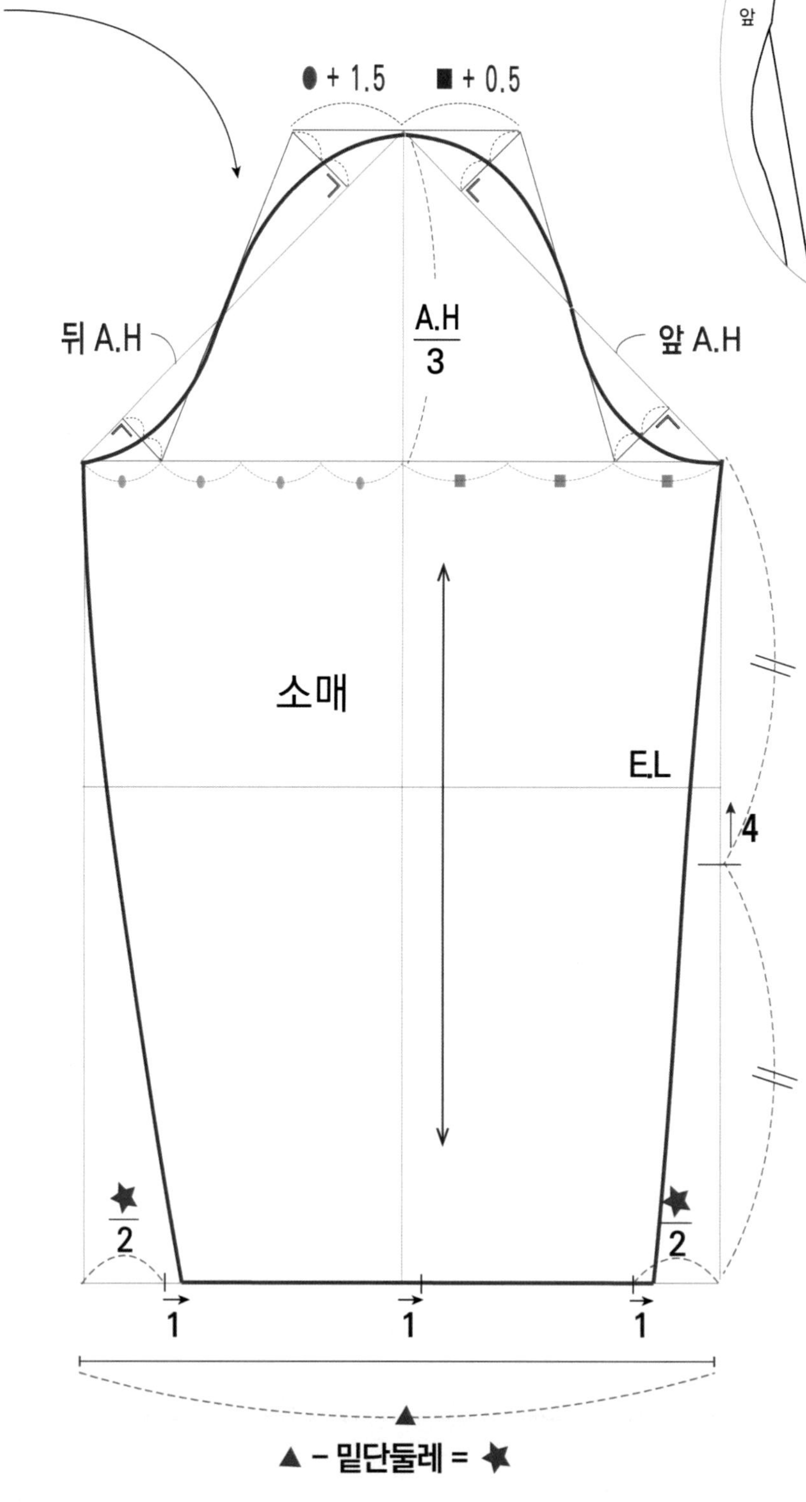

다트 있는 한장 소매

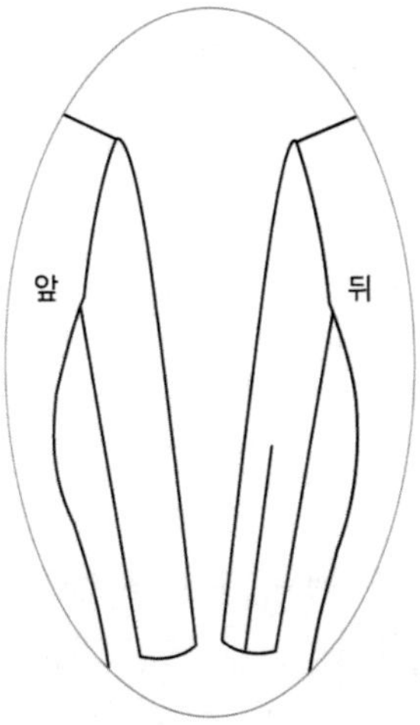

소매 원형 제도 후 밑단둘레를 적용하여 다트없는 한장 소매를 제도 하고, 아래 그림과 같이 절개하여 변형한다.

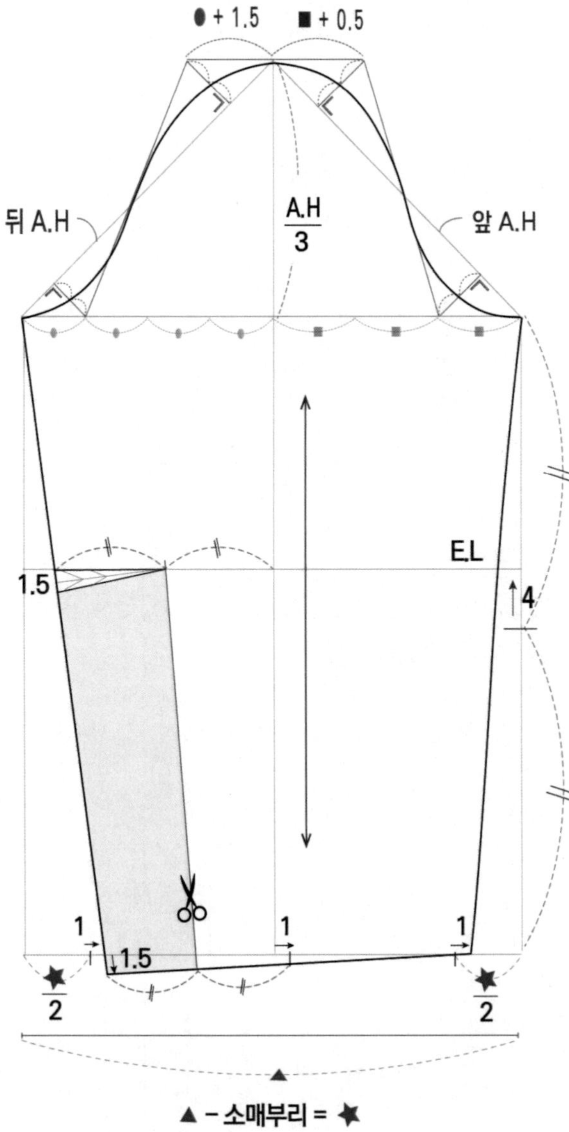

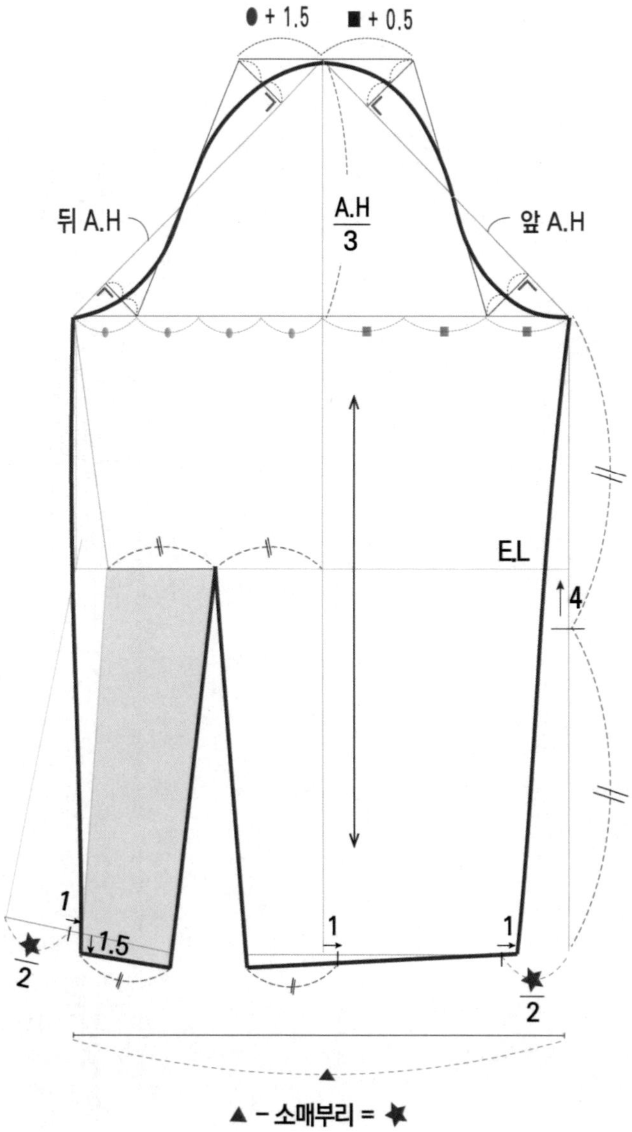

두장 소매 제도

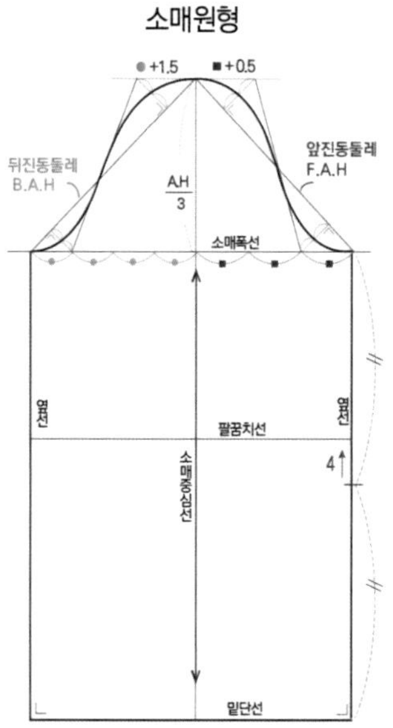
소매원형
+1.5
+0.5
뒤진동둘레
B.A.H
앞진동둘레
F.A.H
A.H
3
소매폭선
옆선
팔꿈치선
옆선
4
소매중심선
밑단선

소매 원형 제도 후 변형한다.

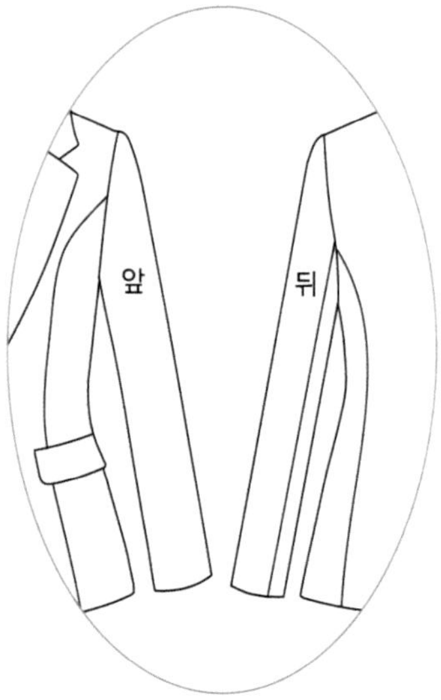
앞
뒤

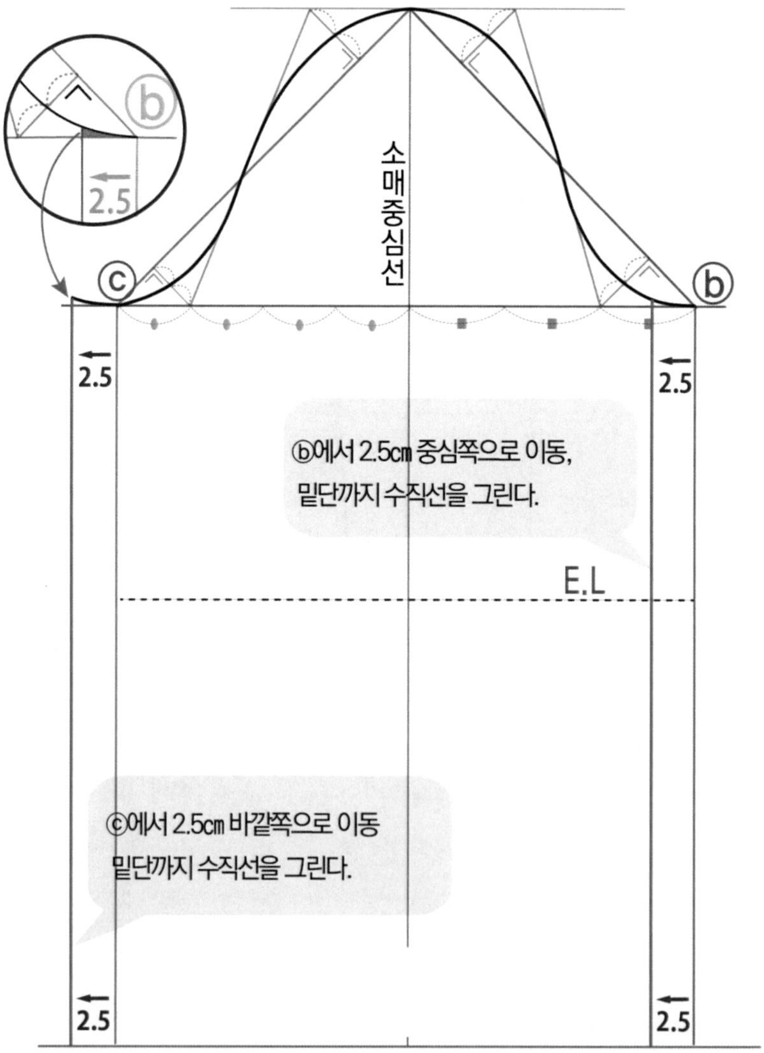
b
2.5
소매중심선
c
b
2.5
2.5
ⓑ에서 2.5㎝ 중심쪽으로 이동,
밑단까지 수직선을 그린다.
E.L
ⓒ에서 2.5㎝ 바깥쪽으로 이동
밑단까지 수직선을 그린다.
2.5
2.5

두장 소매 제도

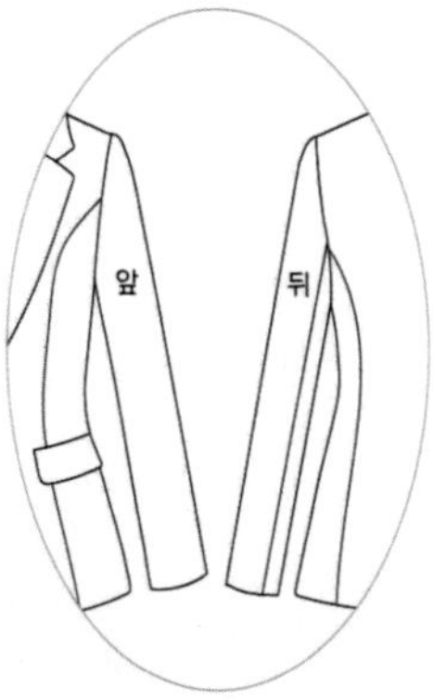
앞
뒤

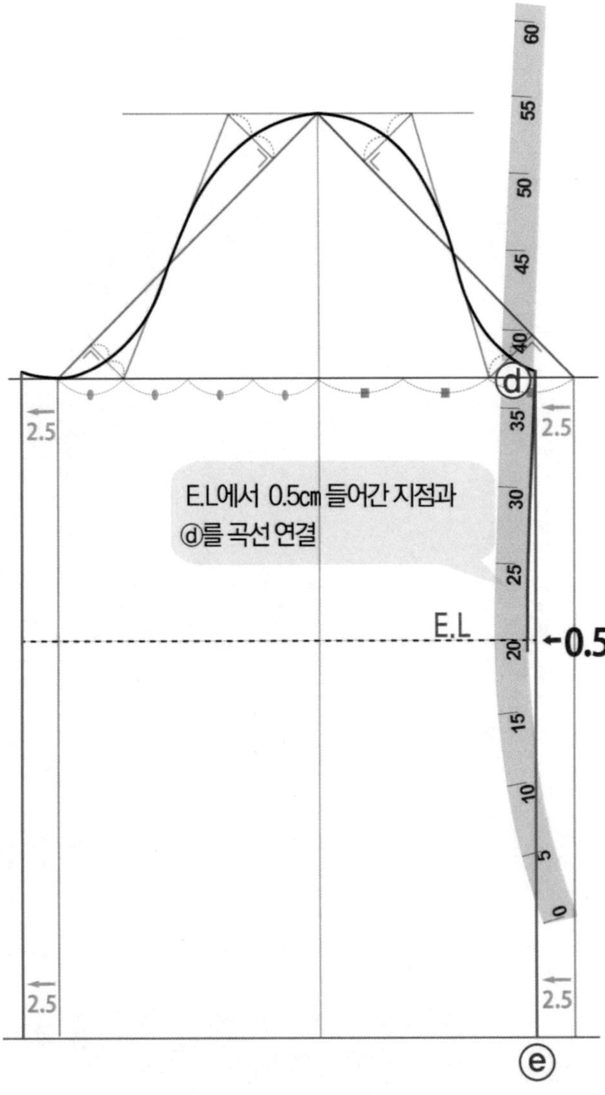
2.5
2.5
E.L에서 0.5㎝ 들어간 지점과
ⓓ를 곡선 연결
E.L
0.5
ⓓ
ⓔ
2.5
2.5

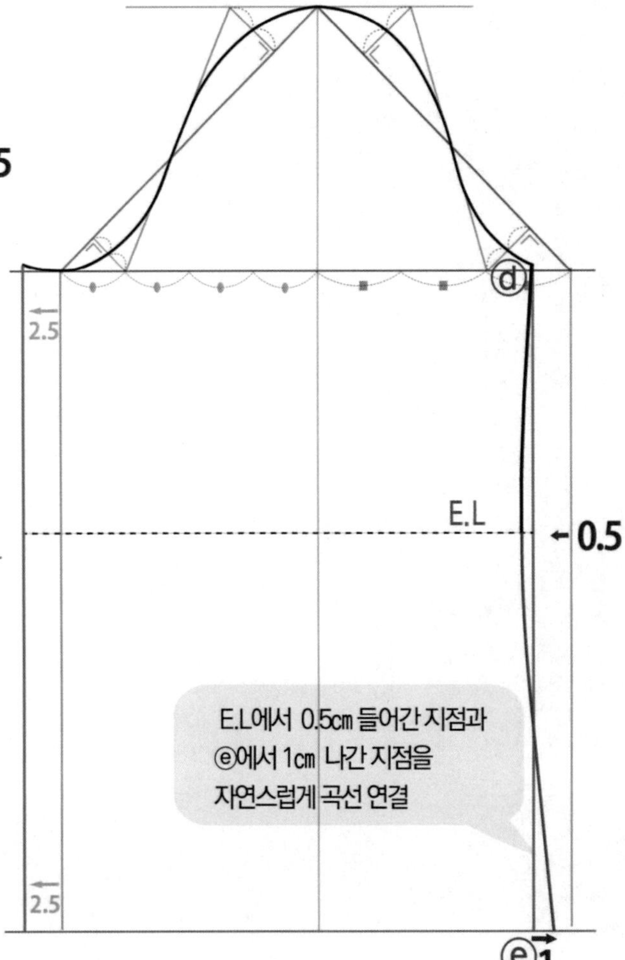
2.5
ⓓ
E.L
0.5
E.L에서 0.5㎝ 들어간 지점과
ⓔ에서 1㎝ 나간 지점을
자연스럽게 곡선 연결
2.5
ⓔ
1

두장 소매 제도

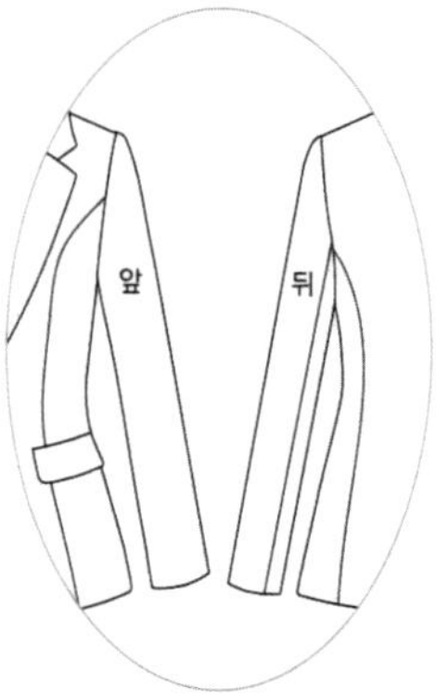
앞
뒤

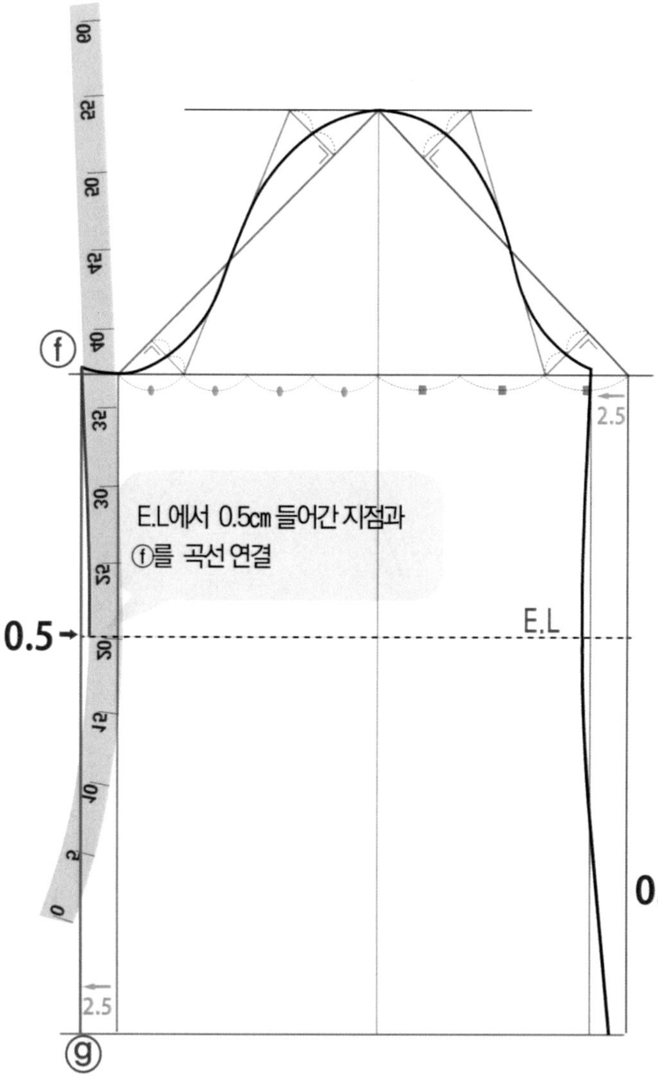
ⓕ
2.5
E.L에서 0.5㎝ 들어간 지점과
ⓕ를 곡선 연결
0.5
E.L
2.5
ⓖ

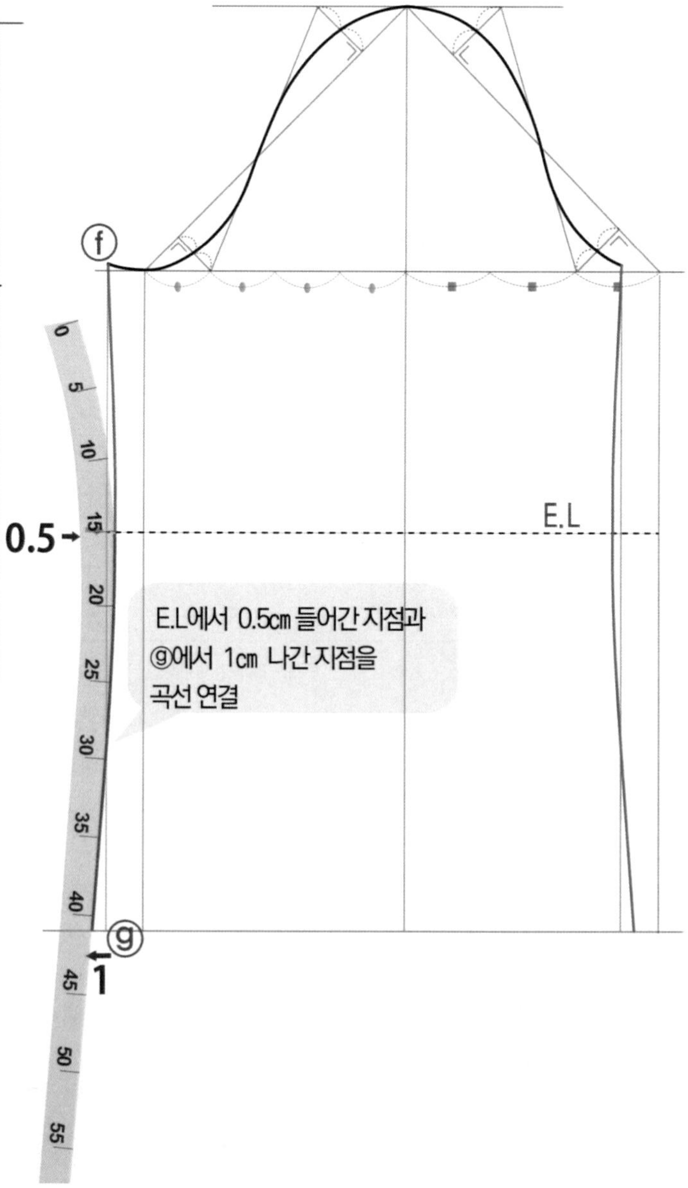
ⓕ
0.5
E.L
E.L에서 0.5㎝ 들어간 지점과
ⓖ에서 1㎝ 나간 지점을
곡선 연결
ⓖ
1

두장 소매 제도

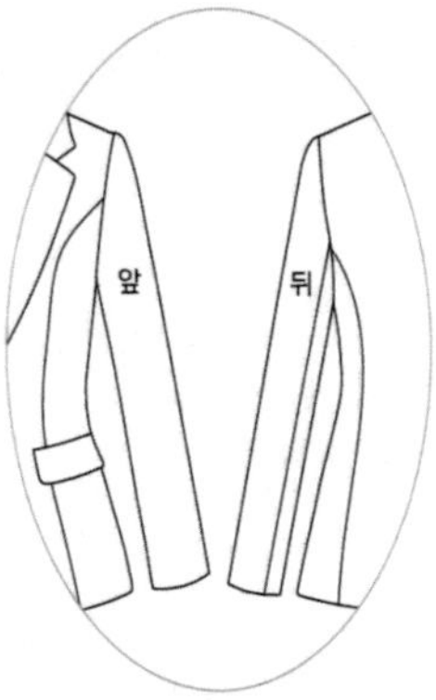

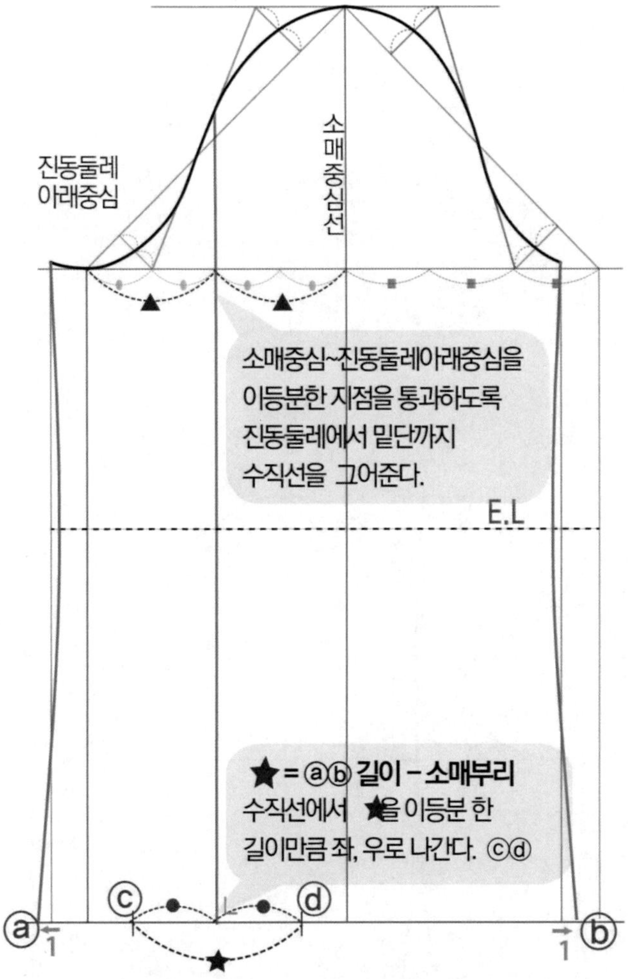
진동둘레
아래중심
소매중심선
소매중심~진동둘레아래중심을
이등분한 지점을 통과하도록
진동둘레에서 밑단까지
수직선을 그어준다.
E.L
★= ⓐⓑ 길이 – 소매부리
수직선에서 ★을 이등분 한
길이만큼 좌, 우로 나간다. ⓒⓓ
ⓐ
ⓑ
ⓒ
ⓓ
1
1
ex) ⓐⓑ길이가 30, 소매부리가 24인 경우
30-24=6 ★=6

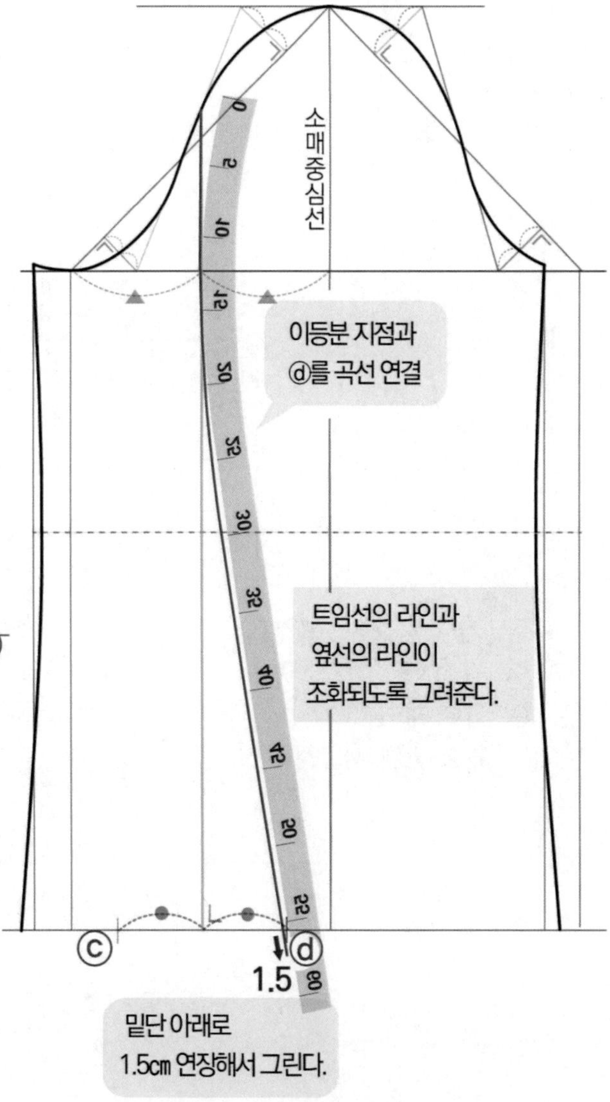
소매중심선
이등분 지점과
ⓓ를 곡선 연결
트임선의 라인과
옆선의 라인이
조화되도록 그려준다.
ⓒ
ⓓ
1.5
밑단 아래로
1.5㎝ 연장해서 그린다.

밑단 아래로 연장하는 길이는
소매의 형태에 따라 달라진다.

두장 소매 제도

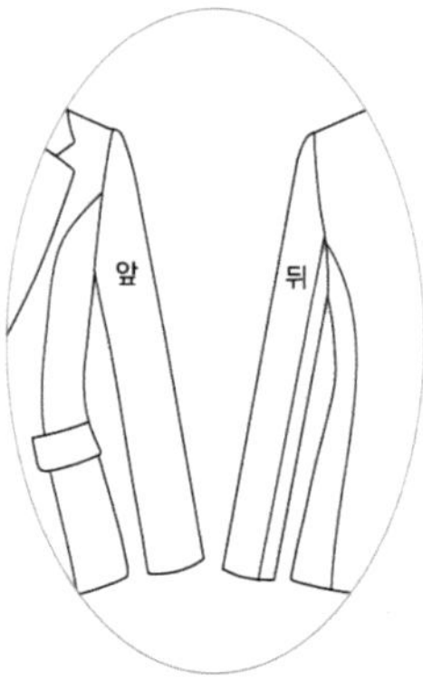
앞
뒤

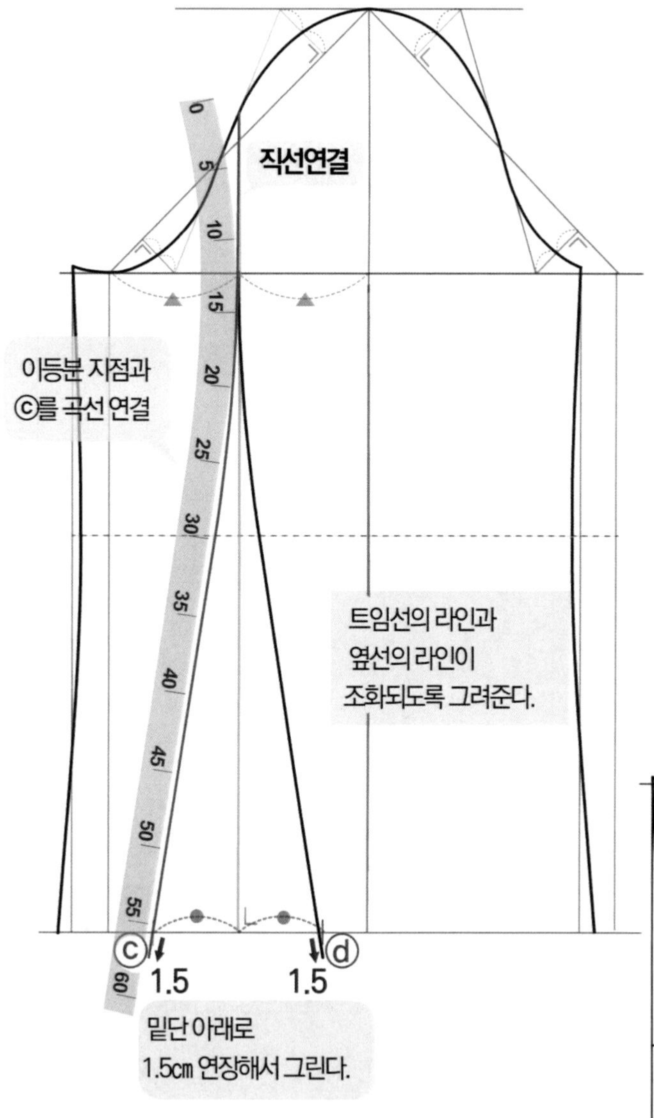
직선연결
이등분 지점과
ⓒ를 곡선 연결
트임선의 라인과
옆선의 라인이
조화되도록 그려준다.
ⓒ
ⓓ
1.5
1.5
밑단 아래로
1.5㎝ 연장해서 그린다.

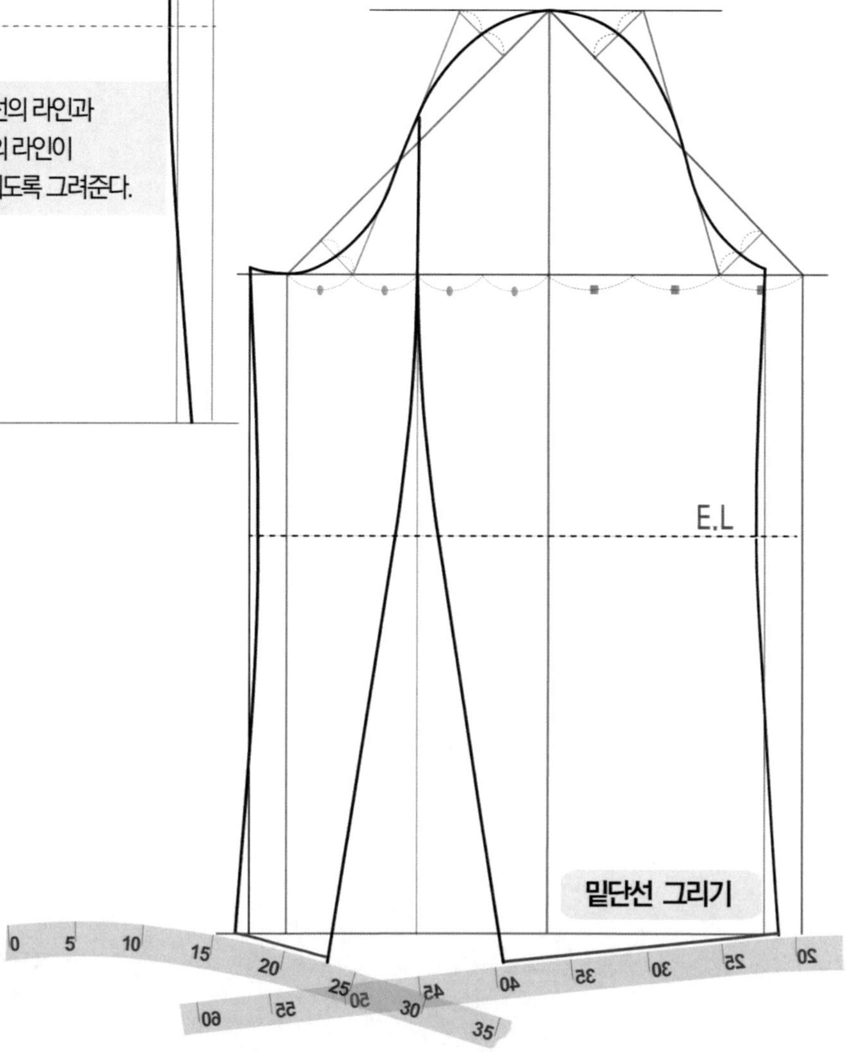
E.L
밑단선 그리기

두장 소매

앞
뒤
두장소매 패턴 한눈에 보기
●+1.5
■+0.5
뒤진동둘레
(B.A.H)
(FAH+BAH)
3
앞진동둘레
(F.A.H)
소매산
2.5
2.5
작은
소매
큰소매
소매길이
0.5
E.L
0.5
4
1.5
1.5
1
1
▲- 소매부리
▲

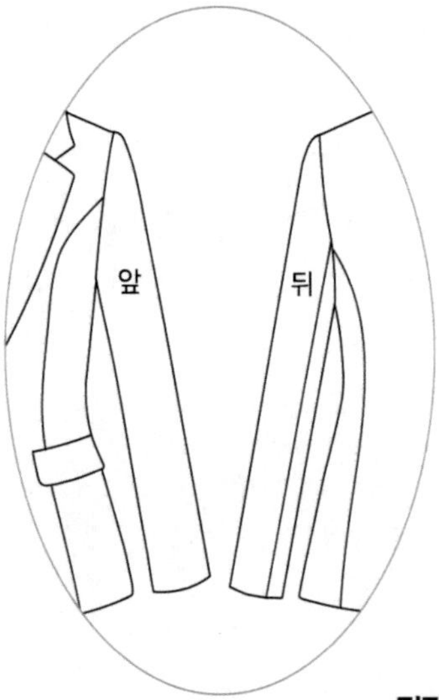

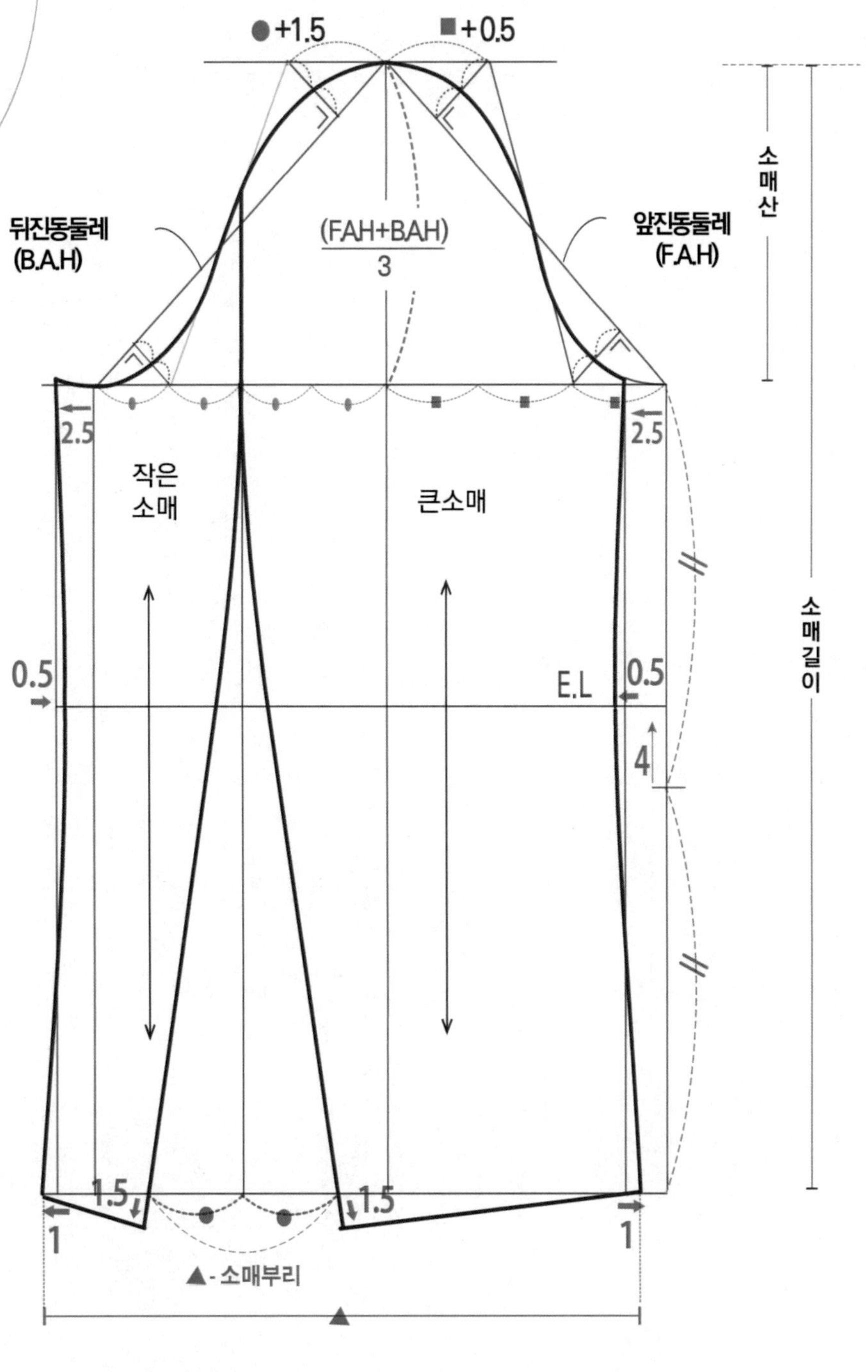

드롭숄더 라운드 티

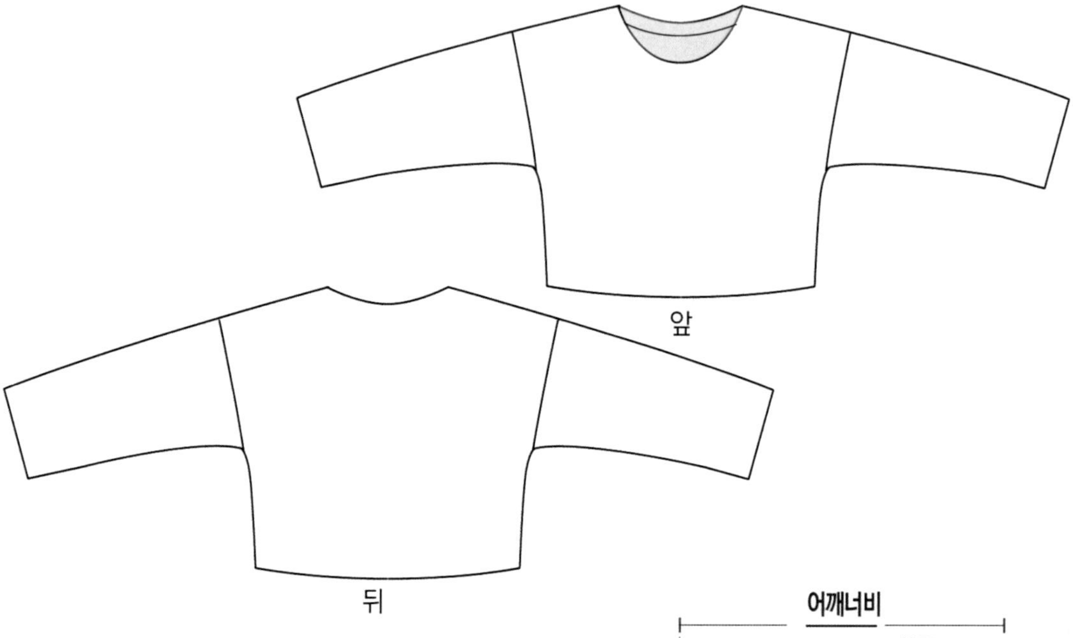
앞
뒤

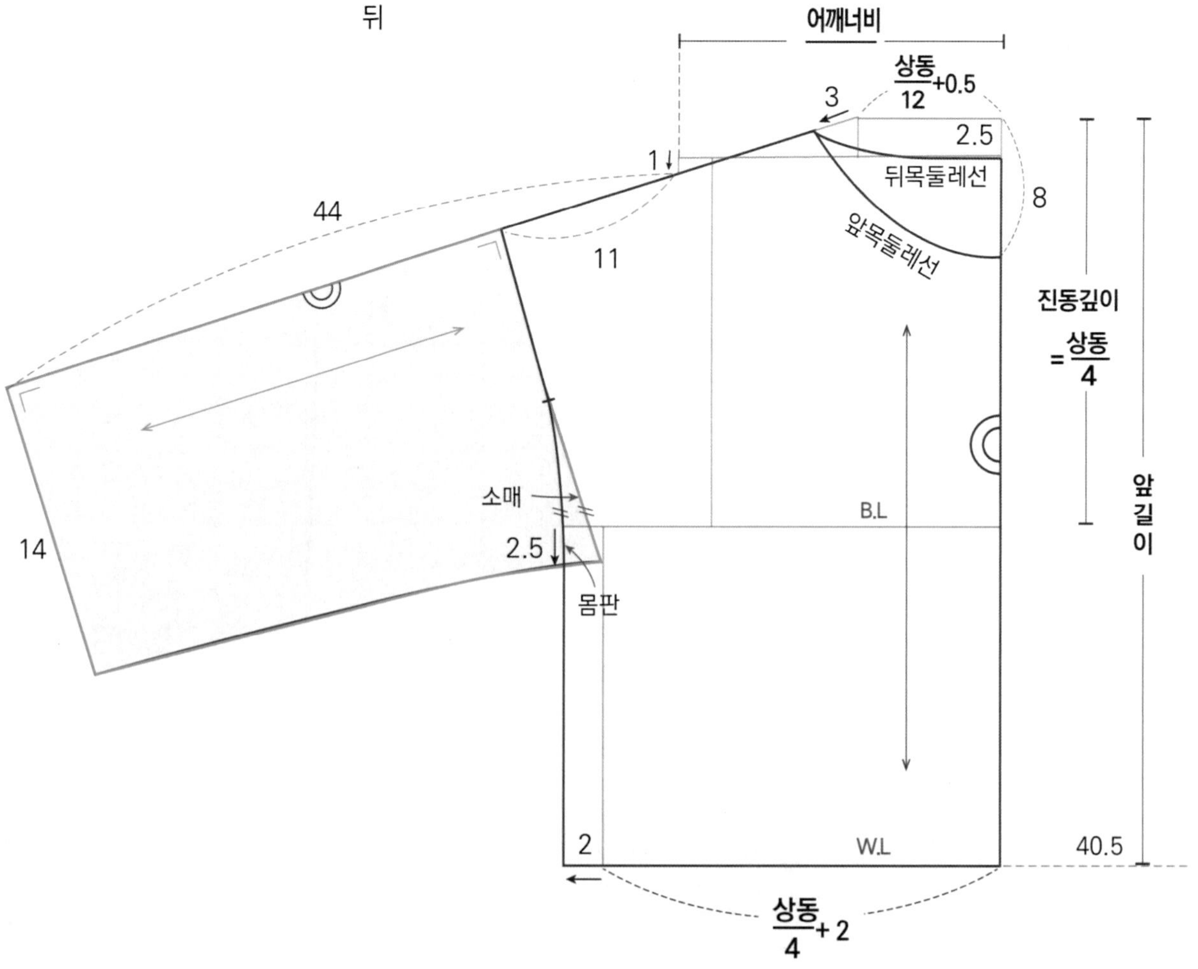
어깨너비
상동/12+0.5
3
2.5
1
뒤목둘레선
8
44
11
앞목둘레선
진동깊이
=상동/4
앞길이
소매
14
2.5
몸판
B.L
W.L
2
40.5
상동/4+2

웨이스트 다트 민소매 상의

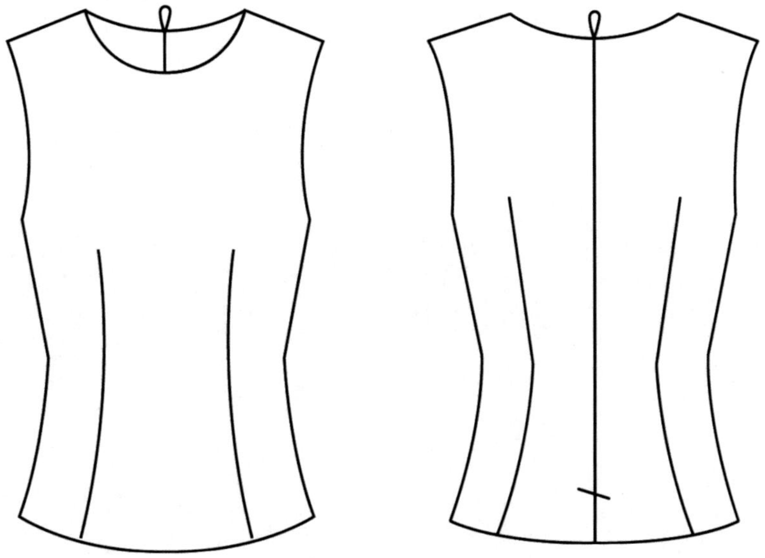

상의원형 제도 후 변형한다.

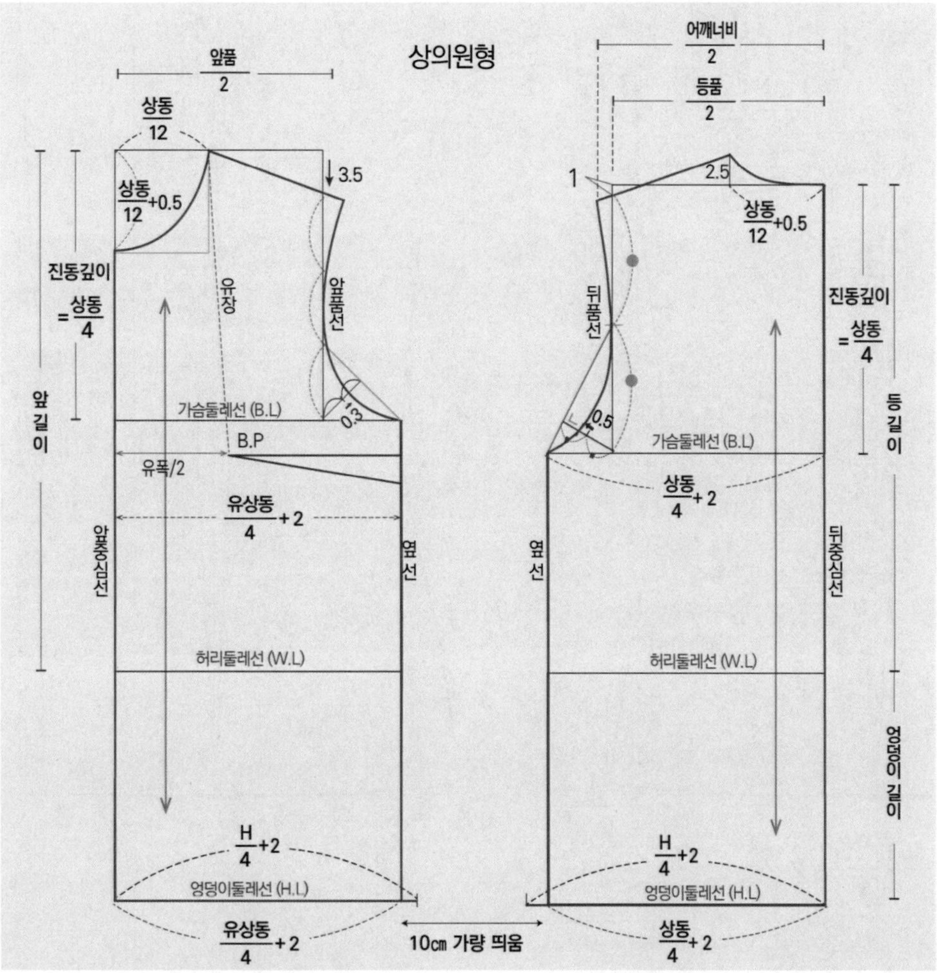

웨이스트 다트 민소매 상의

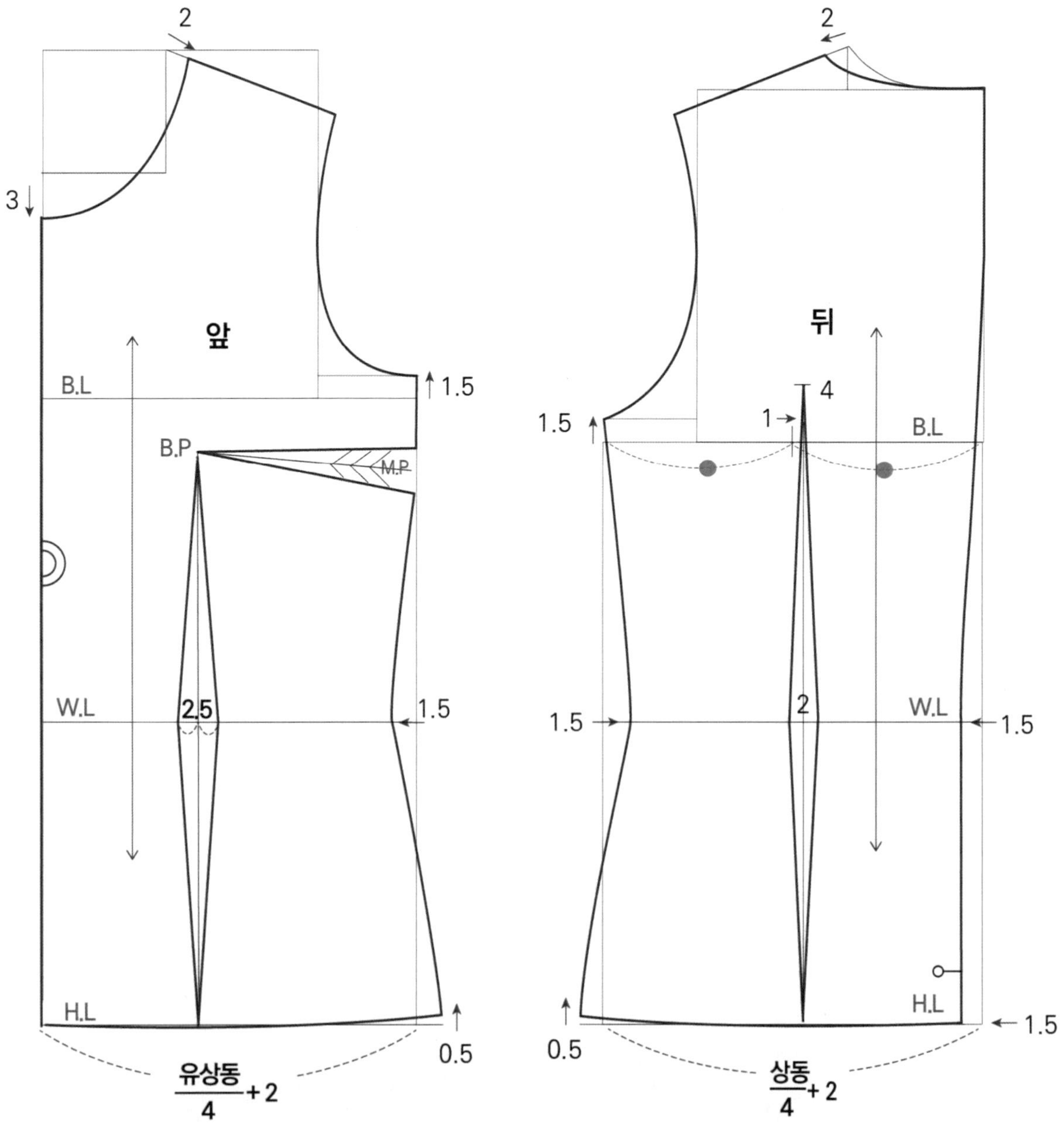

Y셔츠칼라 셔링 블라우스

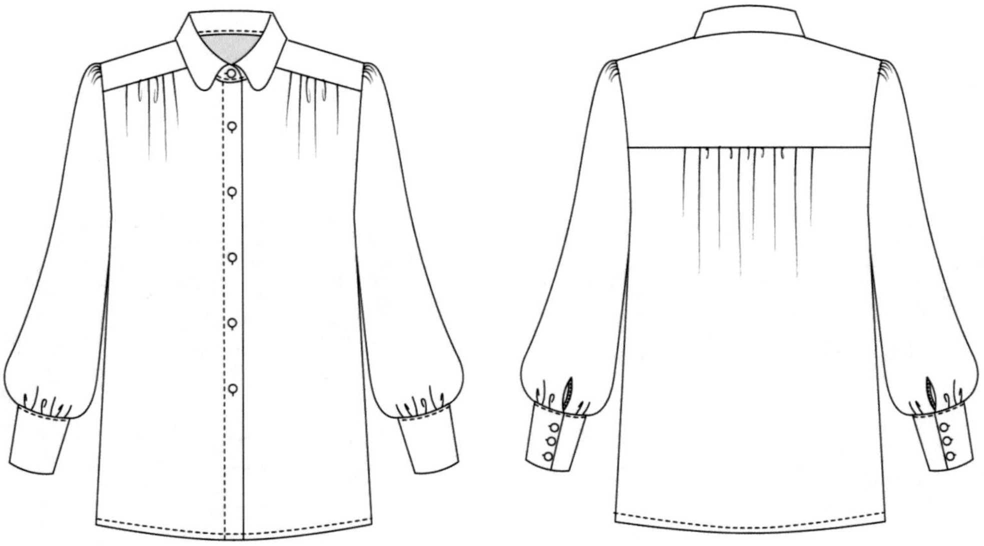

상의원형 제도 후 변형한다.

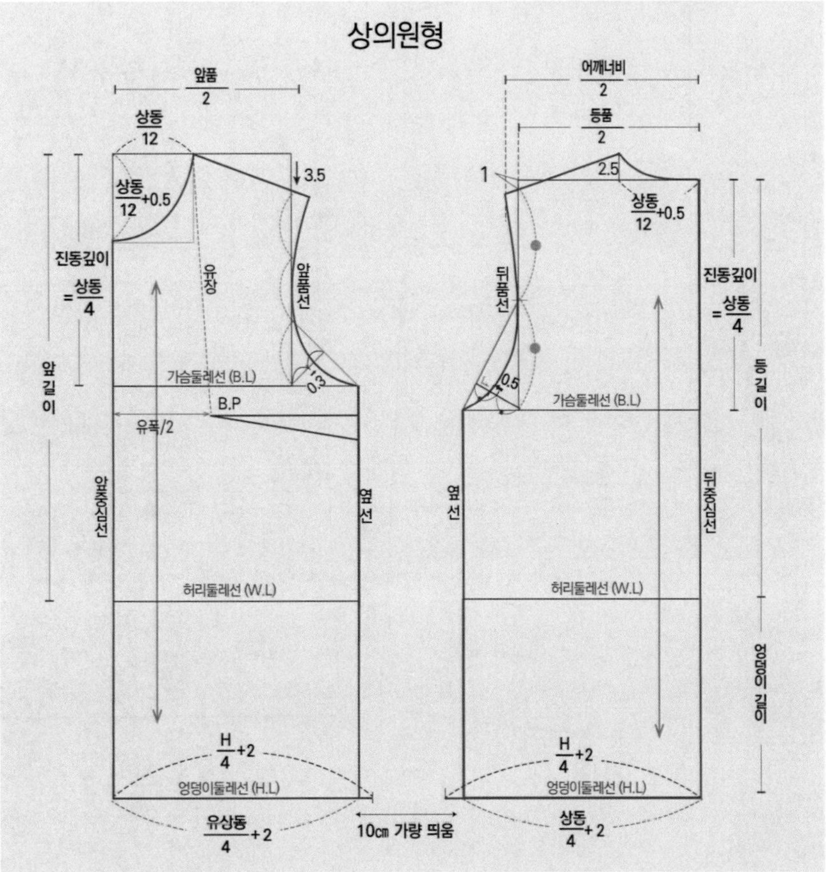

Y셔츠칼라 셔링 블라우스

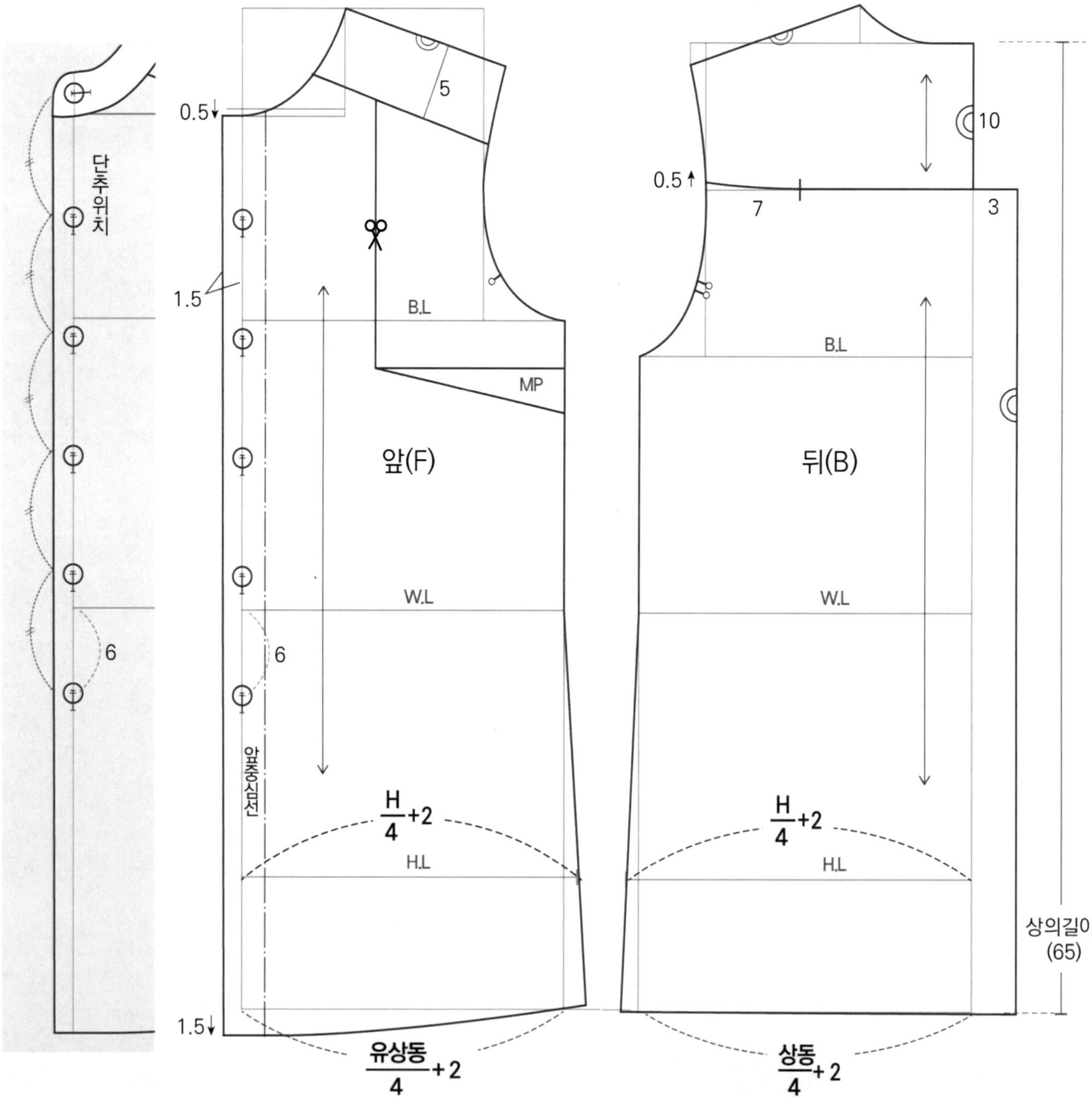

Y셔츠칼라 셔링 블라우스

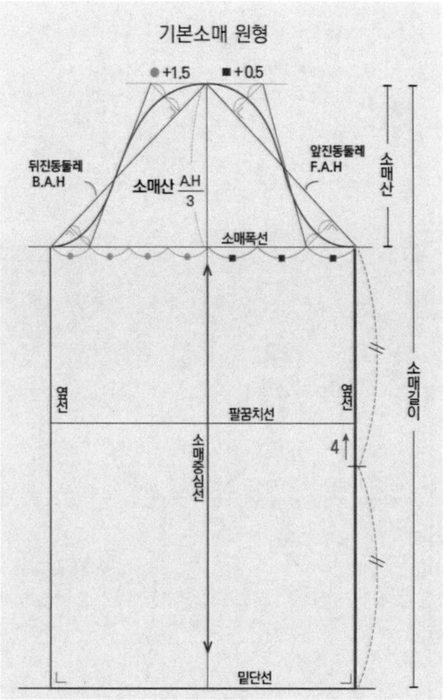

소매 제도

소매 원형 제도 시
소매길이는 소매길이에서
커프스높이를 뺀 길이로 제도한다.

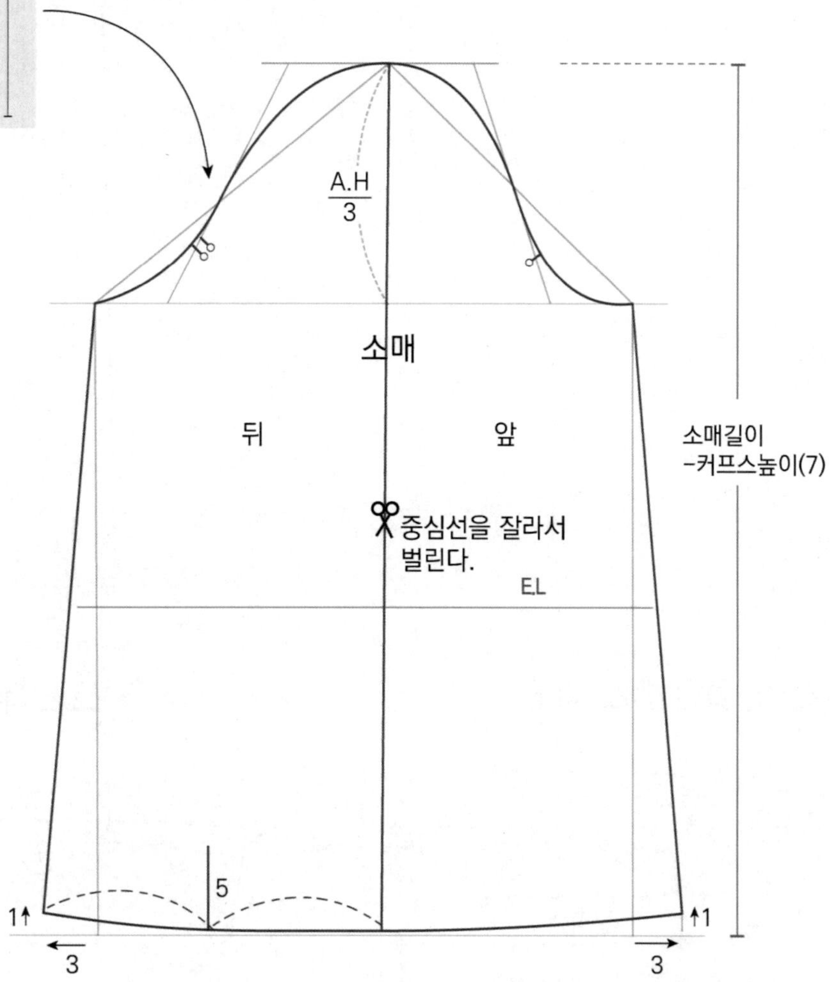

Y셔츠칼라 셔링 블라우스

소매 패턴 변형하기

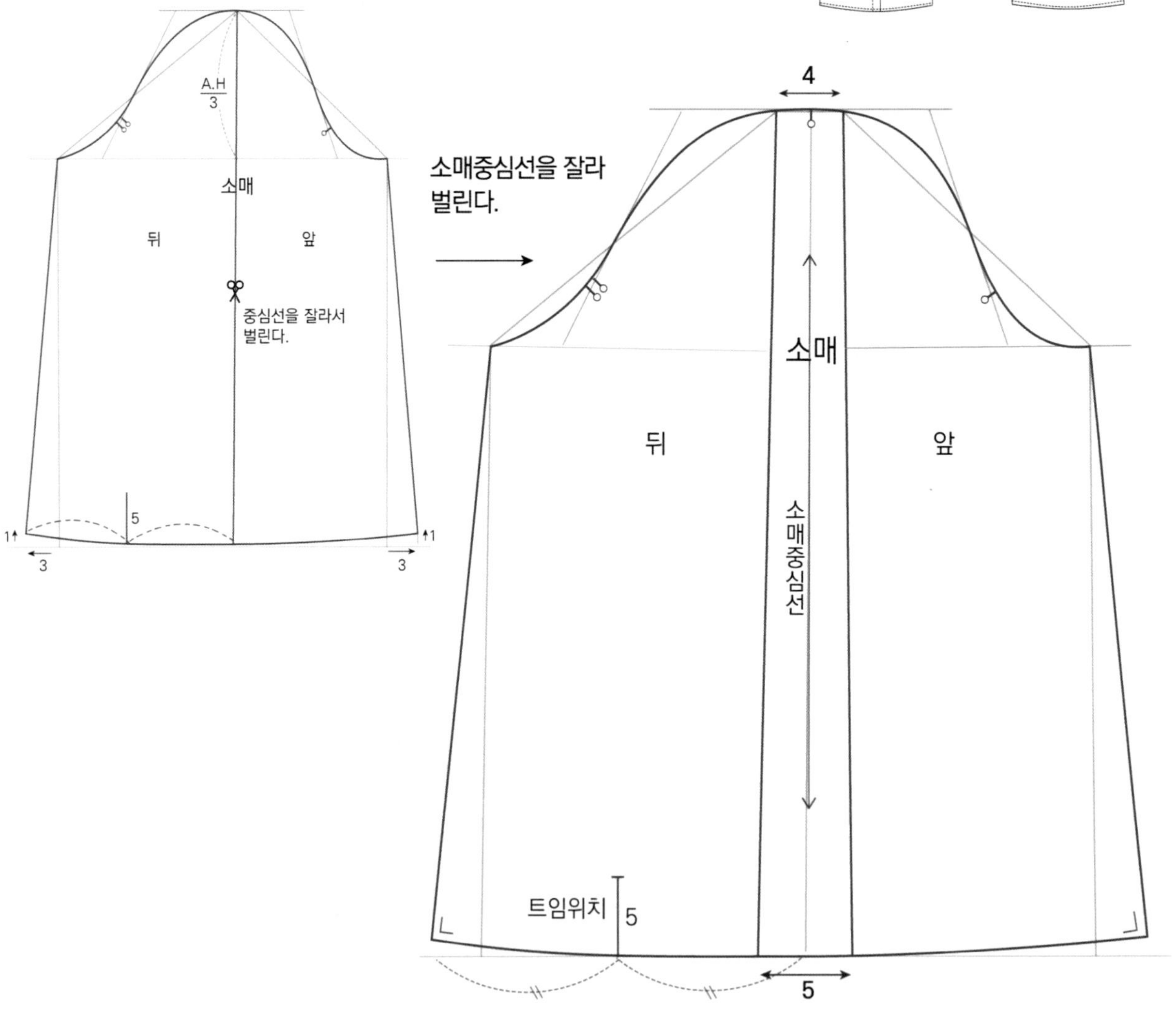

칼라, 칼라 밴드 제도

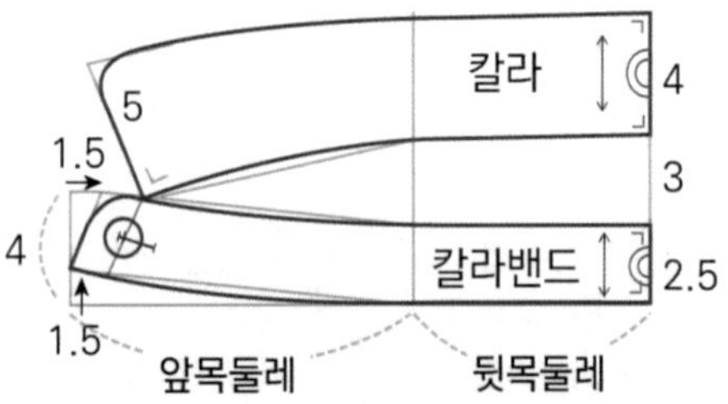

커프스 제도

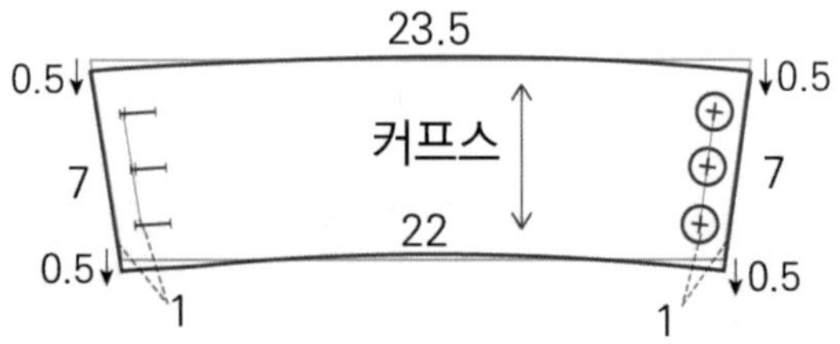

Y셔츠 칼라 기본 셔츠

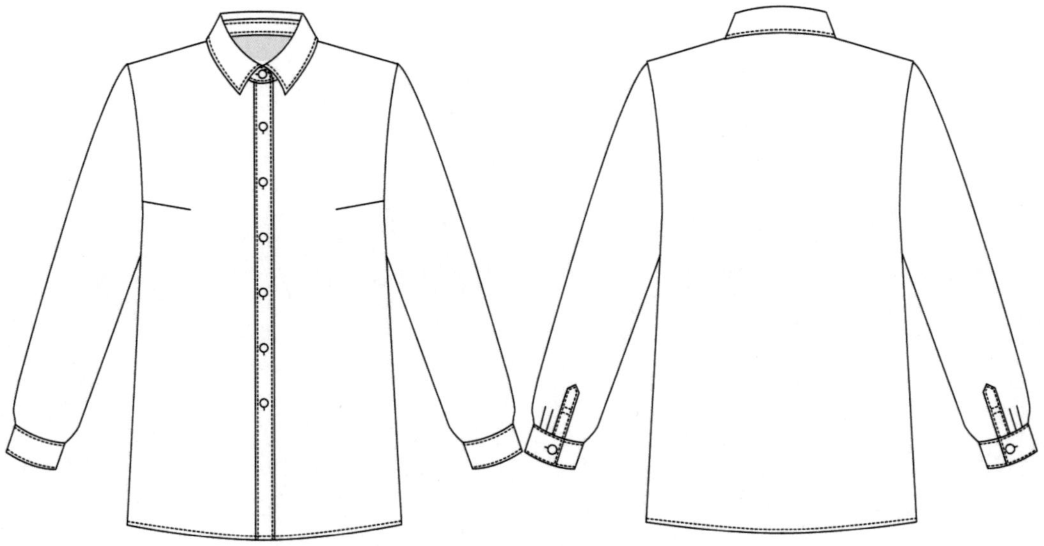

상의원형 제도 후 변형한다.

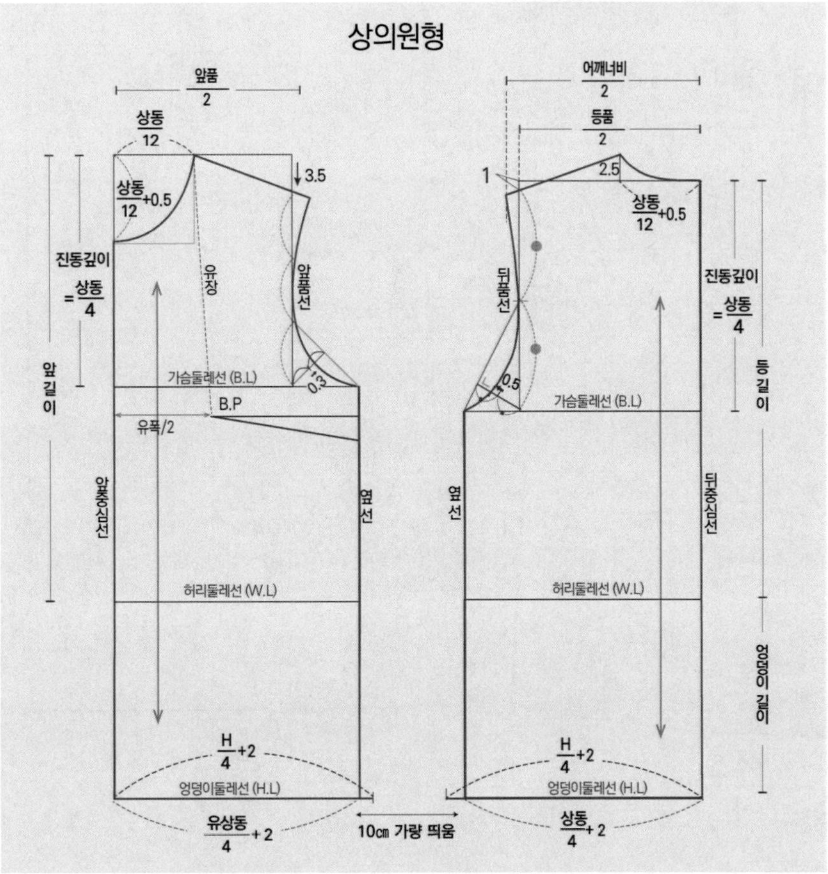

Y셔츠 칼라 기본 셔츠

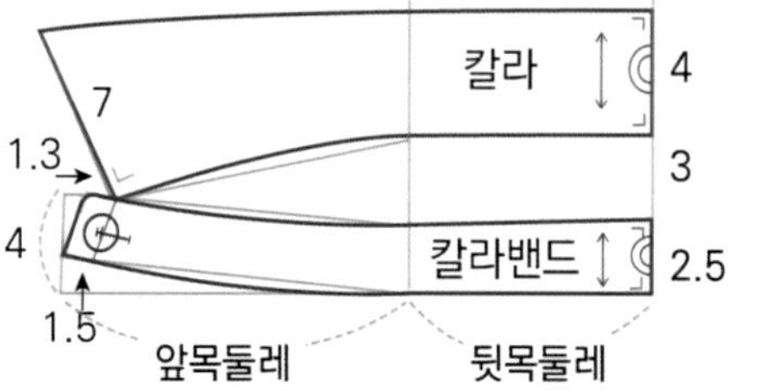

칼라
4
7
1.3
3
4
칼라밴드
2.5
1.5
앞목둘레
뒷목둘레

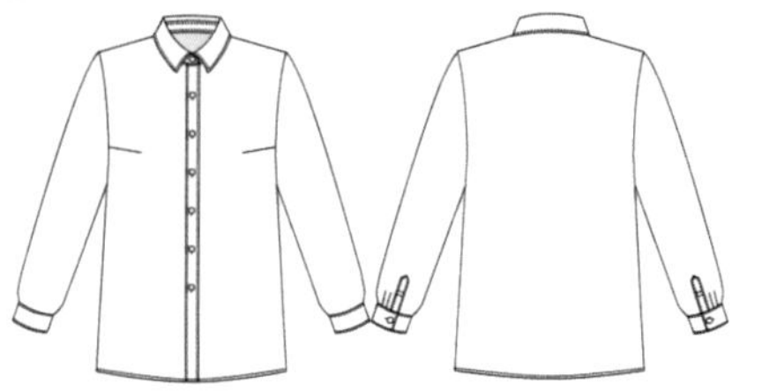

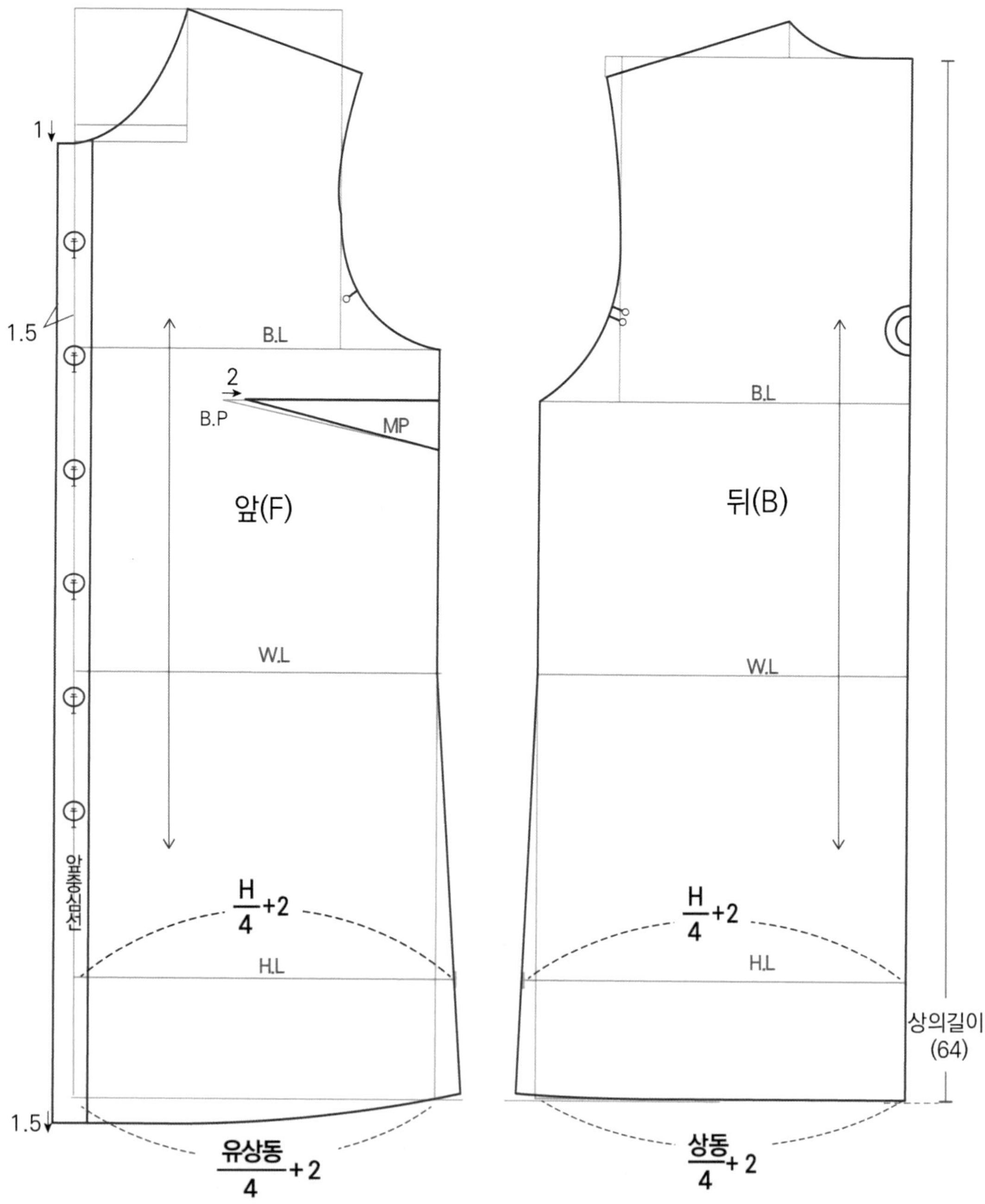

1
1.5
B.L
2
B.P
MP
앞(F)
W.L
앞중심선
H/4+2
H.L
1.5
유상동/4+2
B.L
뒤(B)
W.L
H/4+2
H.L
상의길이
(64)
상동/4+2

Y셔츠 칼라 기본 셔츠

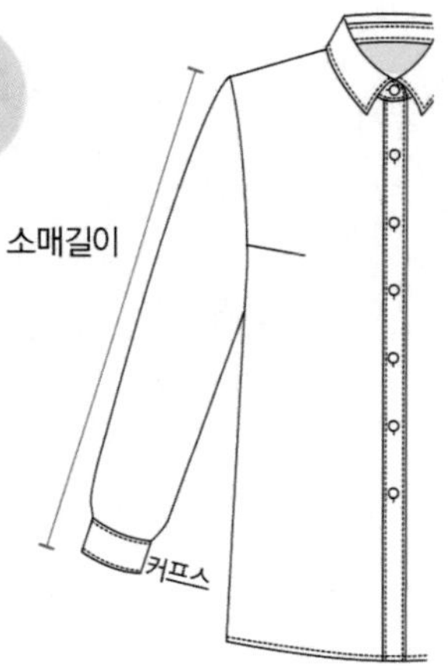

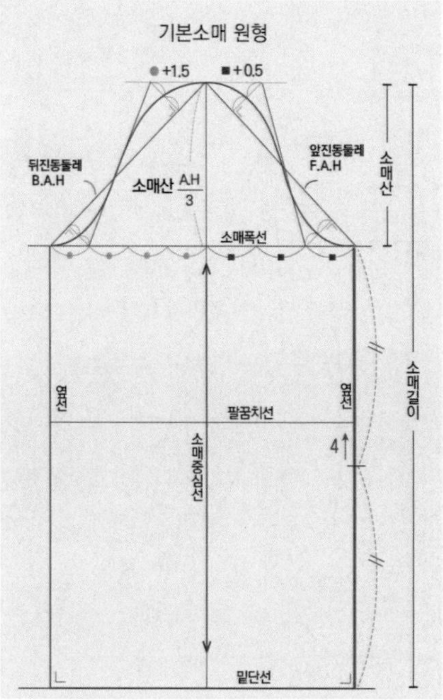

소매 원형 제도 시

▶ 소매길이=소매길이-커프스 높이

▶ 소매산= A.H(앞+뒤진동둘레) /3 -2

▶ 소매폭 기초선에서 앞진동둘레-1, 뒤진동둘레-1 로 제도한다.

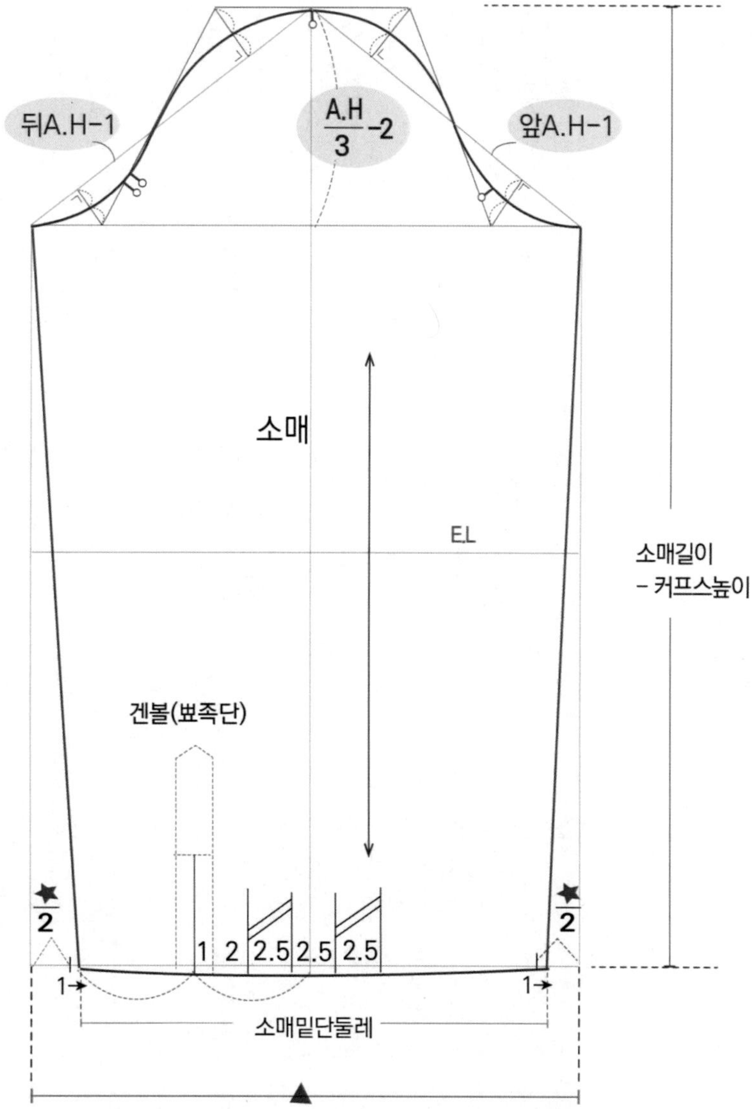

겐볼(뵤족단)

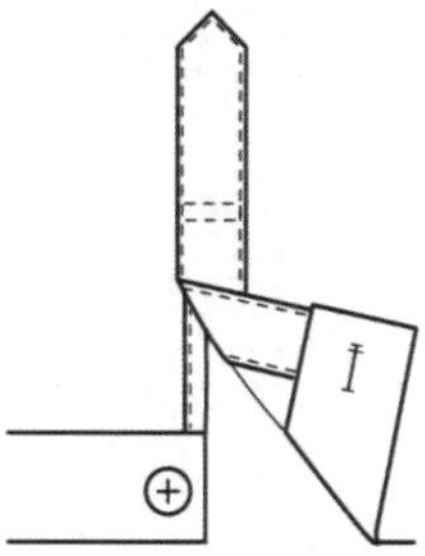

★ = ▲ - 소매 밑단둘레

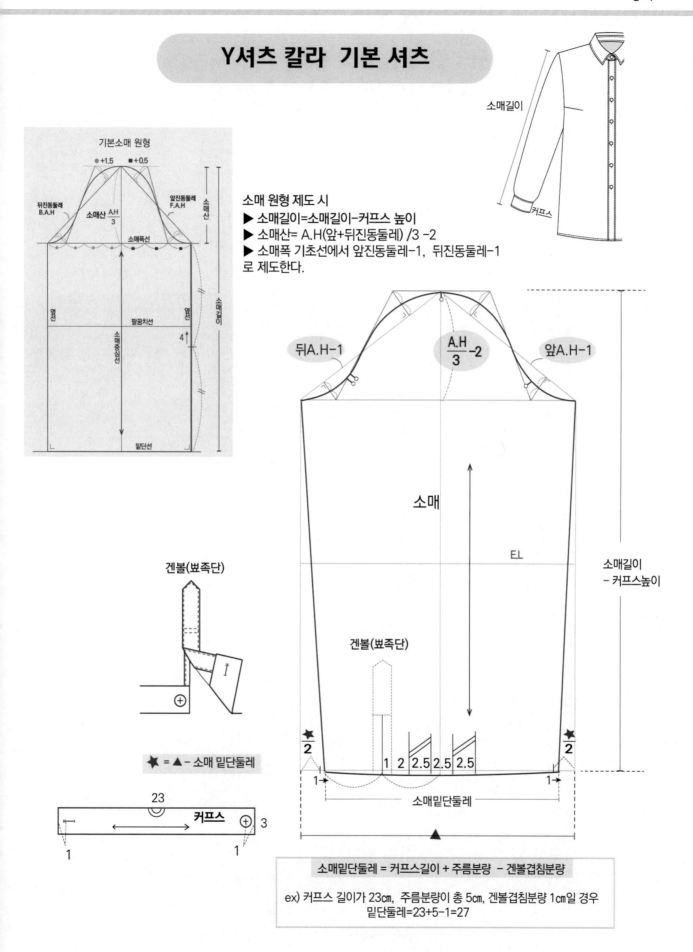

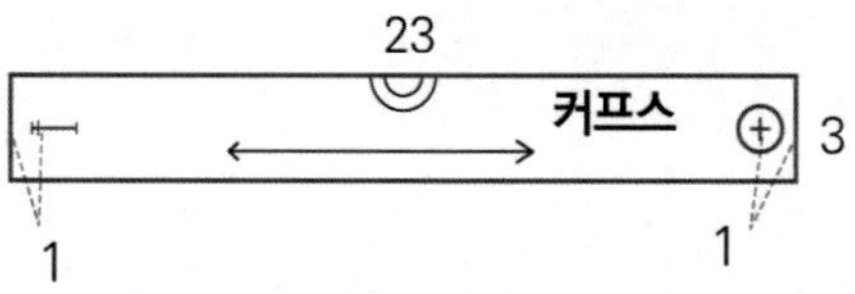

소매밑단둘레 = 커프스길이 + 주름분량 - 겐볼겹침분량

ex) 커프스 길이가 23㎝, 주름분량이 총 5㎝, 겐볼겹침분량 1㎝일 경우
밑단둘레=23+5-1=27

Y셔츠칼라 슬림핏 요크셔츠

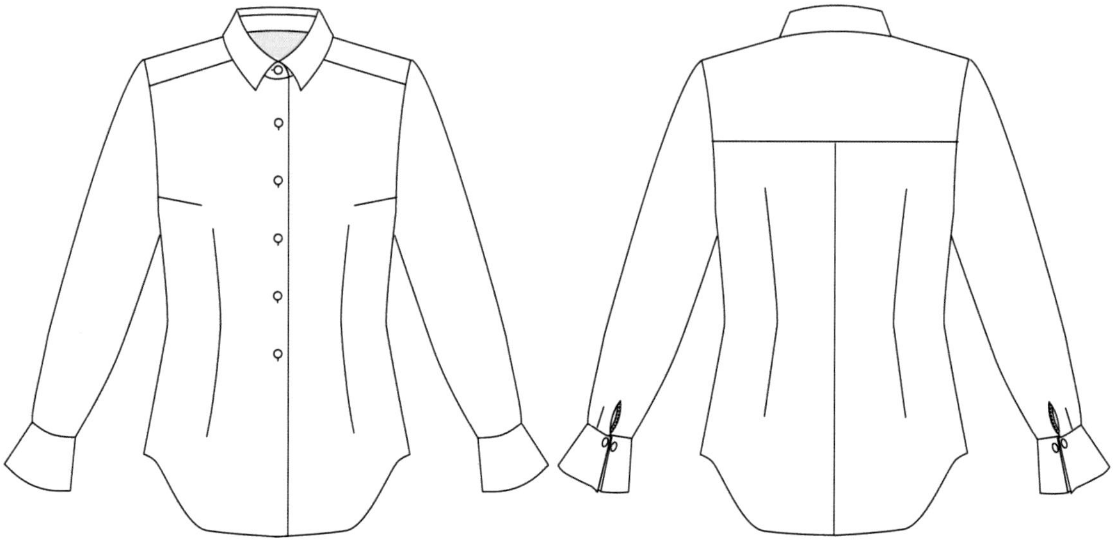

상의원형 제도 후 변형한다.

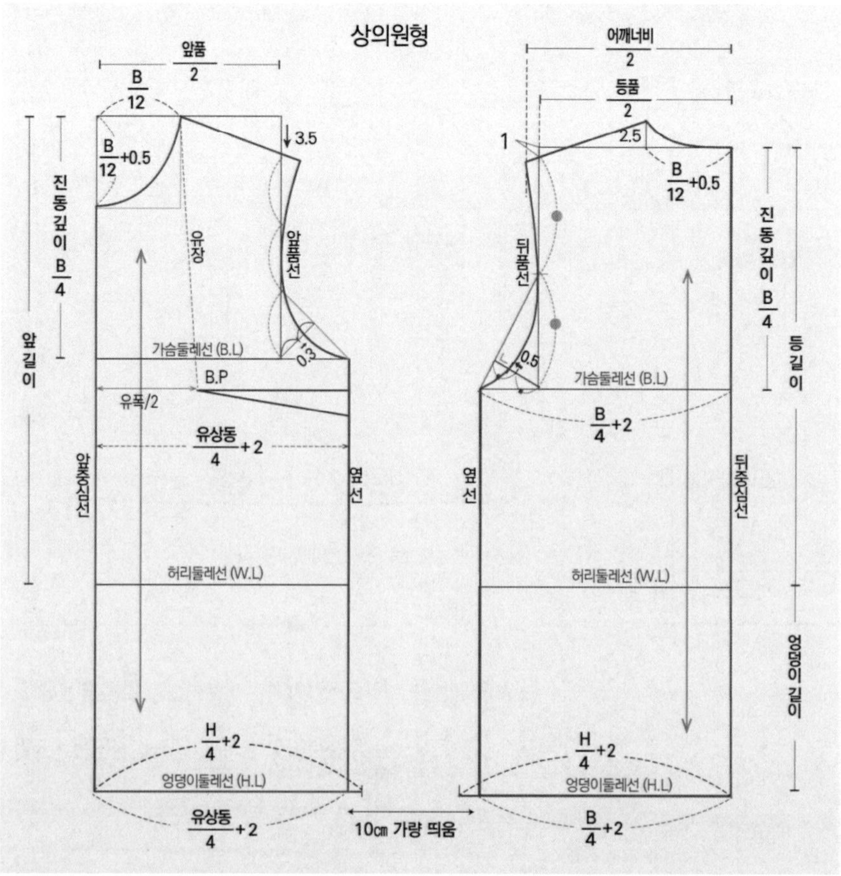

Y셔츠칼라 슬림핏 요크셔츠

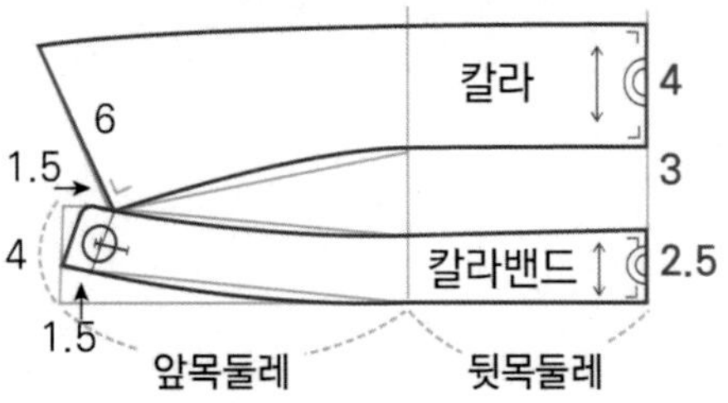

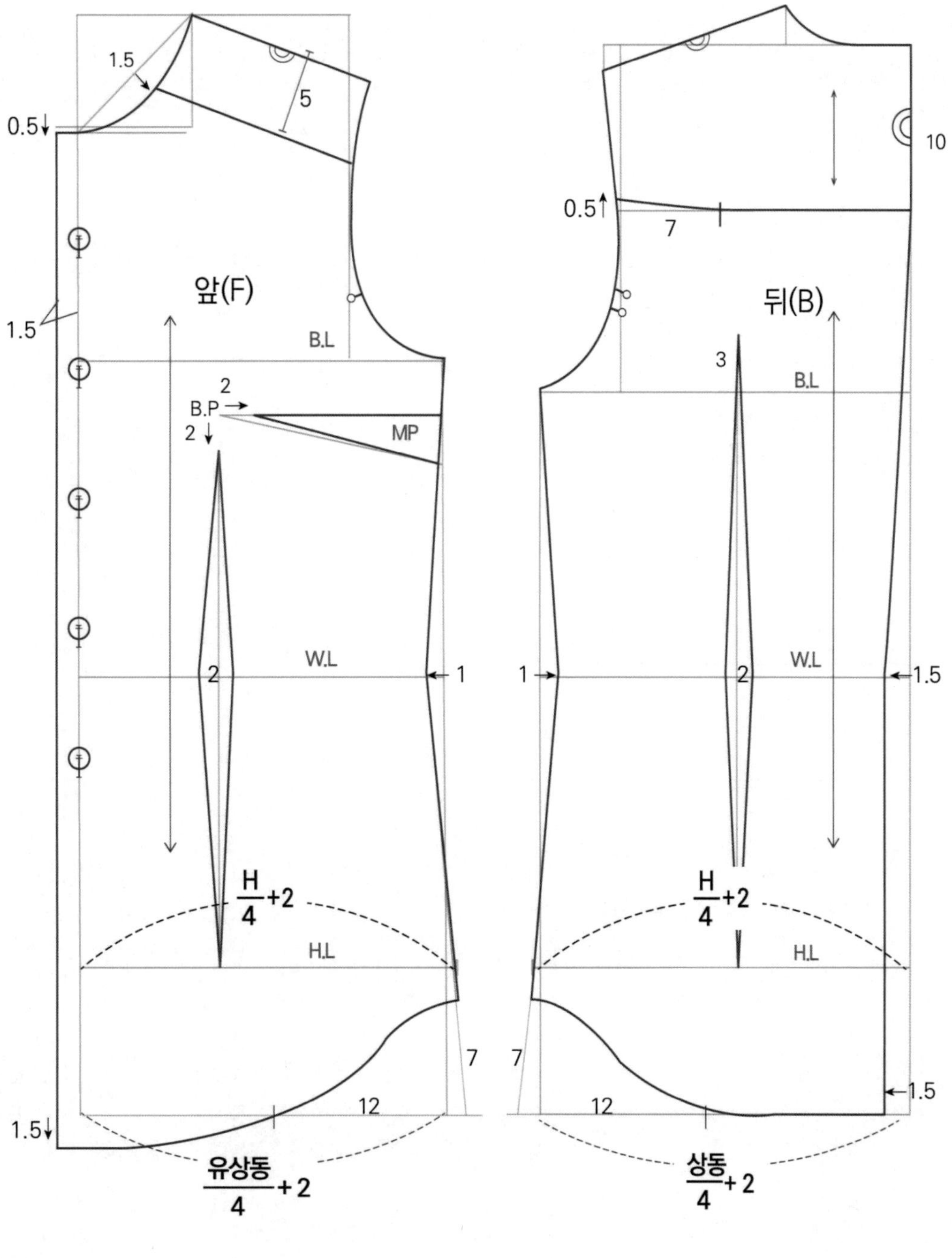

Y셔츠칼라 슬림핏 요크셔츠

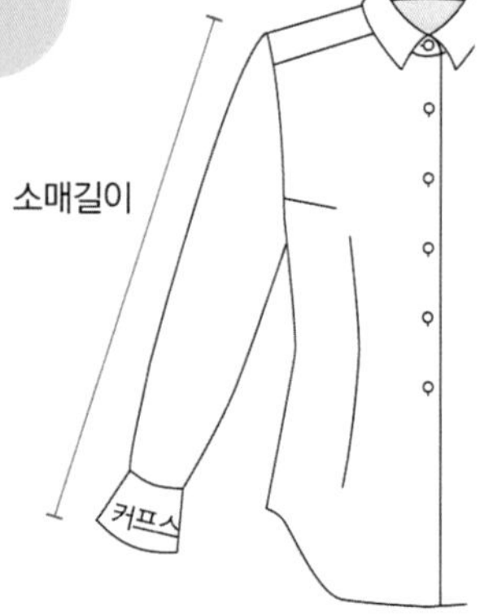

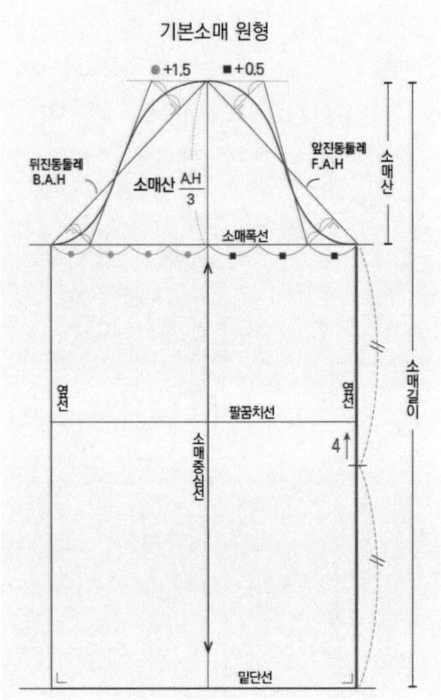

소매 원형 제도 시
▶ 소매길이=소매길이-커프스 높이
▶ 소매산= A.H(앞+뒤진동둘레) /3
▶ 소매폭 기초선에서 앞진동둘레-0.5, 뒤진동둘레-0.5 로 제도한다.

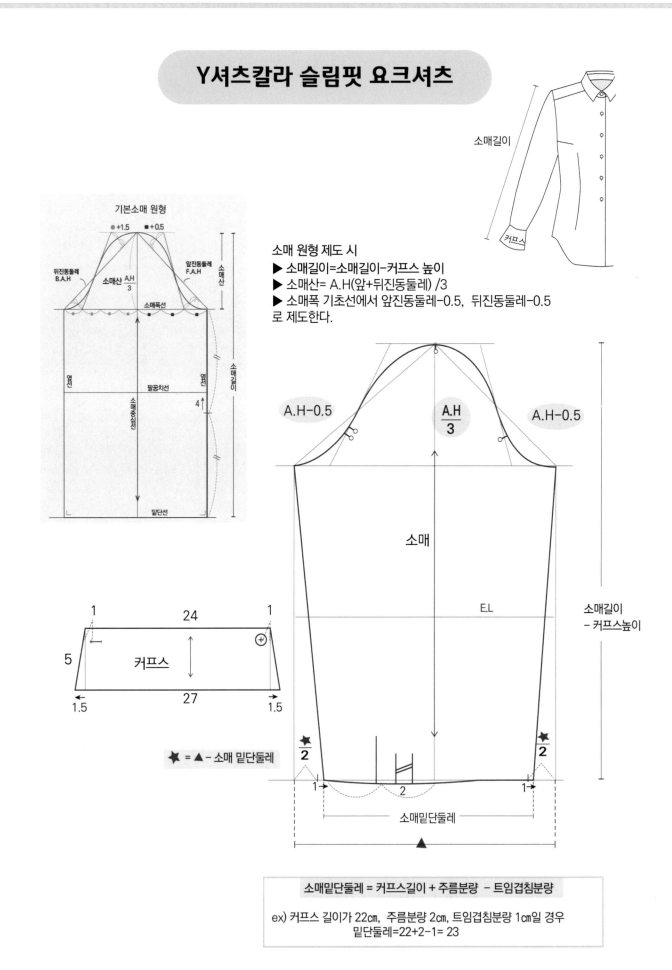

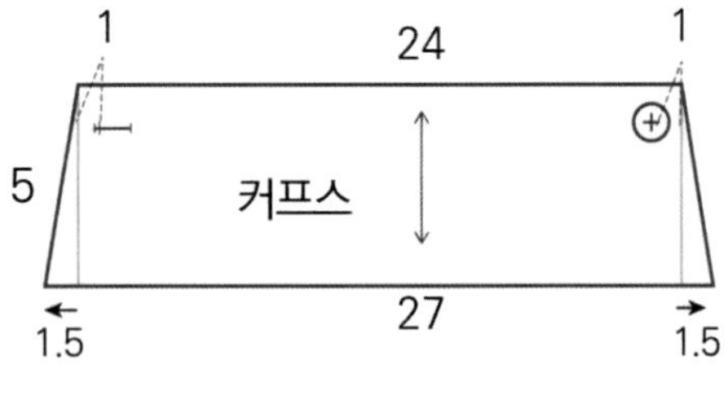

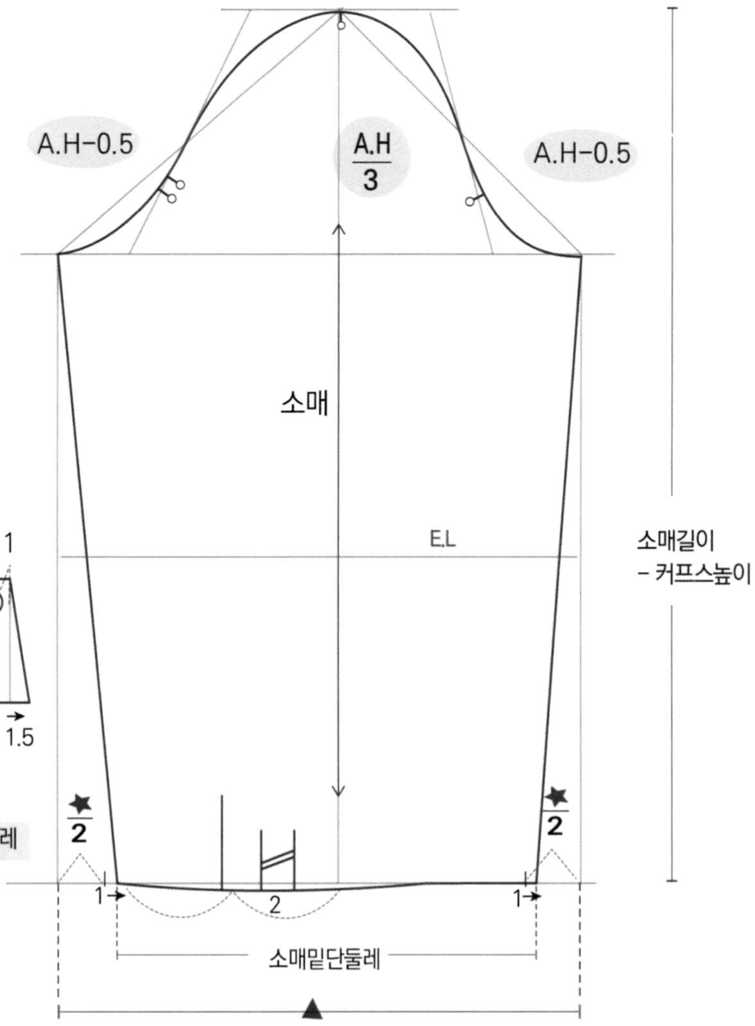

★ = ▲ - 소매 밑단둘레

소매밑단둘레 = 커프스길이 + 주름분량 - 트임겹침분량

ex) 커프스 길이가 22㎝, 주름분량 2㎝, 트임겹침분량 1㎝일 경우
밑단둘레=22+2-1= 23

베스트

싱글베스트
암홀프린세스라인 더블 베스트
윙칼라 더블 롱 베스트

☞ 각종 수치들:
체형이나 사이즈, 디자인에 따라 각종 길이, 둘레, 깊이, 다트분량, 여유분량 등이 달라지므로 여기서 설명하는 수치들은 절댓값이 아님을 유념해주기 바란다.

싱글베스트

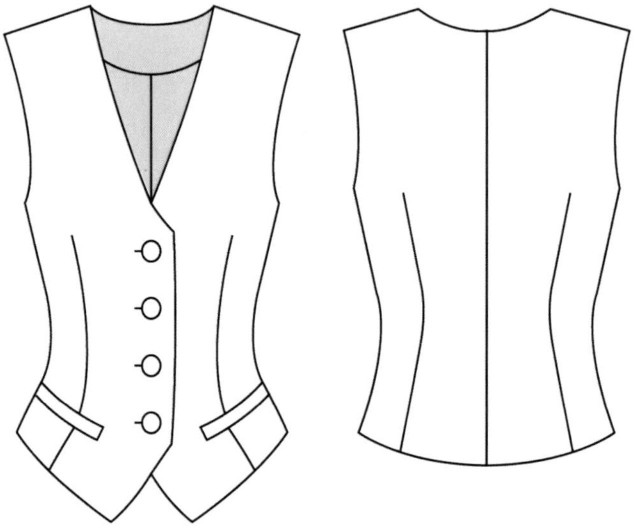

상의원형 제도 후 변형한다.

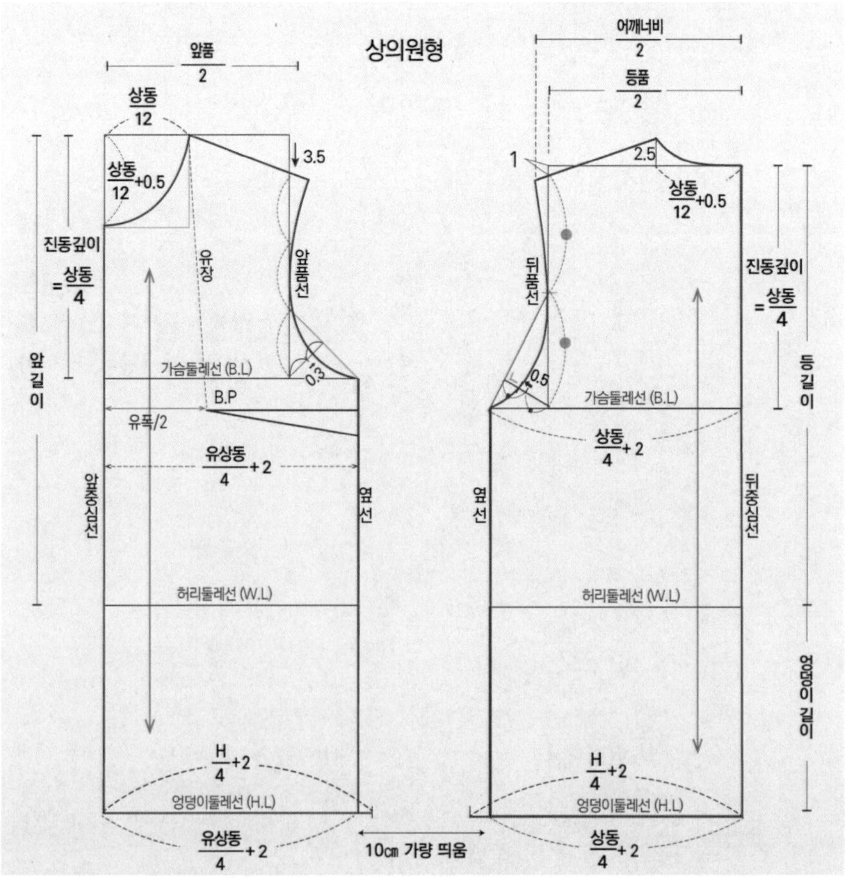
상의원형
앞품/2
상동/12
상동/12+0.5
3.5
진동깊이 =상동/4
유장
앞품선
앞길이
가슴둘레선 (B.L)
0.5
B.P
유폭/2
유상동/4+2
앞중심선
옆선
허리둘레선 (W.L)
H/4+2
엉덩이둘레선 (H.L)
유상동/4+2
10㎝ 가량 띄움
어깨너비/2
등품/2
1
2.5
상동/12+0.5
뒤품선
0.5
가슴둘레선 (B.L)
상동/4+2
진동깊이 =상동/4
등길이
뒤중심선
허리둘레선 (W.L)
엉덩이 길이
H/4+2
엉덩이둘레선 (H.L)
상동/4+2

싱글베스트

디자인에 따라 진동깊이를
달리할 수 있다.
1
3.5
1
M.P
B.L
2
M.P
2
1
2.5
W.L
1.5
3
1.5
4
11~12
5
2
유상동/4 +2
H.L
H/4 +2
1
3.5
1
6
4
1.5
B.L
2
베스트 길이 46
1.5
2
W.L
1.5
8
상동/4 + 2
H.L
H/4 +2

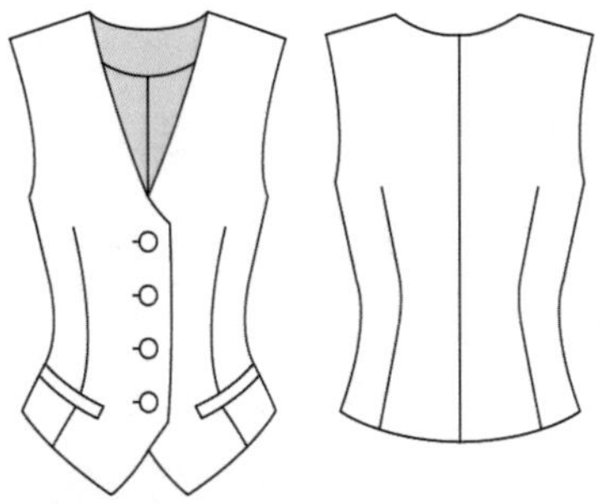

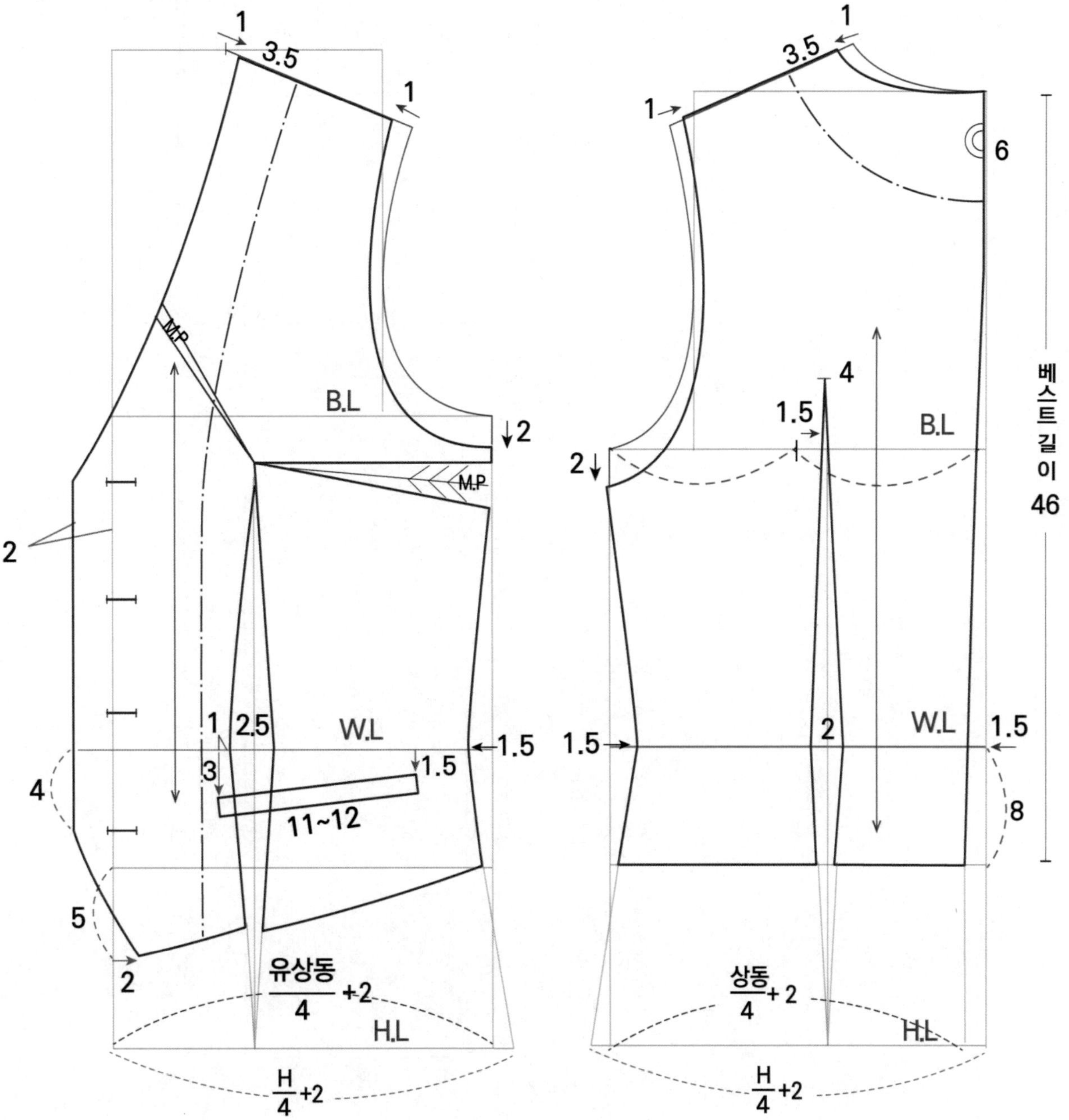

암홀프린세스라인 더블 베스트

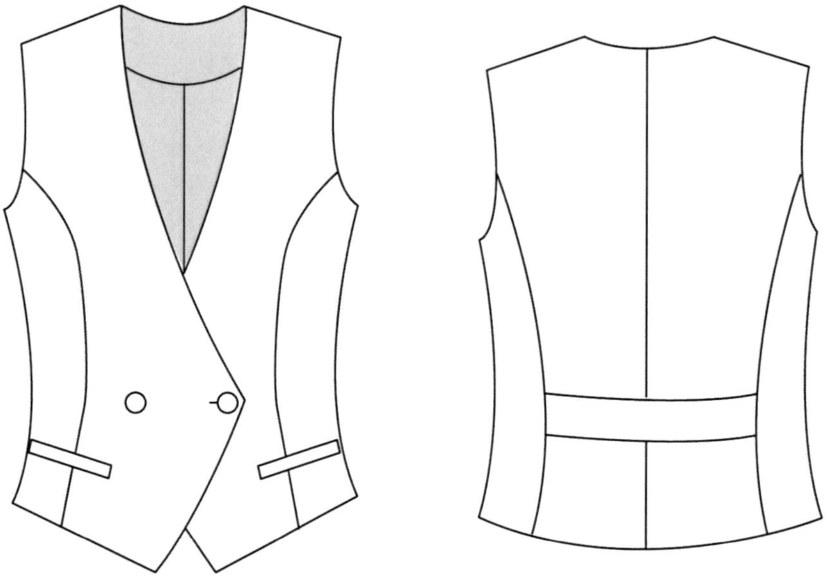

상의원형 제도 후 변형한다.

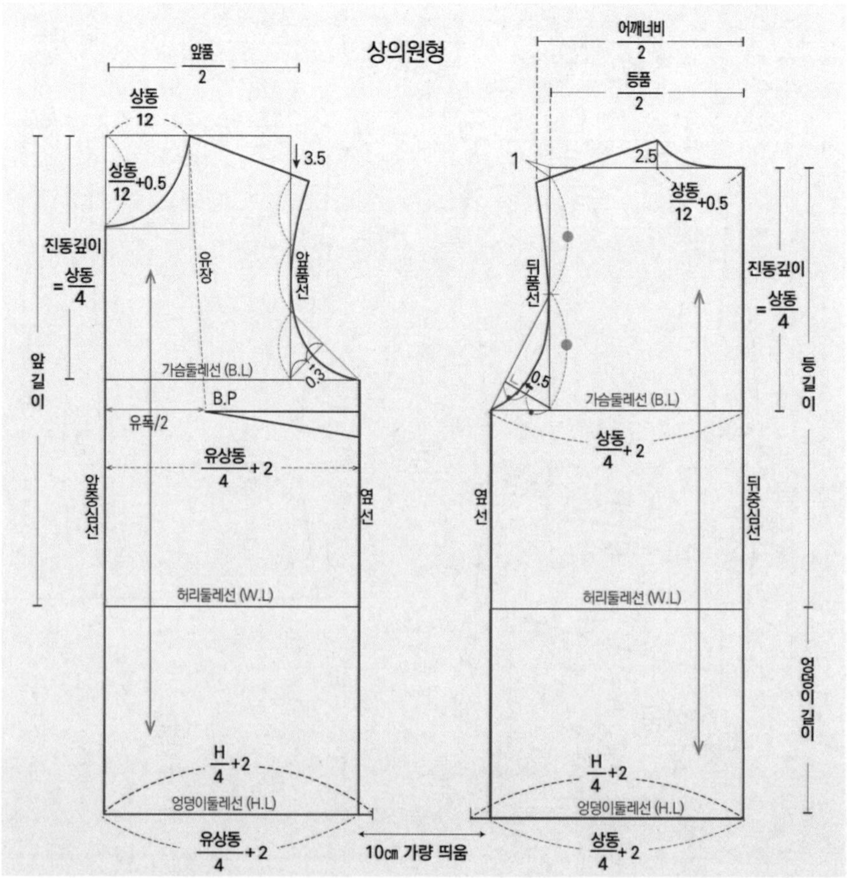

암홀프린세스라인 더블 베스트

디자인에 따라 진동깊이를 달리할수 있으며,
암홀선과 만나는 M.P분량은 생략하기도 한다.

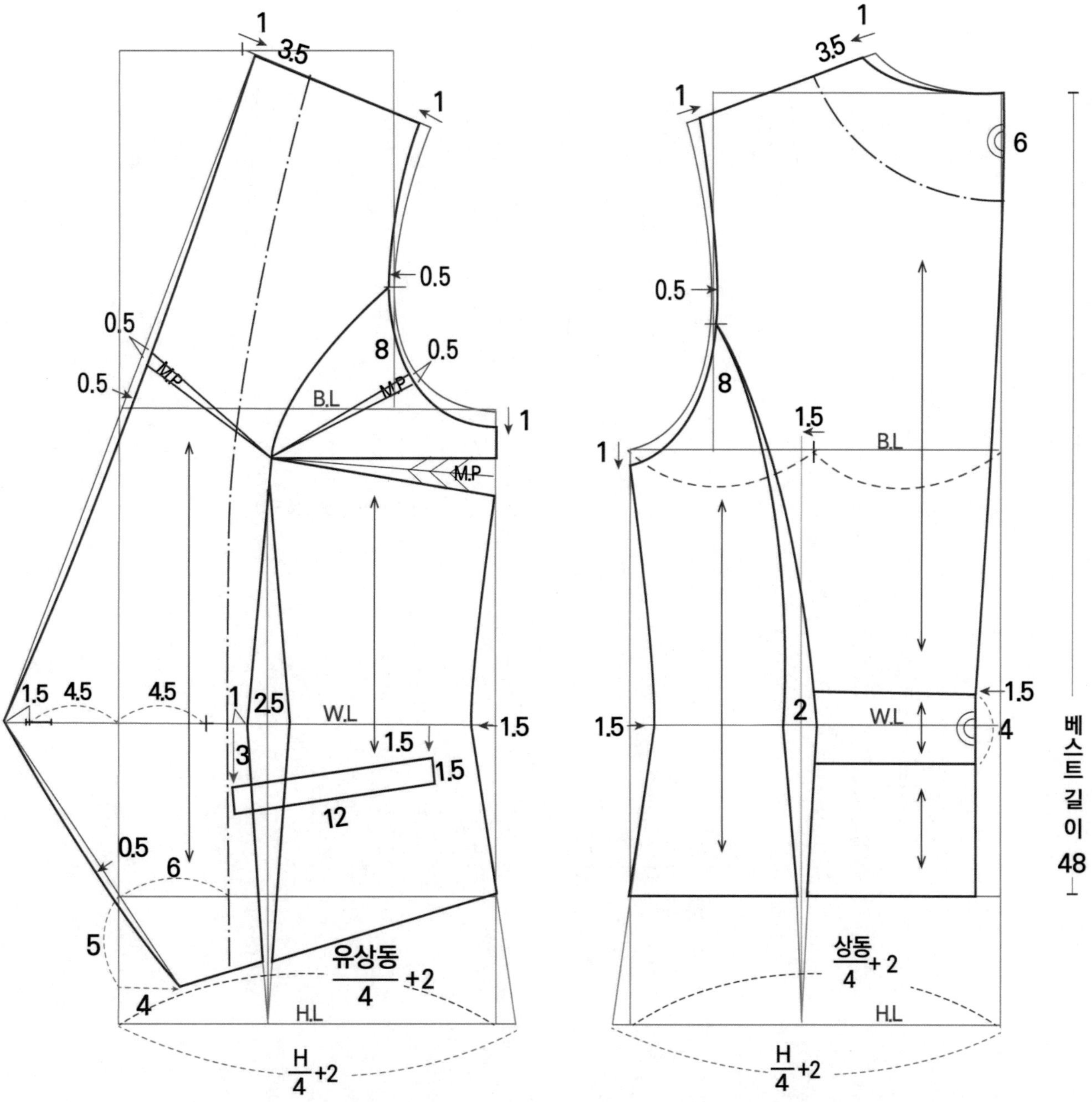

윙칼라 더블 롱 베스트

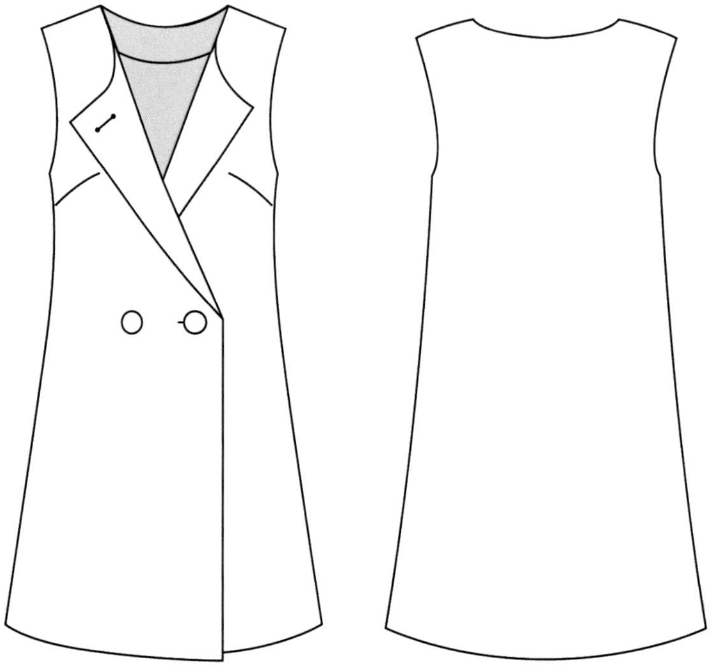

상의원형 제도 후 변형한다.

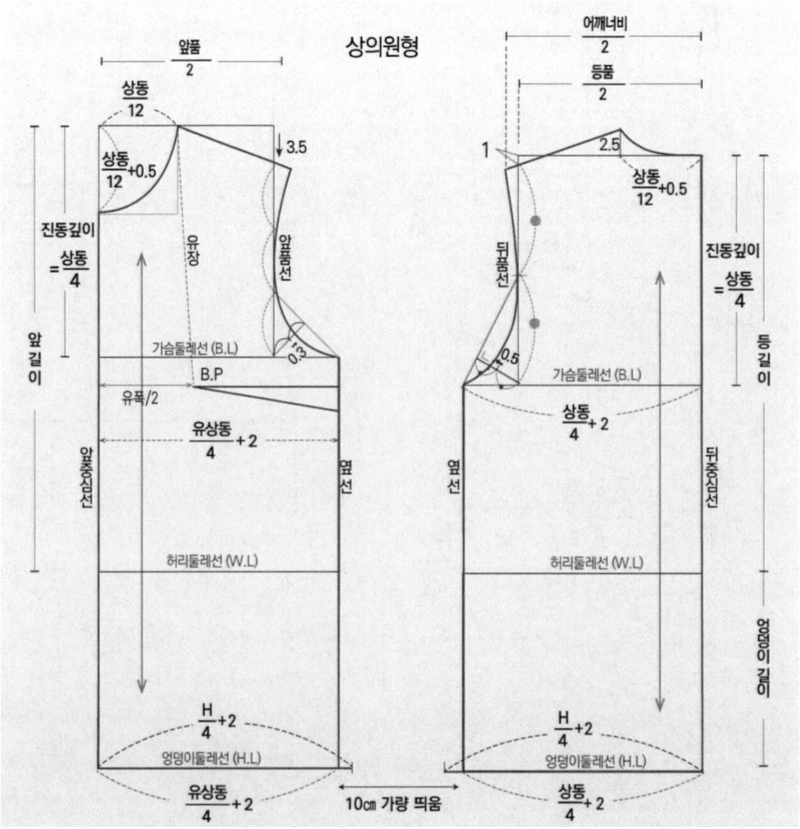

윙칼라 더블 롱 베스트

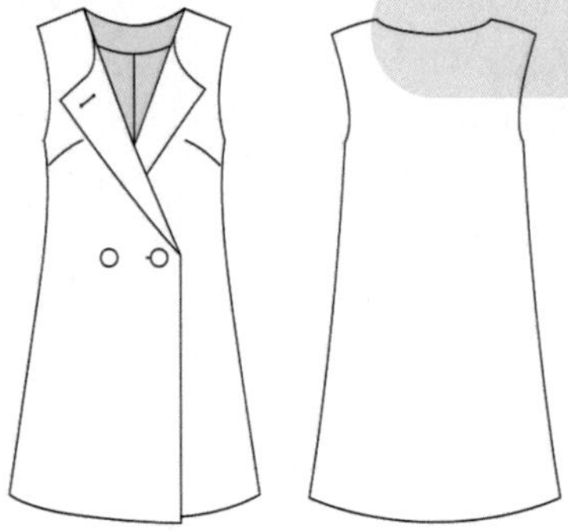

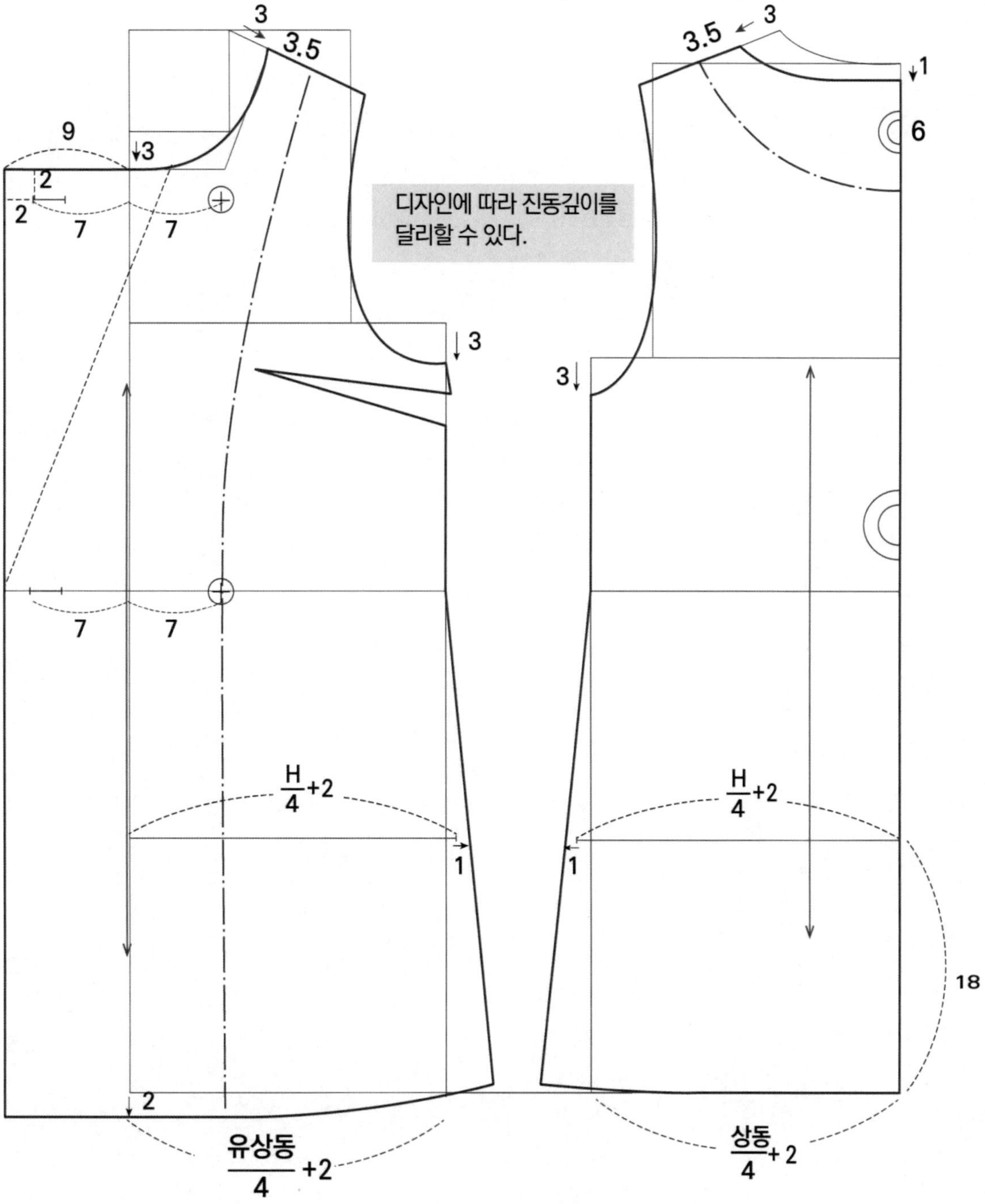

3
3.5
9
3
2
2
7
7
디자인에 따라 진동깊이를 달리할 수 있다.
3
7
7
H/4+2
1
2
유상동/4 +2
3.5
3
1
6
3
H/4+2
1
18
상동/4 + 2

원피스

기본원피스
웨이스트다트 개더 원피스
철릭원피스
암홀프린세스라인 원피스
플랫칼라 암홀프린세스라인원피스(다트없는 한장소매)
V네크 숄더프린세스라인 원피스(다트있는 한장소매)
네크라인패턴- 스퀘어네크라인, 스위트하트네크라인, V네크라인2
V네크 숄더프린세스라인 원피스(소매밑단 주름있는 퍼프,한장소매)

알아두기

패턴 제도시 상의원형을 활용하여 활동여유분과 진동깊이를 가감하는 하는 등 디자인에 맞게 패턴을 변형하고 수정하여 설계한다.

패턴 제도 시 다양한 방법이 있으나, 이 책에서는 가슴둘레를 활용하는 제도법으로 의복 맞춤 제작 시 실제 현장에서 사용하고 있는 상동(윗가슴둘레)와 유상동(젖가슴둘레)을 구분하여 제도하는 패턴을 실었다. 상의 원형 제도 시 앞판 가슴둘레는 유상동(젖가슴둘레)를 적용하고 그외는 상동(윗가슴둘레)를 적용한다.

상의 원형 제도시 상동(윗가슴둘레) 적용
● 목둘레선 설계를 위한 기초선 제도시 뒤판은 상동/12+0.5㎝, 앞판은 상동/12를 적용,
● 진동깊이: 상동/4
● 뒤판 가슴둘레: 상동/4 + 여유분량

상의 원형 제도시 유상동(젖가슴둘레) 적용
● 앞판 가슴둘레 = 유상동/4 + 여유분량

☞ 각종 수치들:
체형이나 사이즈, 디자인에 따라 각종 길이, 둘레, 깊이, 다트분량, 여유분량 등이 달라지므로 여기서 설명하는 수치들은 절댓값이 아님을 유념해주기 바란다.

기본 원피스

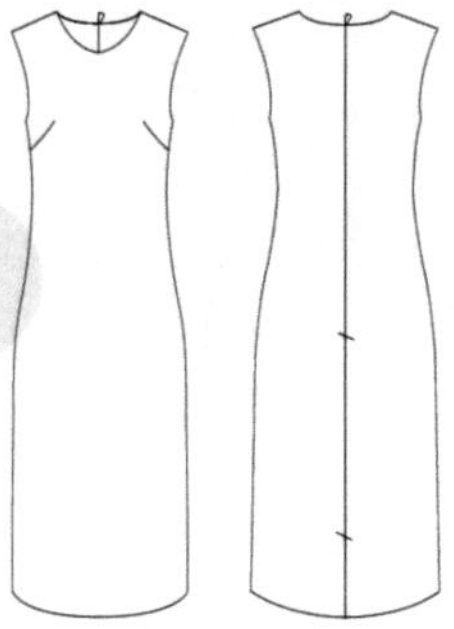

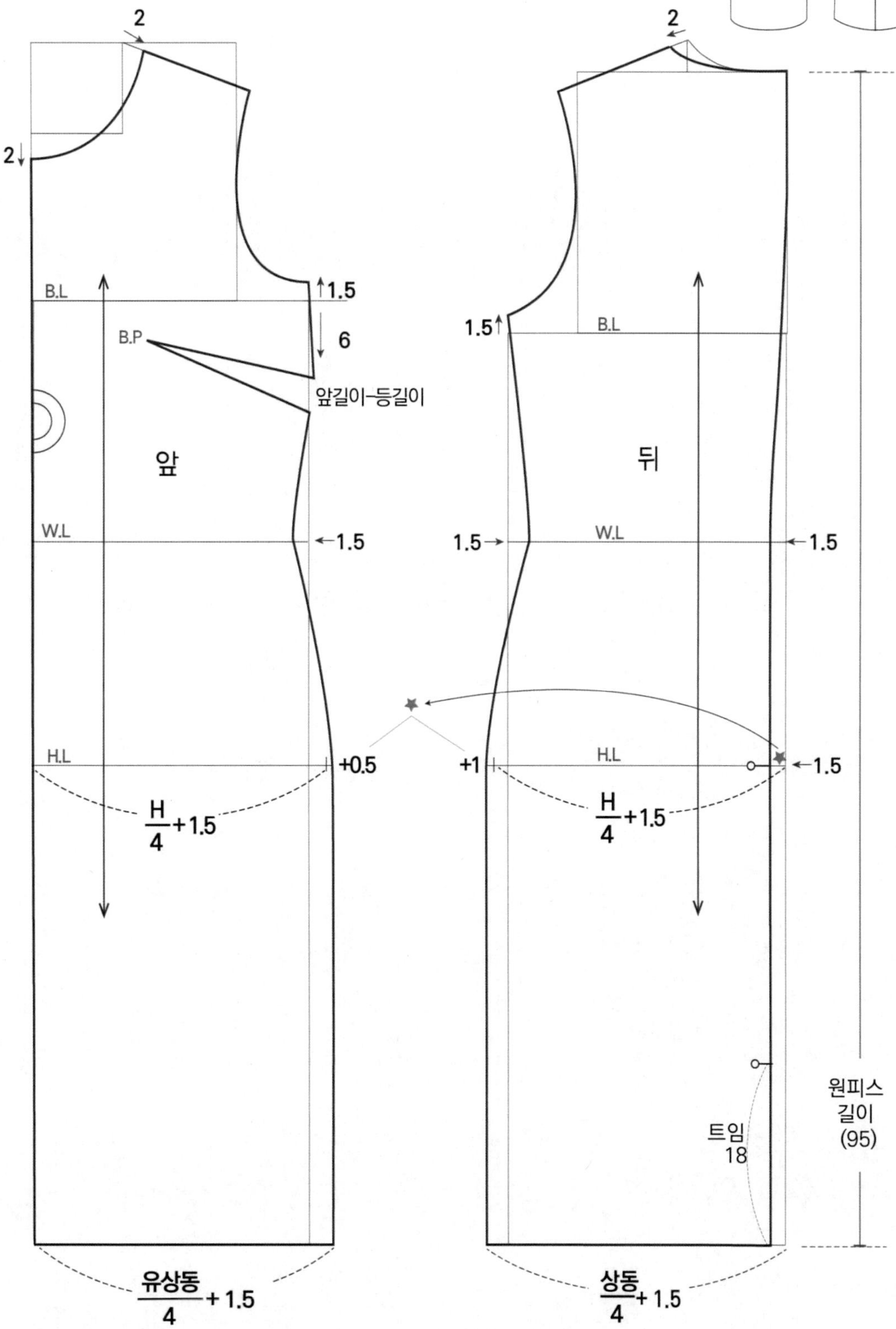
2
2
B.L
1.5
B.P
6
앞길이-등길이
앞
W.L
1.5
H.L
+0.5
H/4+1.5
유상동/4+1.5
2
1.5
B.L
뒤
1.5
W.L
1.5
+1
H.L
1.5
H/4+1.5
트임
18
원피스
길이
(95)
상동/4+1.5

웨이스트 다트 개더 원피스

▶ 상의 원형 제도 시 가슴둘레, 엉덩이둘레에 여유분량 1.5㎝ 로 제도 후 변형한다.

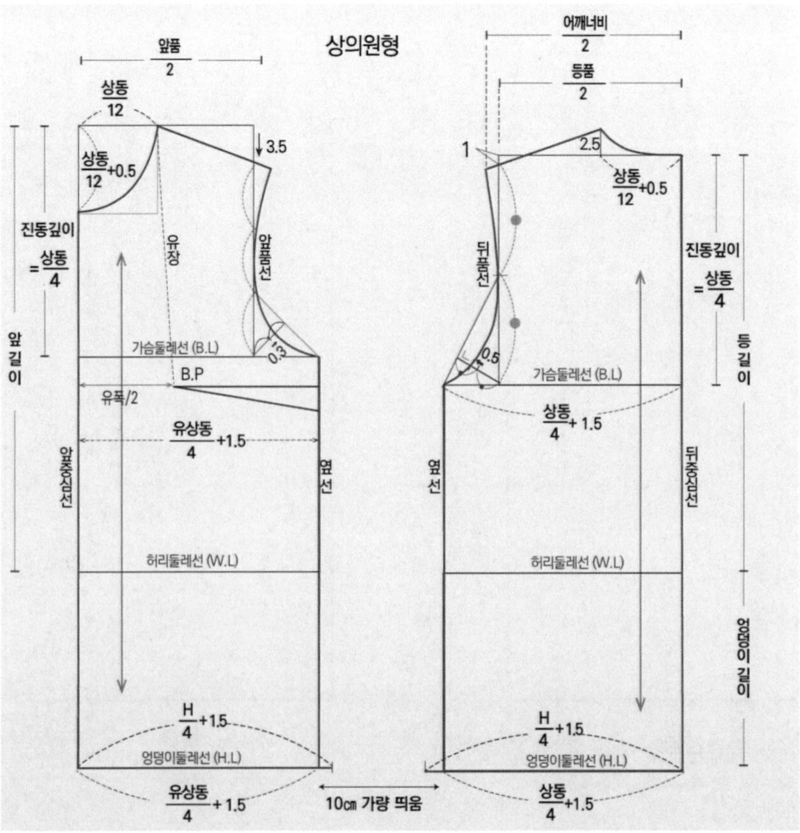

웨이스트 다트 개더 원피스

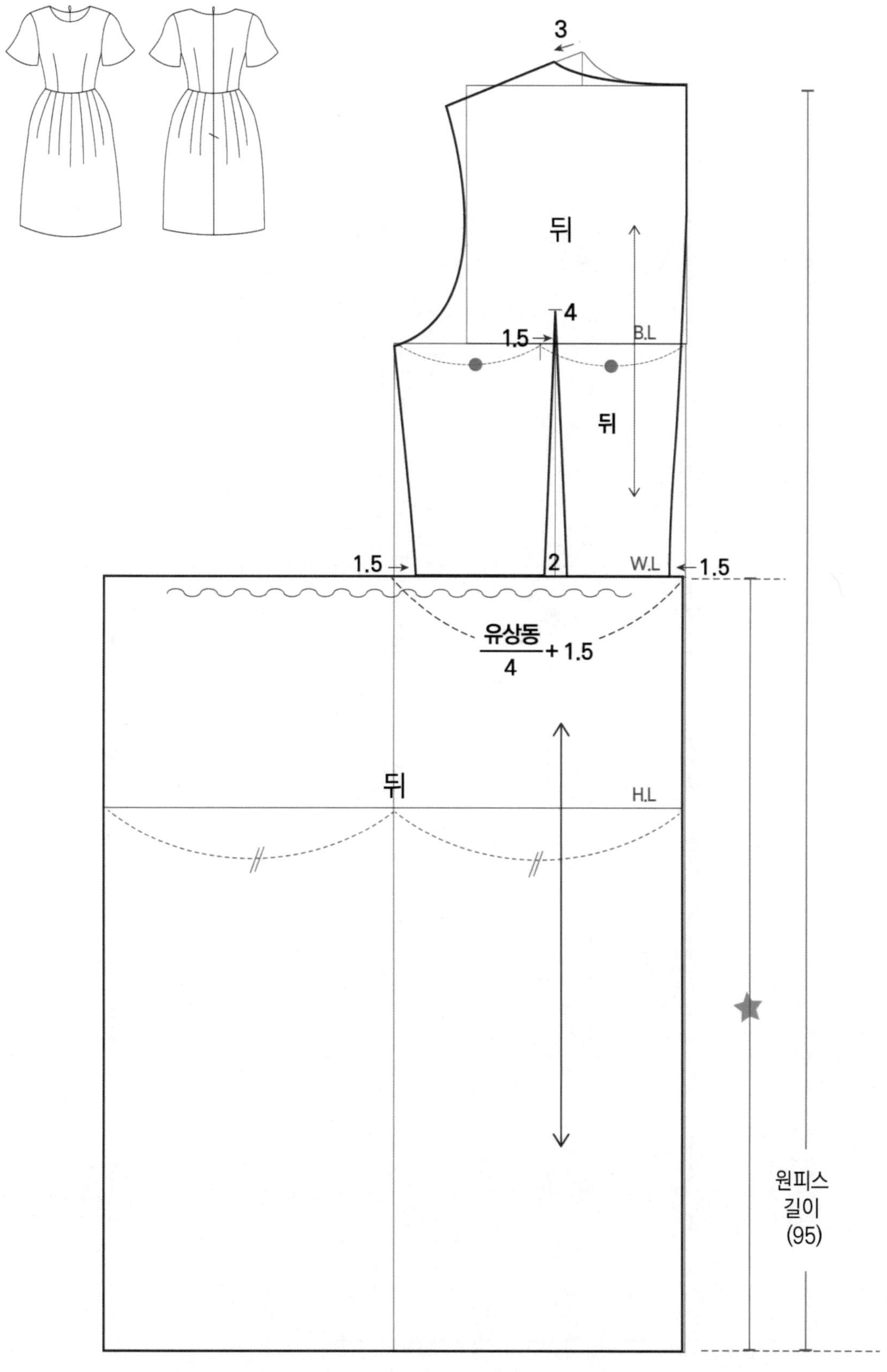

웨이스트 다트 개더 원피스

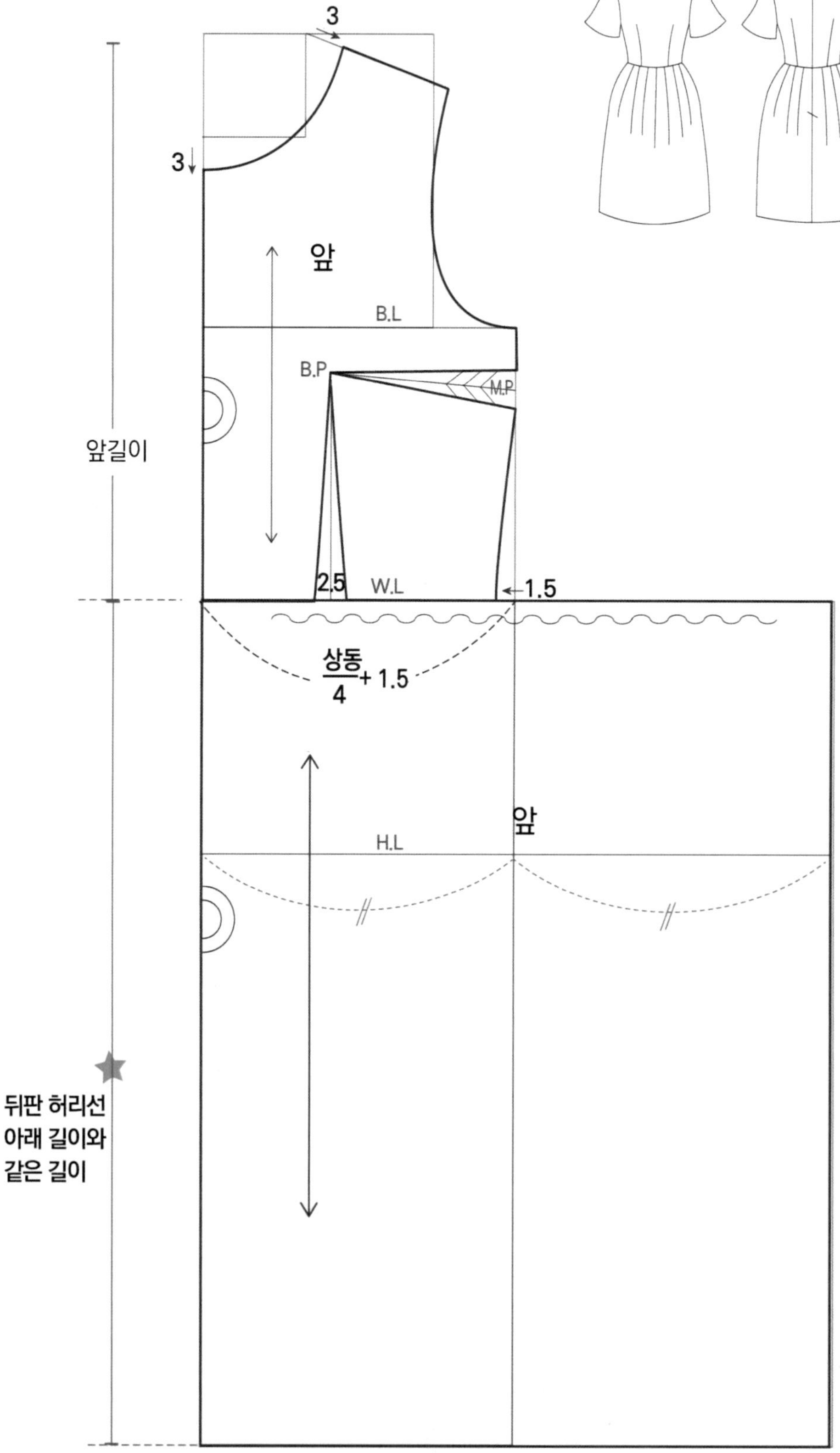

웨이스트 다트 개더 원피스

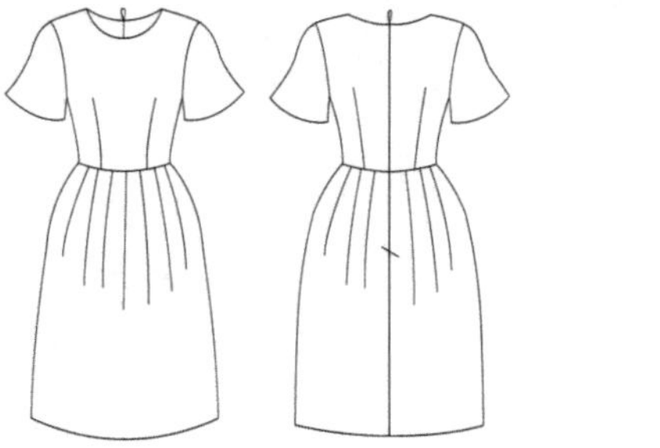

소매 원형 제도 시
원하는 소매길이 만큼 제도한 후 변형한다.

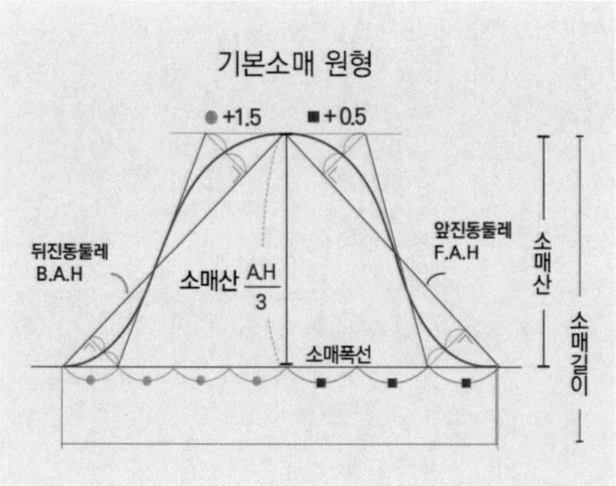

소매 플레어 분량 전개

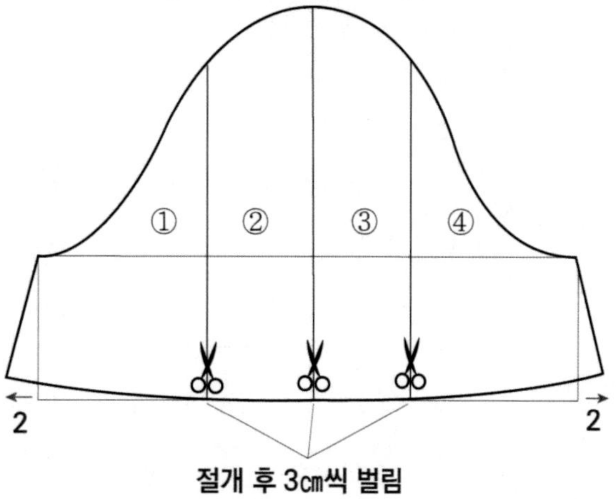

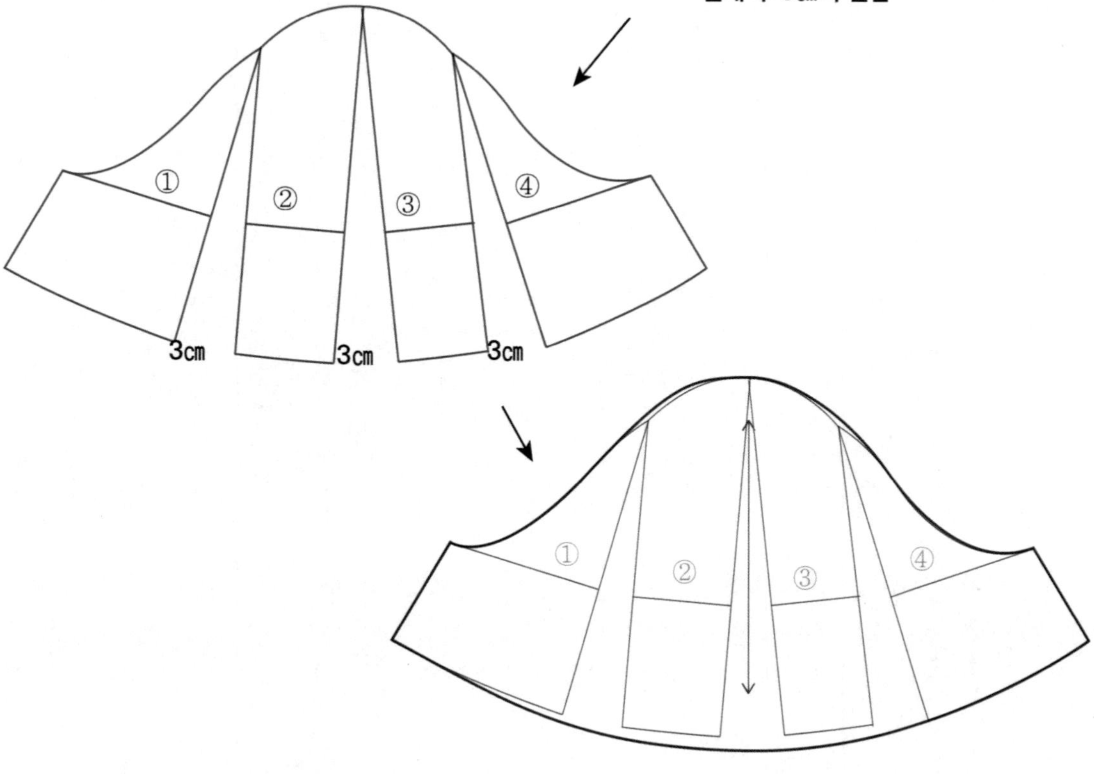

철릭 원피스

▶ 상의 원형 제도 시 가슴둘레, 엉덩이둘레에 여유분량 1.5㎝로 제도 후 변형한다.

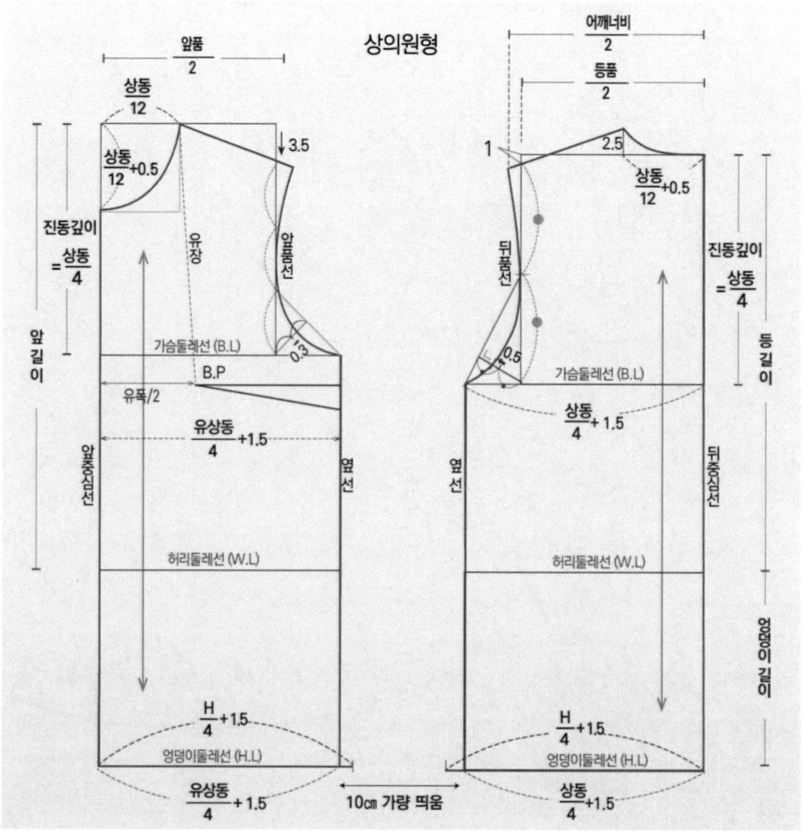

철릭 원피스

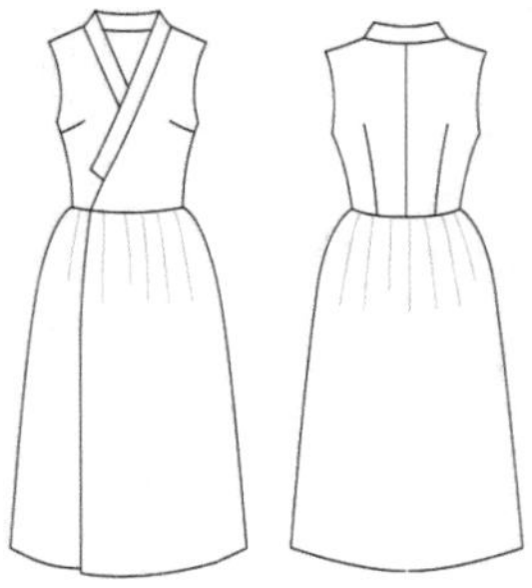

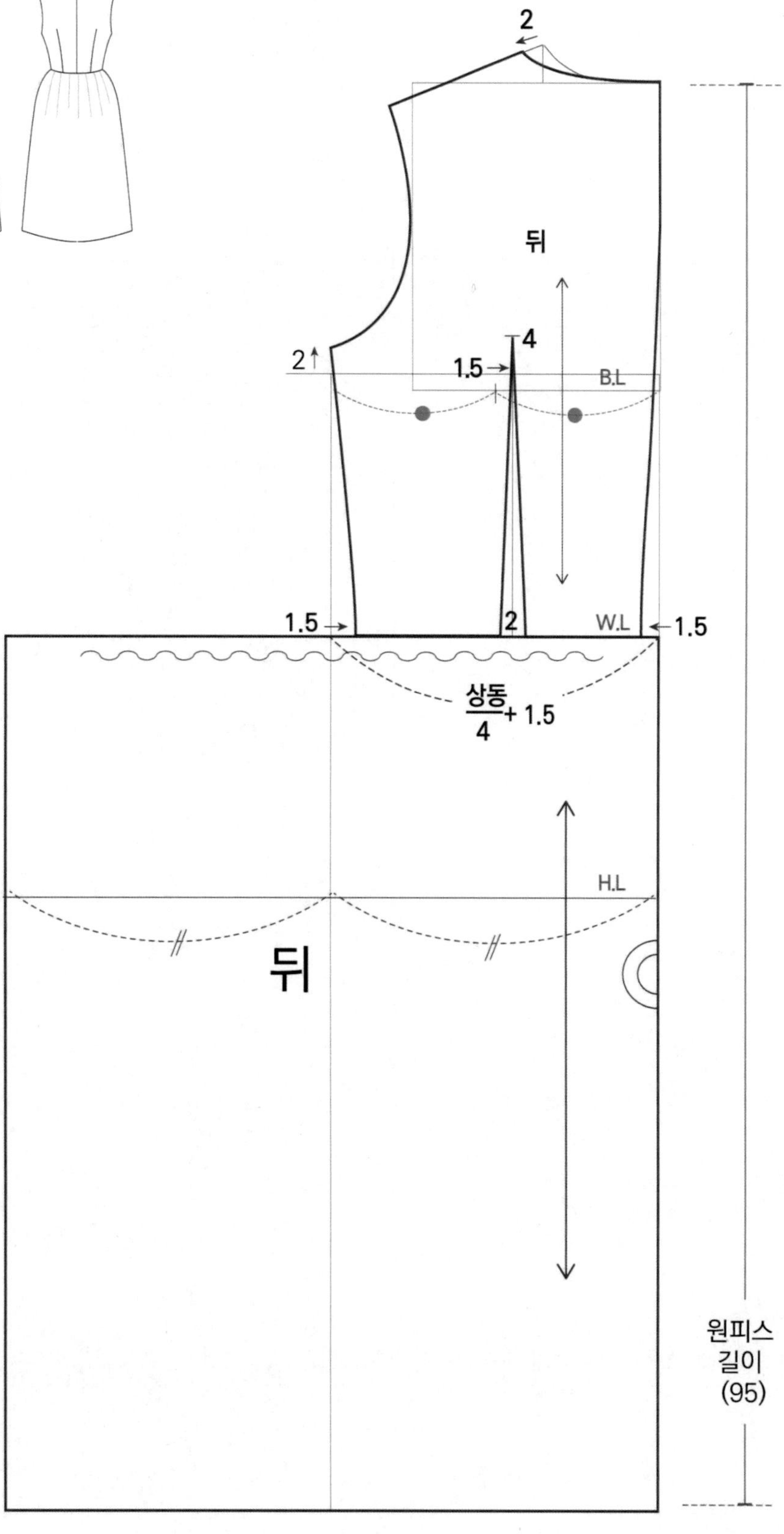
2
뒤
2
4
1.5
B.L
1.5
2
W.L
1.5
상동/4 + 1.5
H.L
뒤
원피스
길이
(95)

철릭 원피스

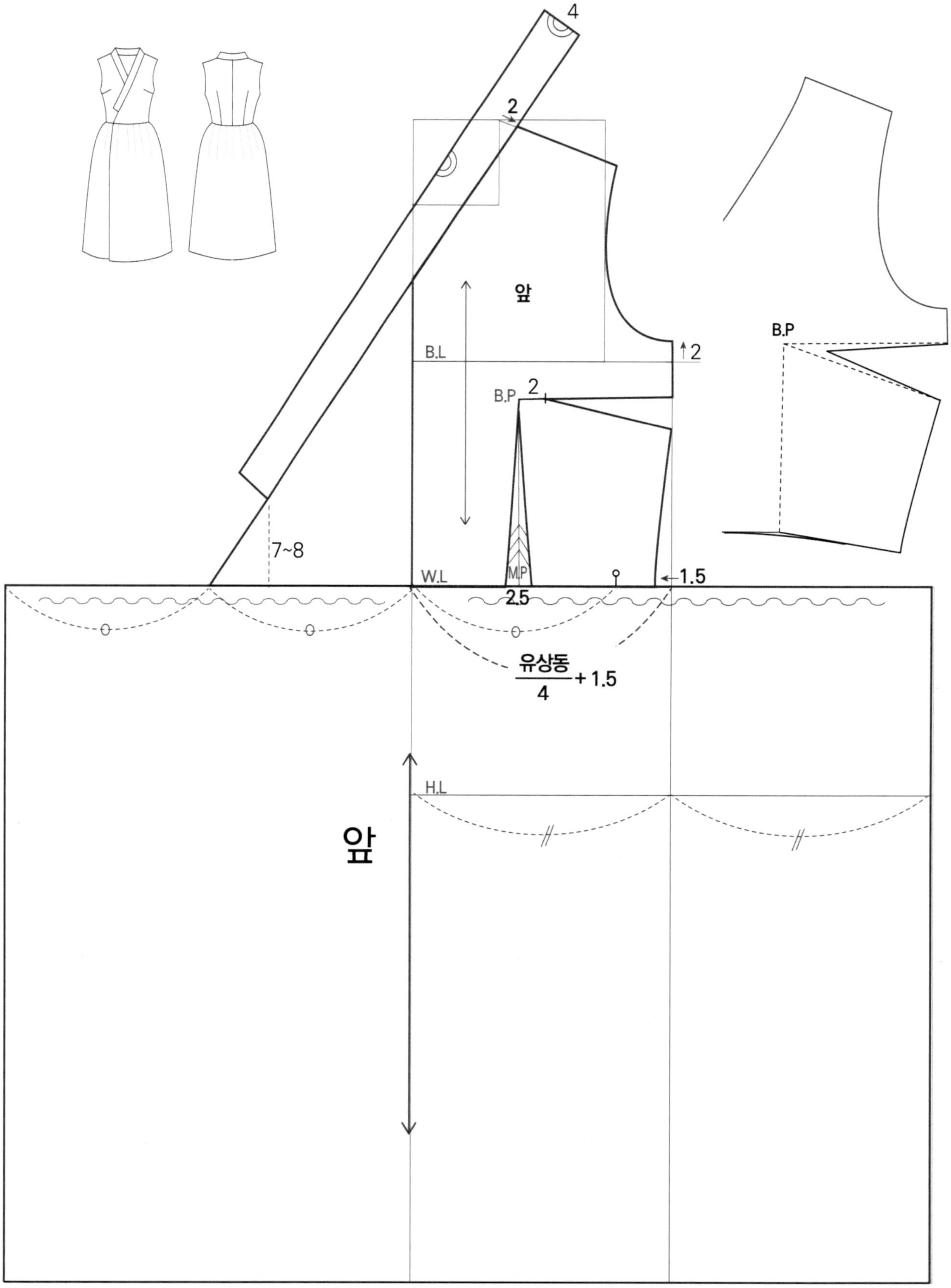

암홀프린세스라인 원피스

▶ 상의 원형 제도 시 가슴둘레, 엉덩이둘레에 여유분량 1.5㎝ 로 제도 후 변형한다.

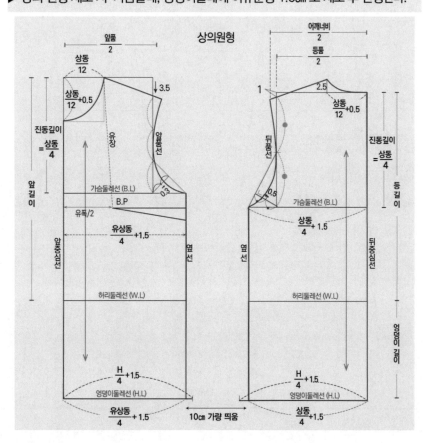

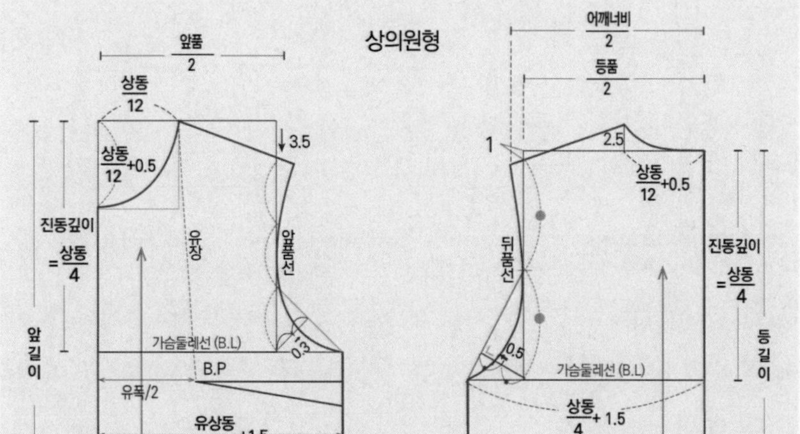

암홀프린세스라인 원피스

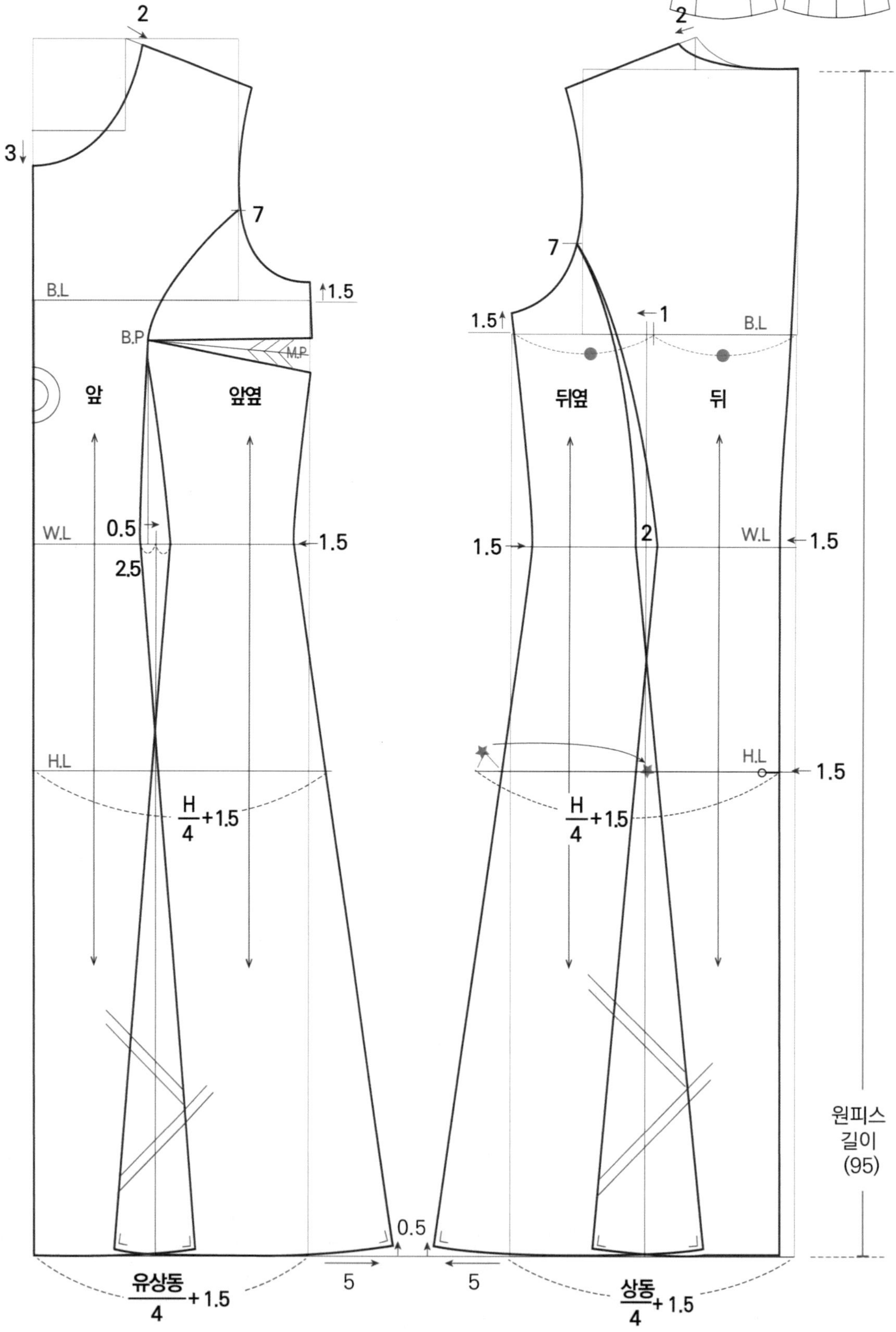

플랫칼라 암홀프린세스라인 원피스

다트 없는 한장소매

상의원형 제도 후 변형한다.

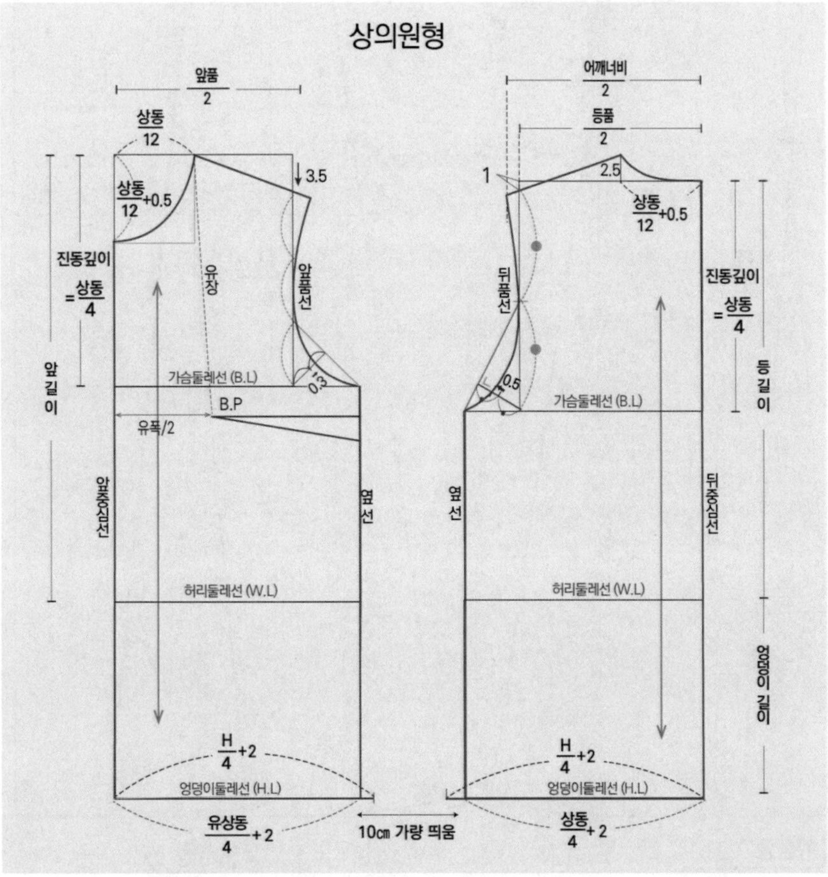

플랫칼라 암홀프린세스라인 원피스

다트 없는 한장소매

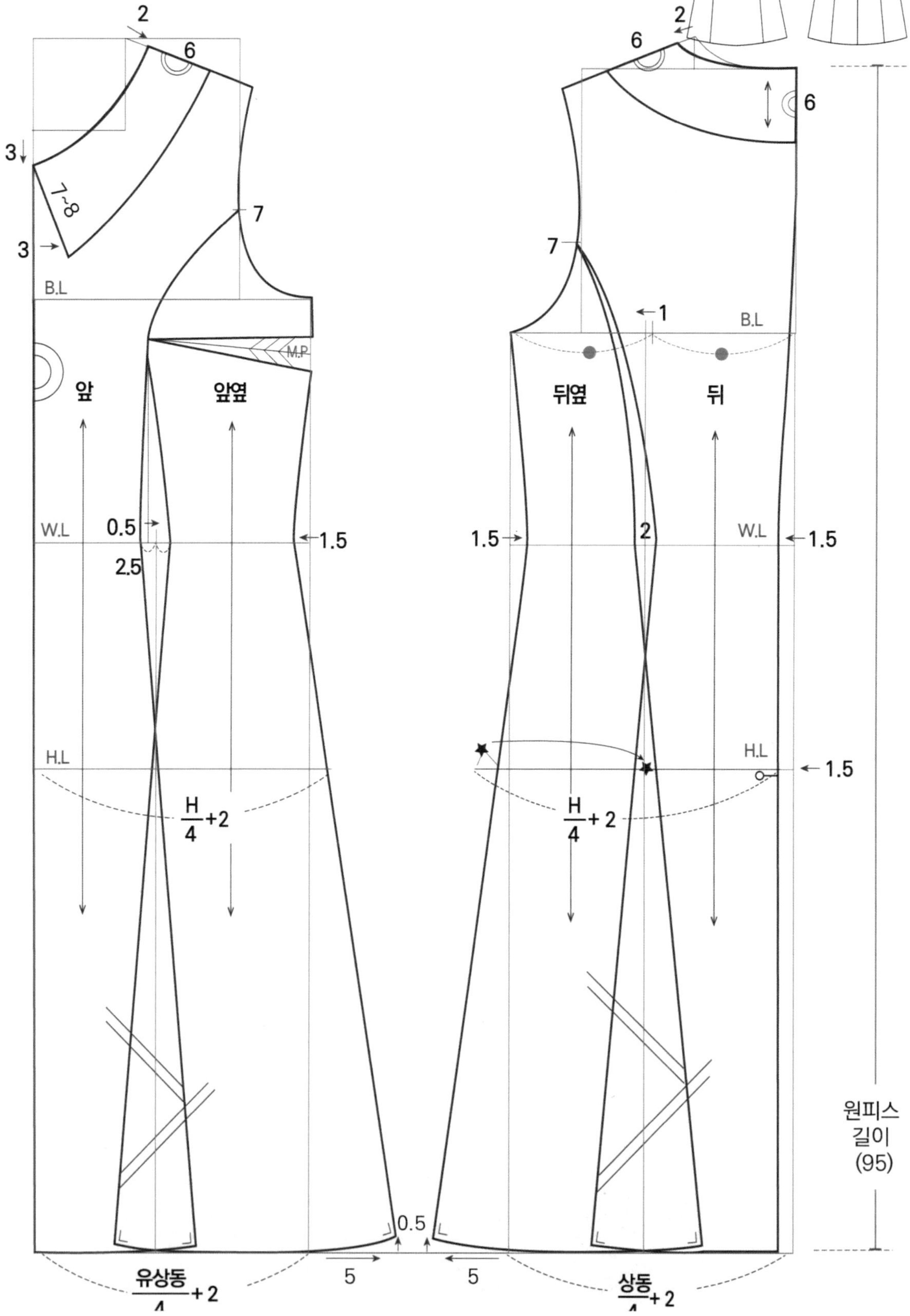

플랫칼라 암홀프린세스라인 원피스

다트 없는 한장소매

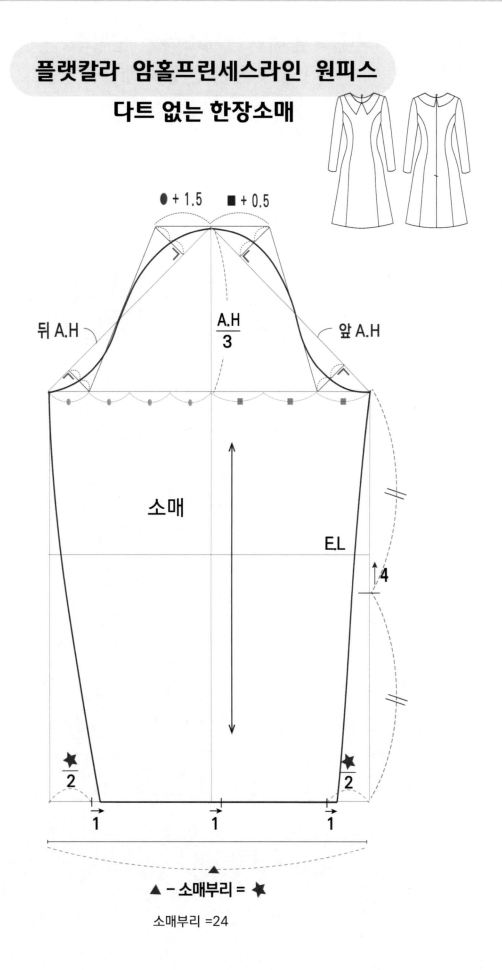

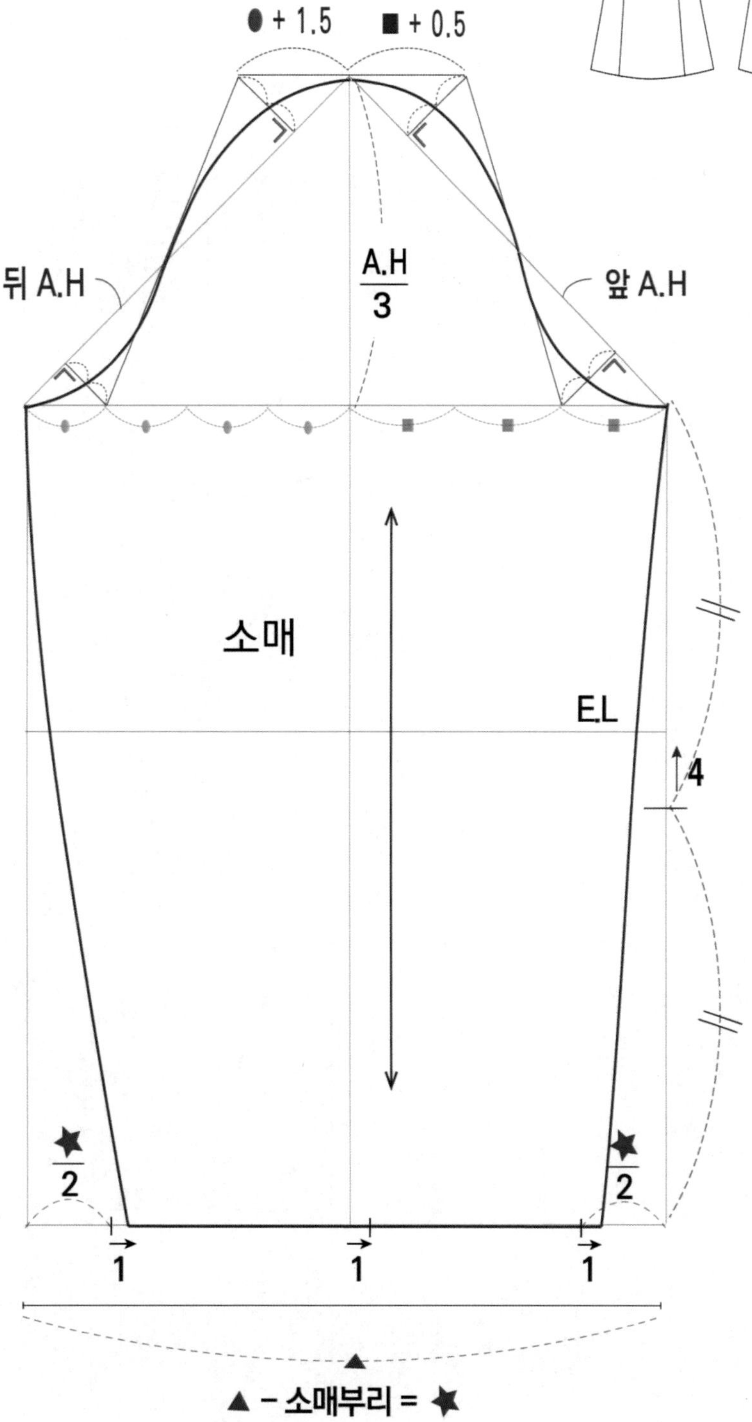

소매부리 =24

V네크 숄더프린세스라인 원피스 (다트가 있는 한장소매)

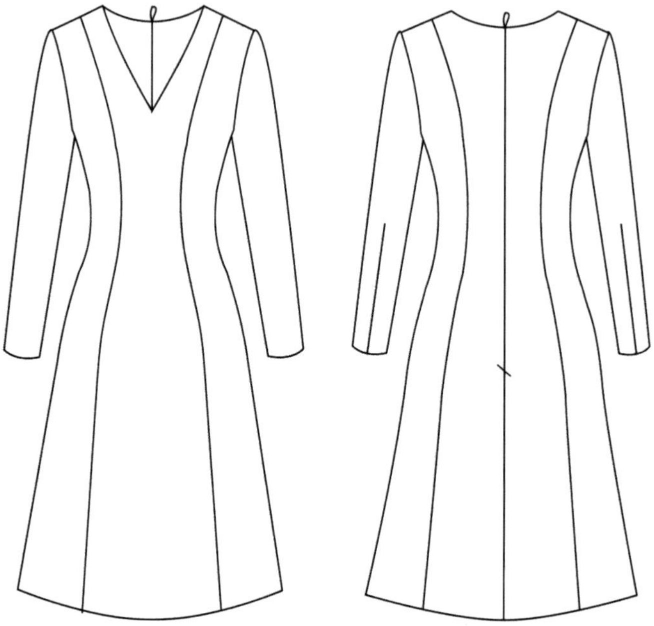

상의원형 제도 후 변형한다.

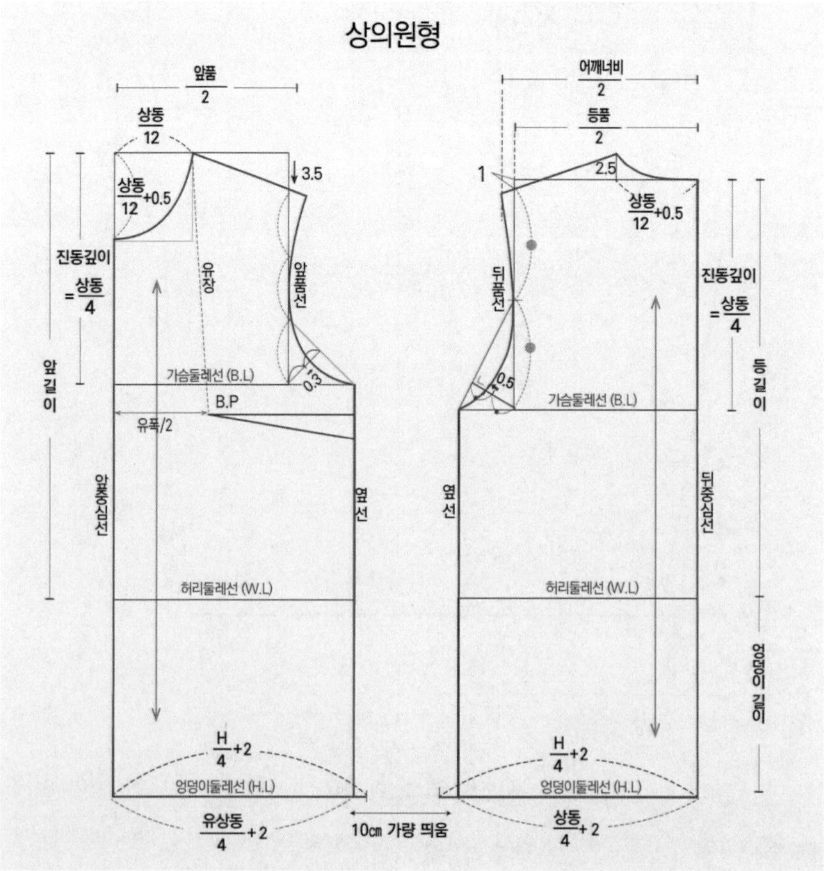

V네크 숄더프린세스라인 원피스 (다트가 있는 한장소매)

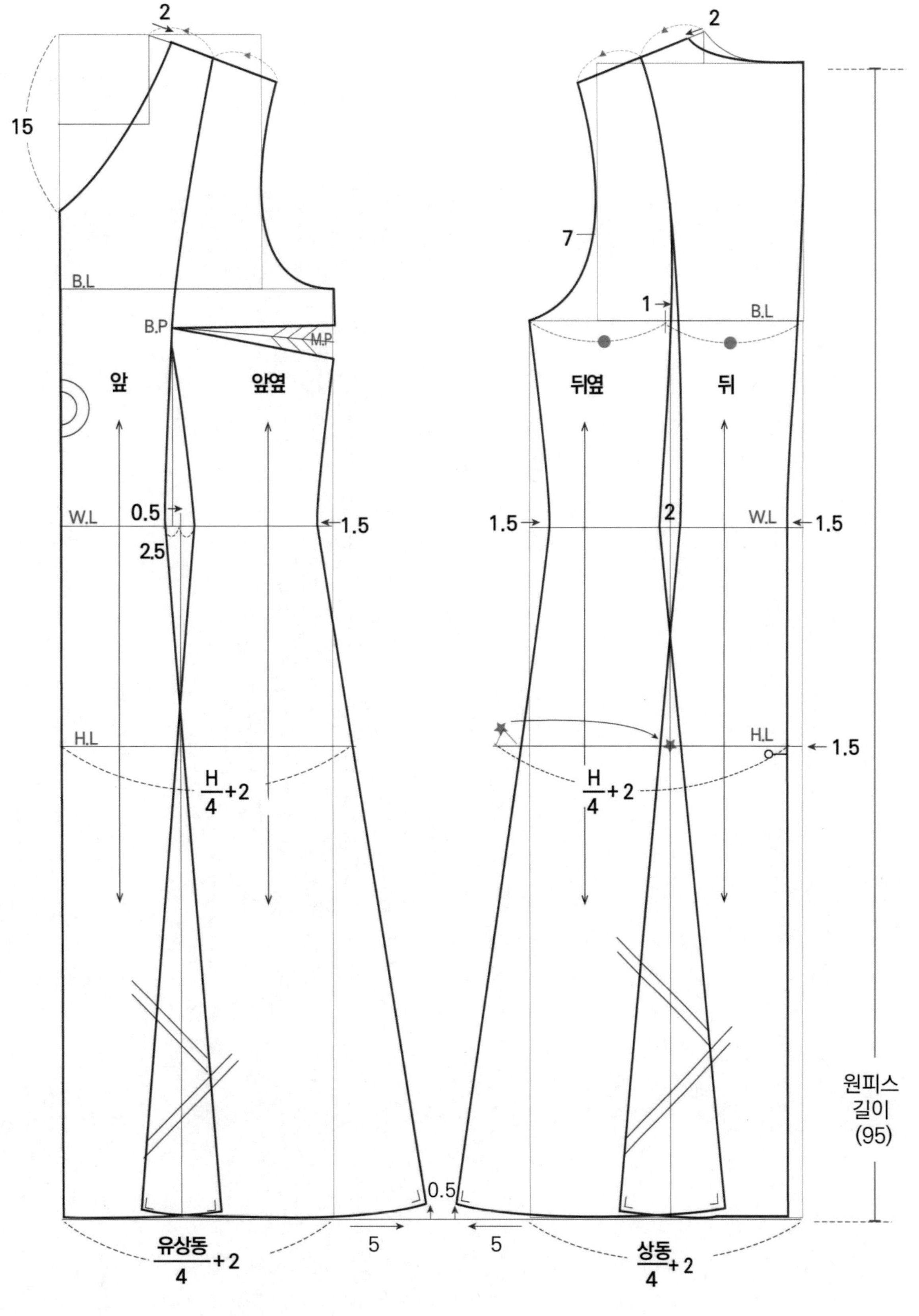

V네크 숄더프린세스라인 원피스 (다트가 있는 한장소매)

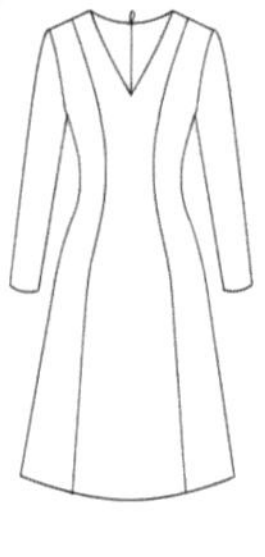

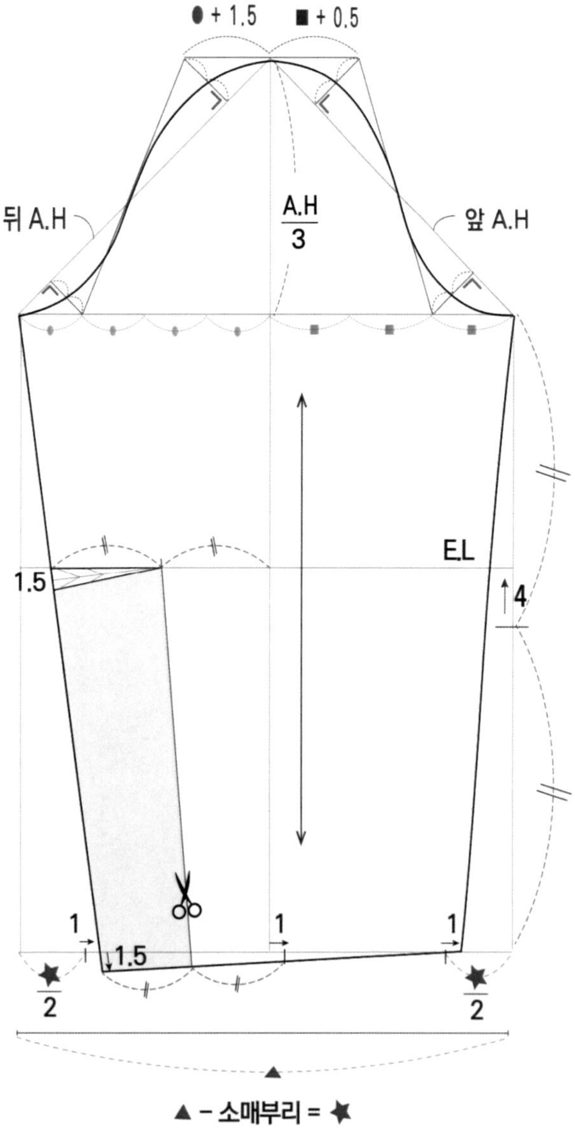

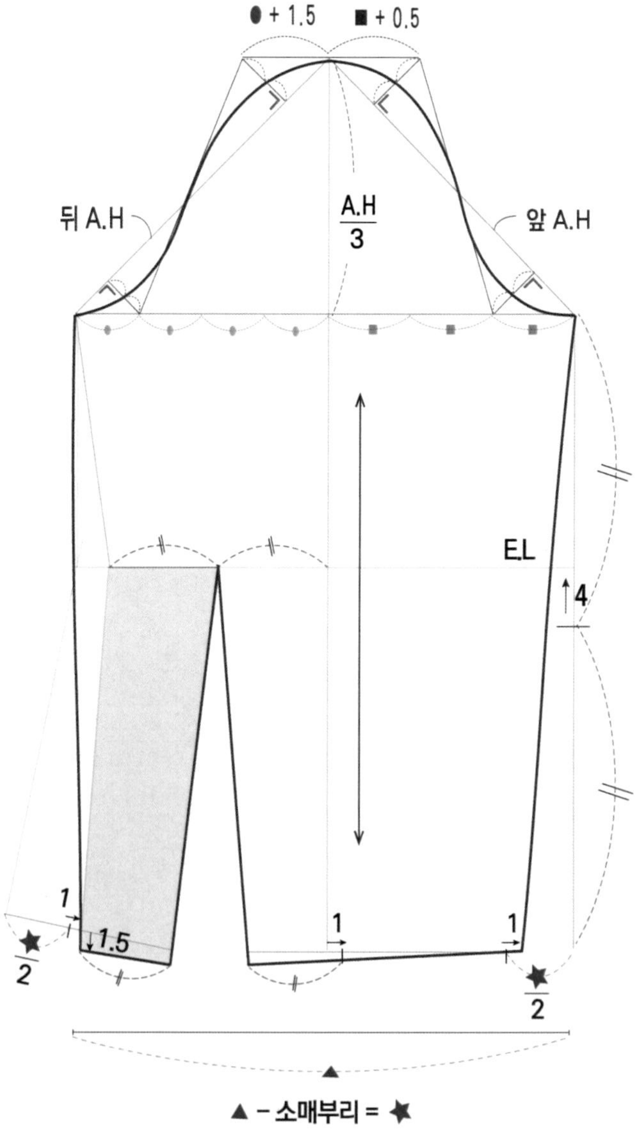

소매부리 =24

스퀘어 네크라인

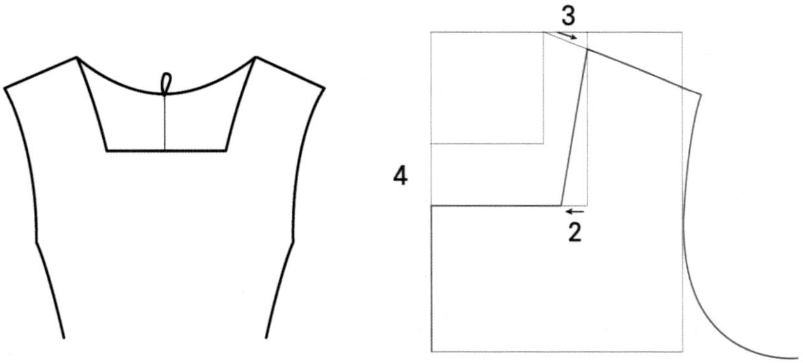

스위트 하트 네크라인

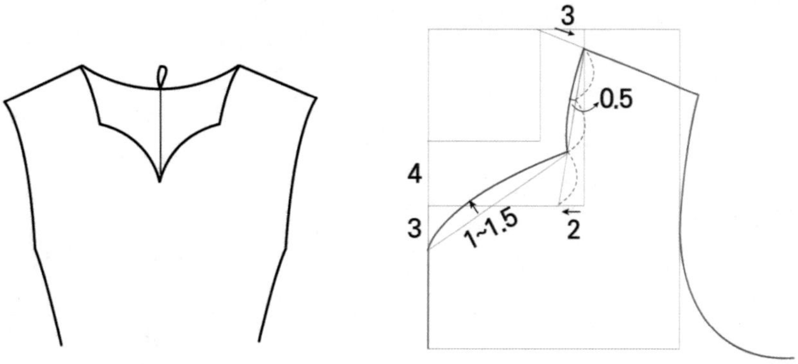

V네크라인 2

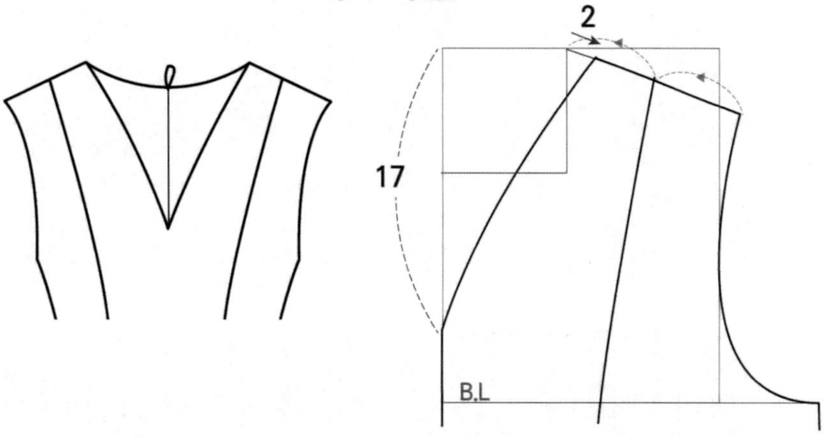

V네크 숄더프린세스라인 원피스
- 퍼프, 소매 밑단 주름이 있는 한장 소매

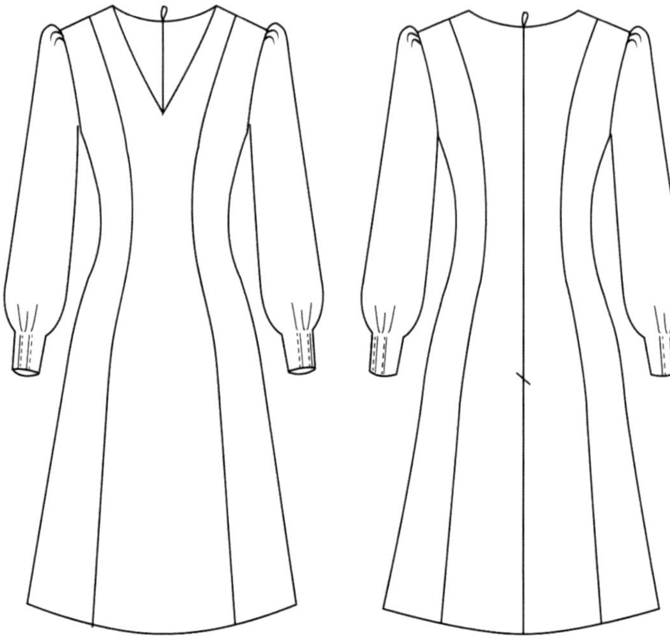

상의원형 제도 후 변형한다.

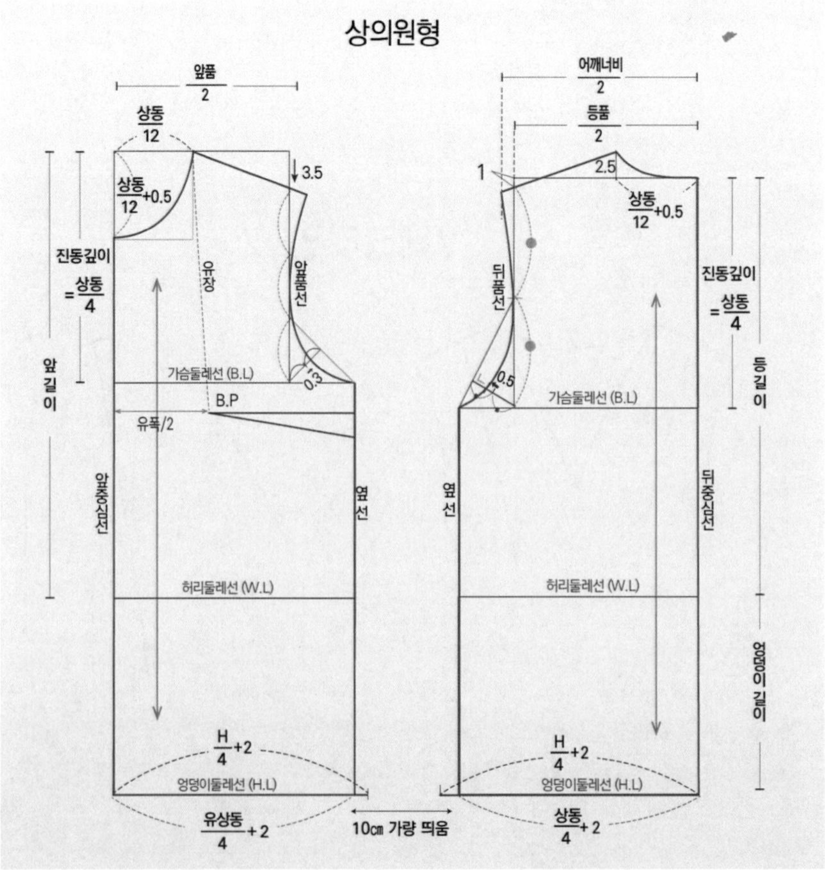

V네크 숄더프린세스라인 원피스
- 퍼프, 소매 밑단 주름이 있는 한장 소매

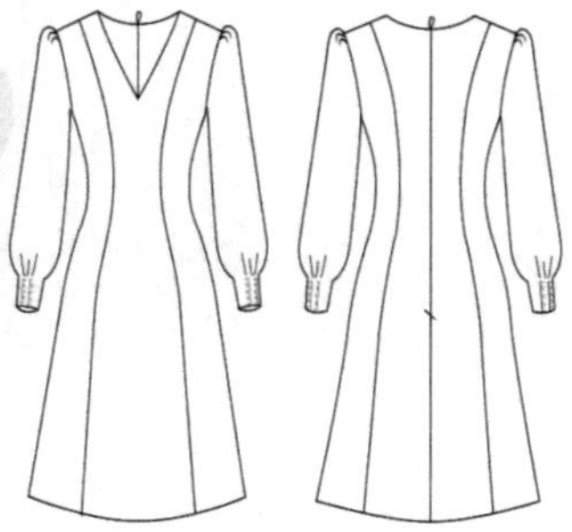

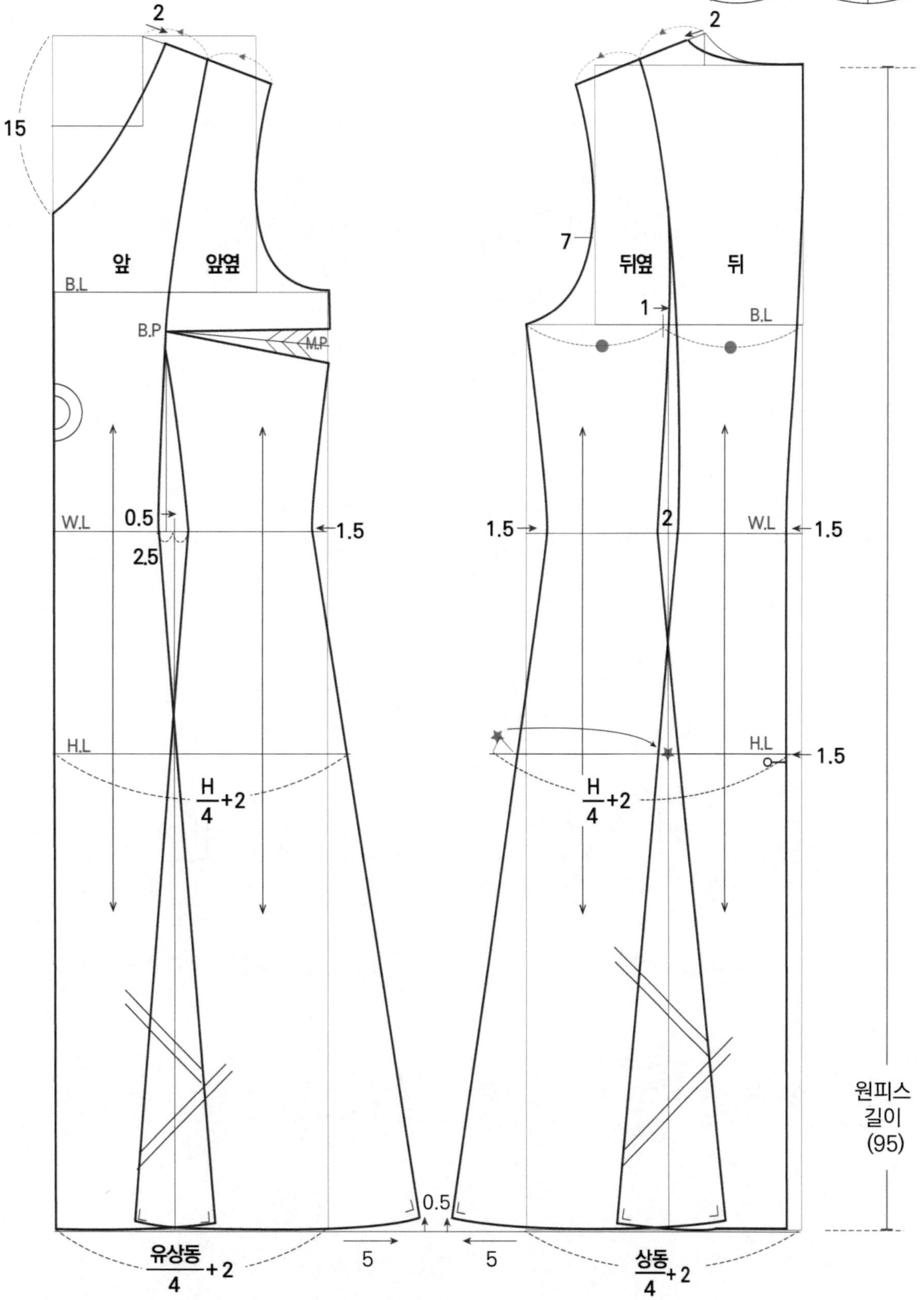
2
15
앞
앞옆
B.L
B.P
M.P
W.L
0.5
2.5
1.5
H.L
H/4+2
유상동/4+2
5
0.5
5
2
7
뒤옆
뒤
1
B.L
1.5
2
W.L
1.5
H.L
1.5
H/4+2
상동/4+2
원피스
길이
(95)

V네크 숄더프린세스라인 원피스
- 퍼프, 소매 밑단 주름이 있는 한장 소매

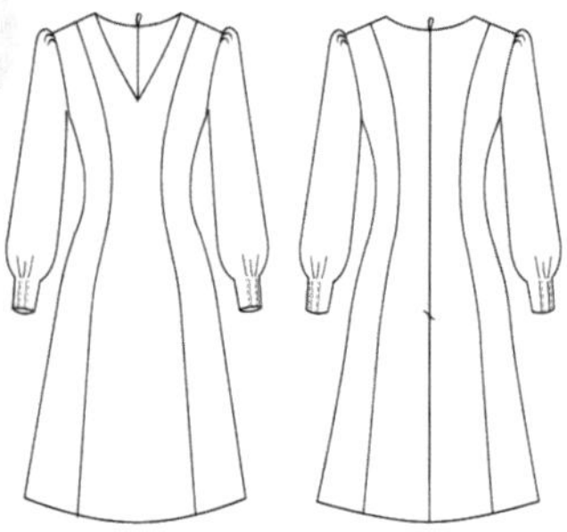

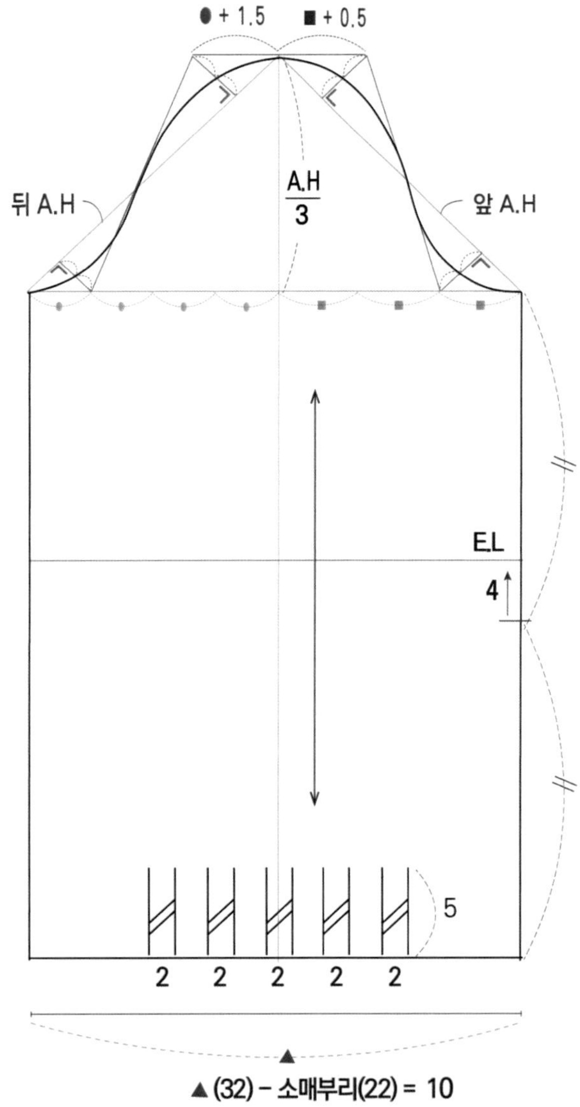

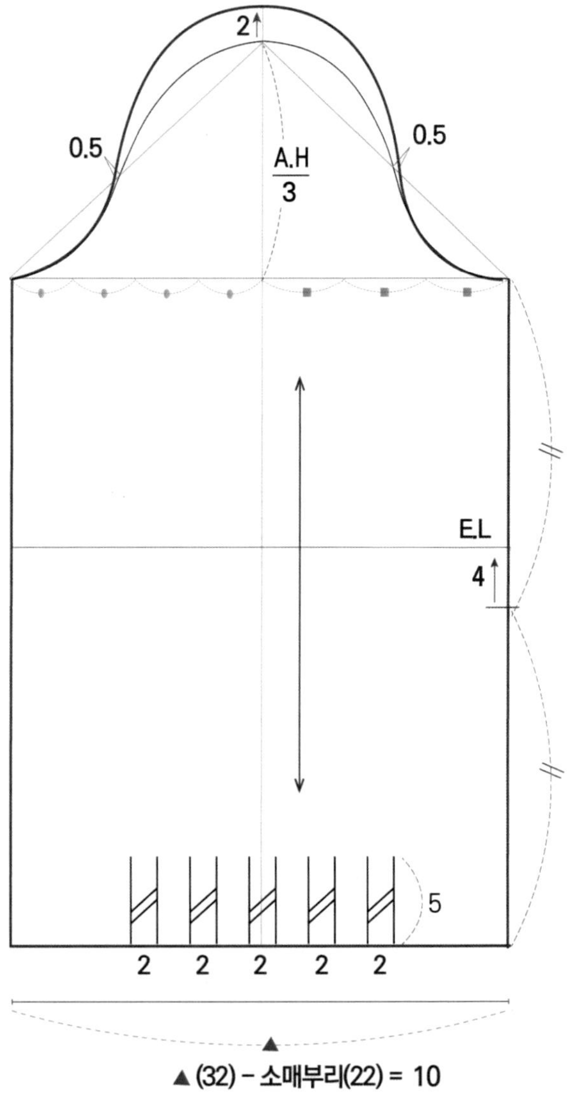

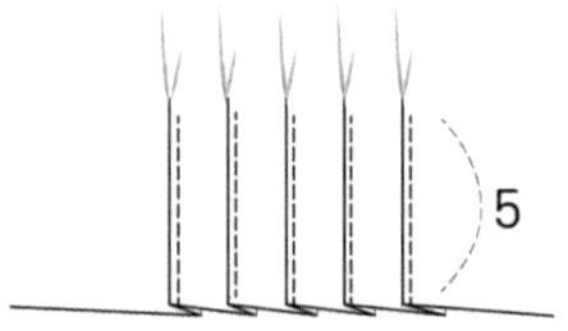

재킷

알아두기

패턴 제도시 상의원형을 활용하여 활동여유분과 진동깊이를 가감하는 하는 등 디자인에 맞게 패턴을 변형하고 수정하여 설계한다.

패턴 제도 시 다양한 방법이 있으나, 이 책에서는 가슴둘레를 활용하는 제도법으로 의복 맞춤 제작 시 실제 현장에서 사용하고 있는 상동(윗가슴둘레)와 유상동(젖가슴둘레)을 구분하여 제도하는 패턴을 실었다. 상의 원형 제도 시 앞판 가슴둘레는 유상동(젖가슴둘레)를 적용하고 그외는 상동(윗가슴둘레)를 적용한다.

상의 원형 제도시 상동(윗가슴둘레) 적용
● 목둘레선 설계를 위한 기초선 제도시 뒤판은 상동/12+0.5㎝, 앞판은 상동/12를 적용,
● 진동깊이: 상동/4
● 뒤판 가슴둘레: 상동/4 + 여유분량

상의 원형 제도시 유상동(젖가슴둘레) 적용
● 앞판 가슴둘레 = 유상동/4 + 여유분량

☞ 각종 수치들:
체형이나 사이즈, 디자인에 따라 각종 길이, 둘레, 깊이, 다트분량, 여유분량 등이 달라지므로 여기서 설명하는 수치들은 절댓값이 아님을 유념해주기 바란다.

테일러드 칼라 재킷 1

재킷 부분별 명칭

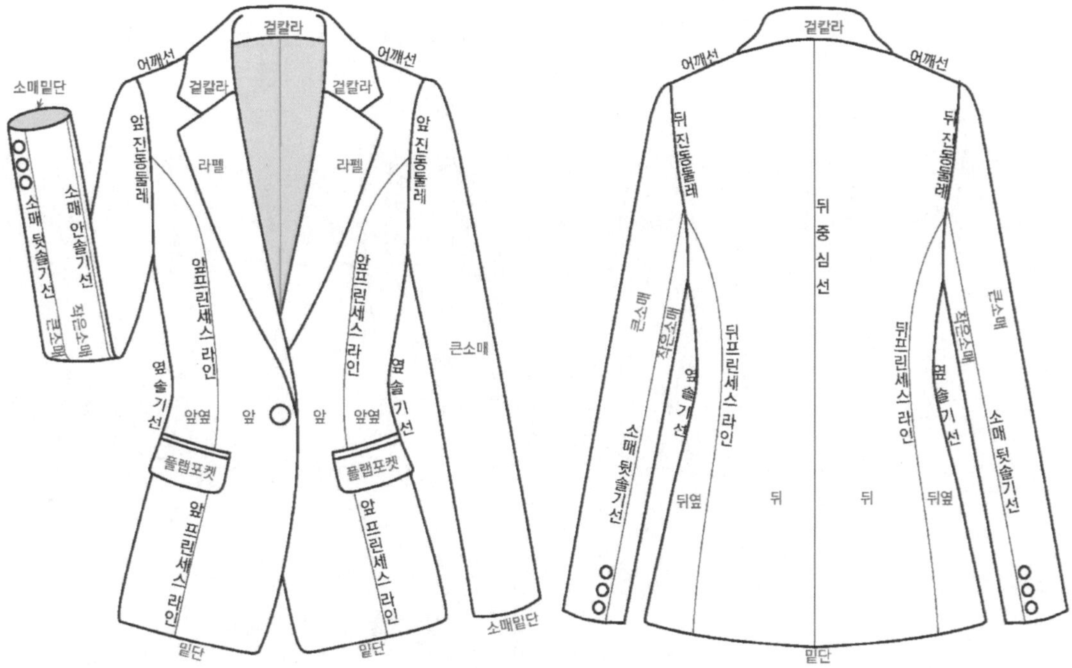

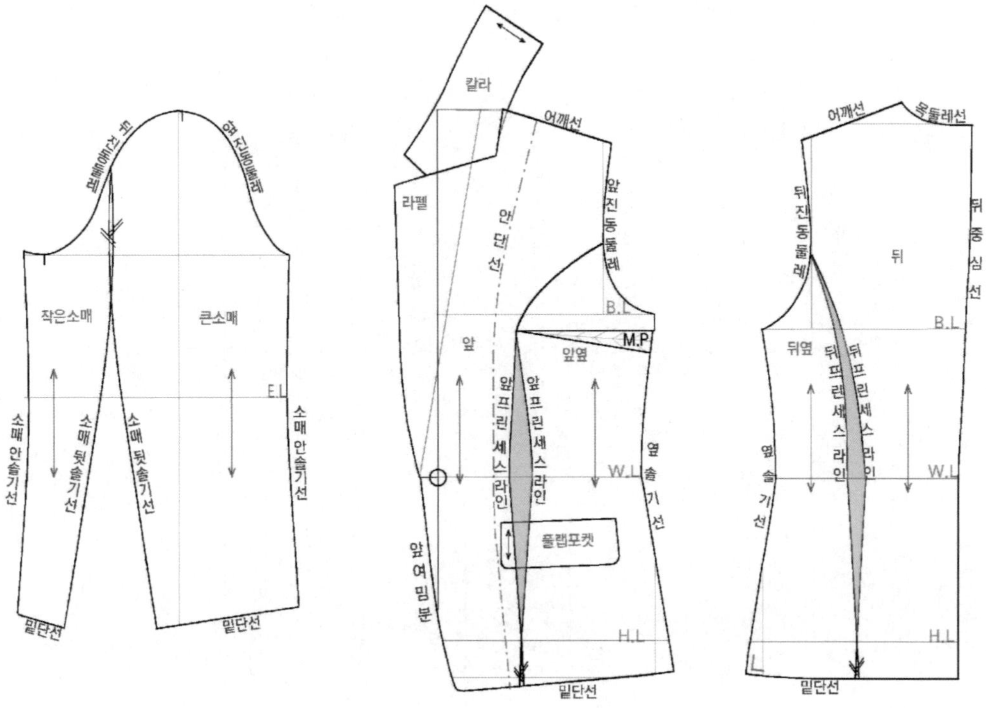

테일러드 칼라 재킷 1

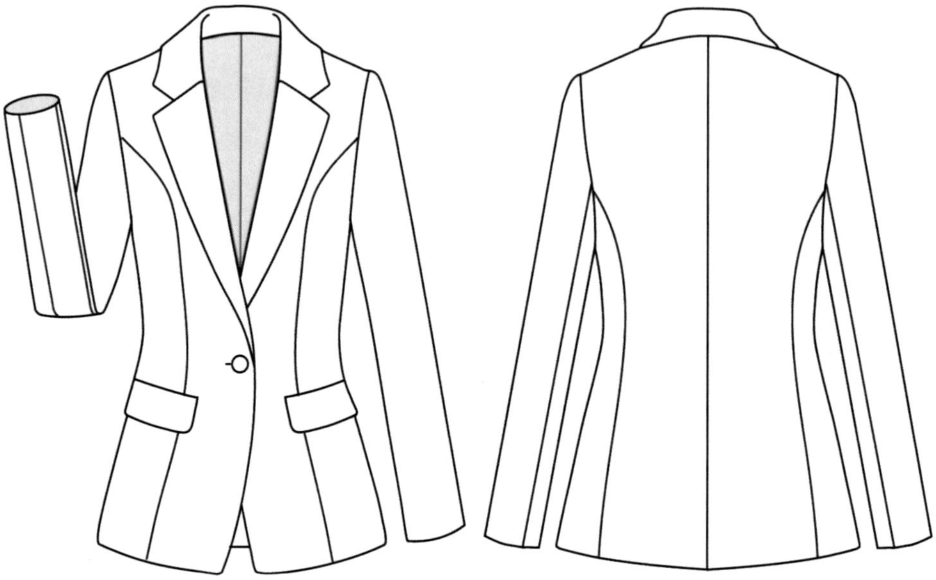

상의원형 제도 후 변형한다.

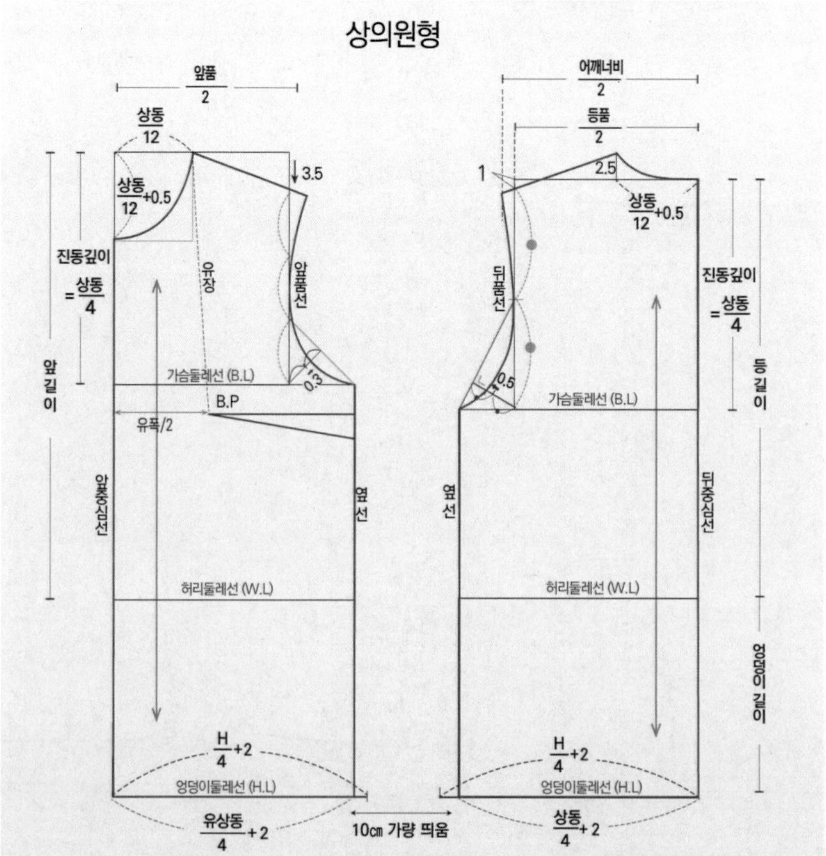

테일러드 칼라 재킷 1

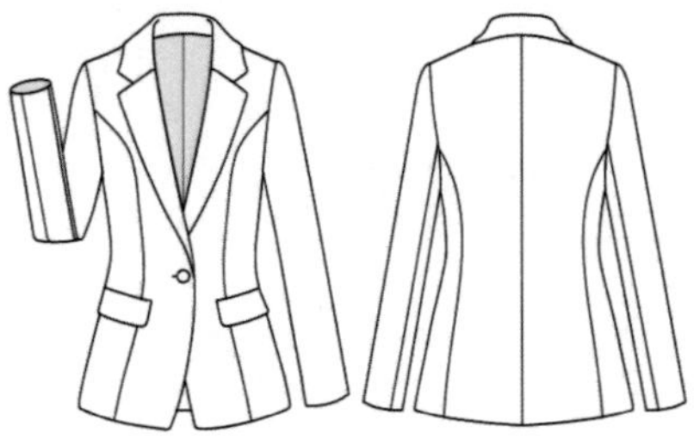

뒤판 제도

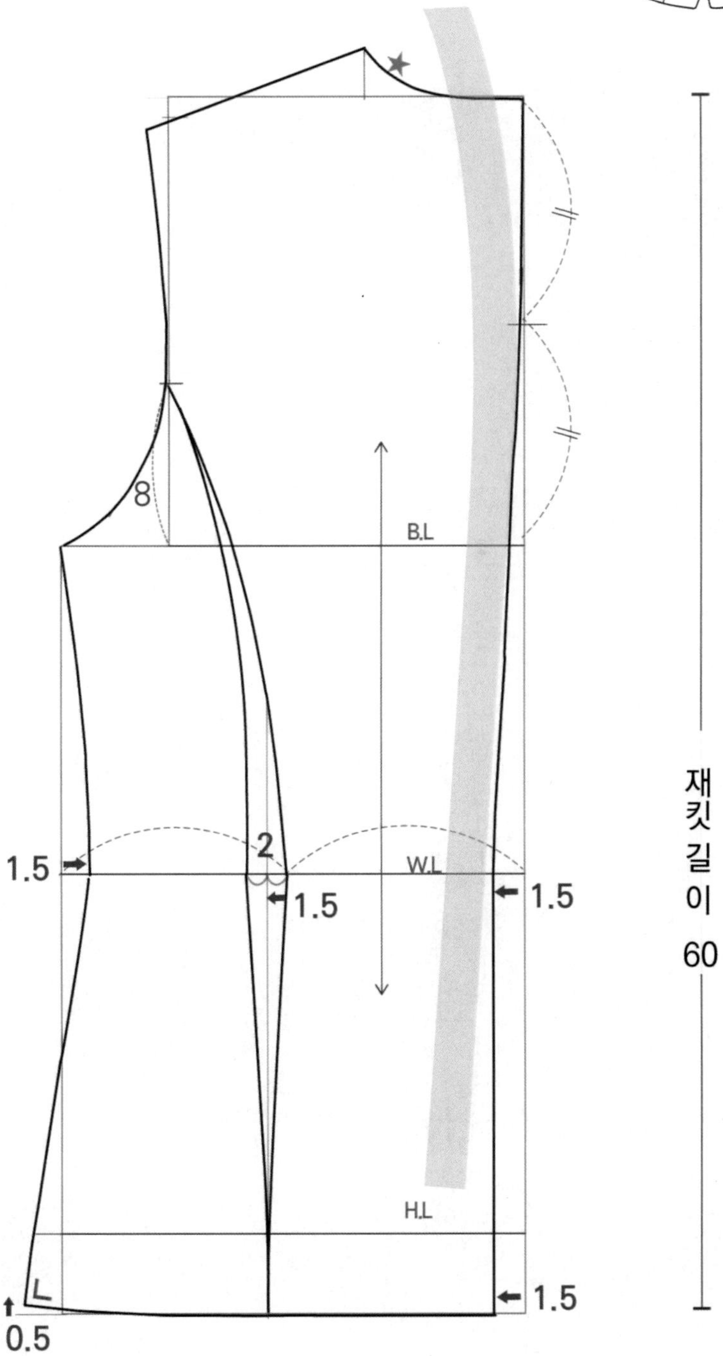

테일러드 칼라 재킷 1

앞판 제도
칼라,라펠은
뒷페이지
참조
칼라
7.5
=뒤목둘레
0.5
2.5
4
5
7
3.5
35 정도
4
8
라펠
8
B.P
M.P
2.5
F2
6
1
2.5
1.5
2
5
4.5
13
5
0.5
1.5
1.5

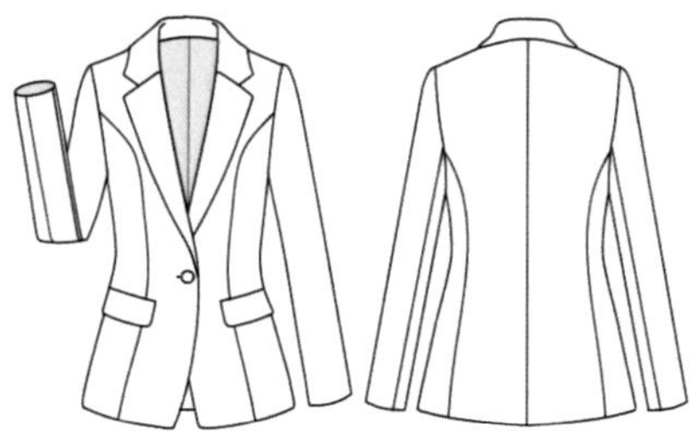

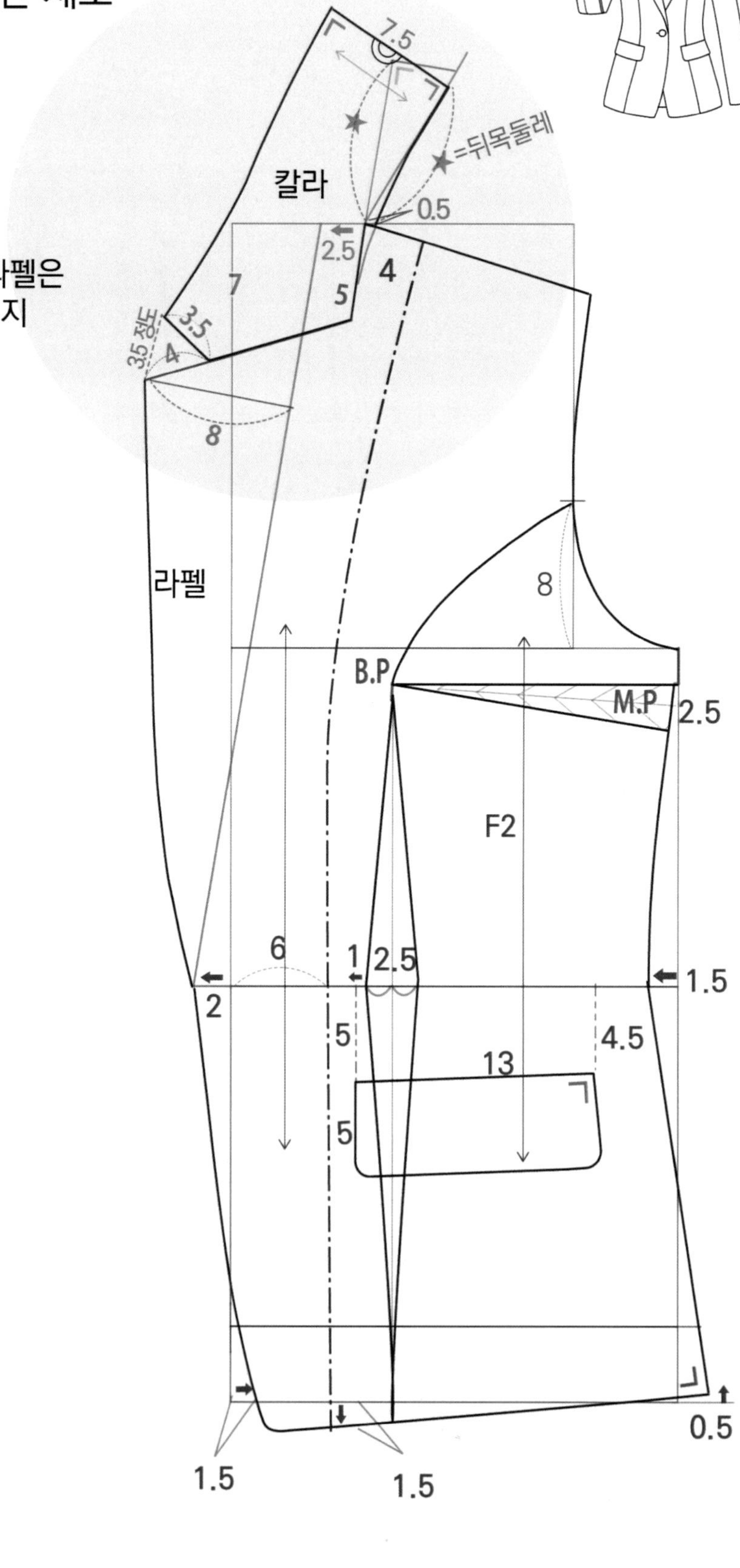

테일러드 칼라 재킷 1

테일러드 칼라 제도

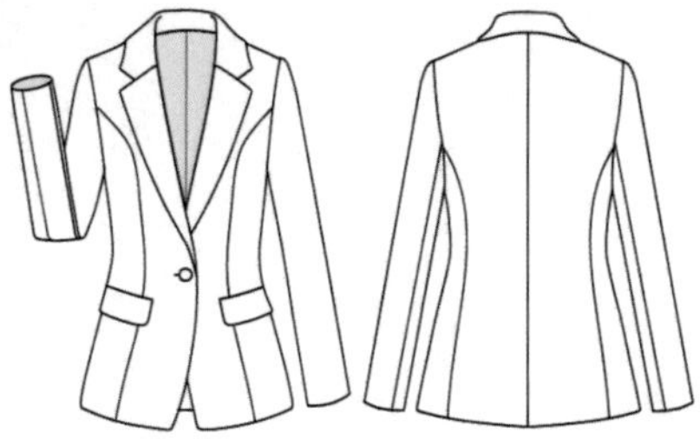

1. 옆목점에서 2.5 간격지점과
브레이크포인트(라펠이 꺾이는 지점)
을 연결하여 라펠꺾임선을 그린다.

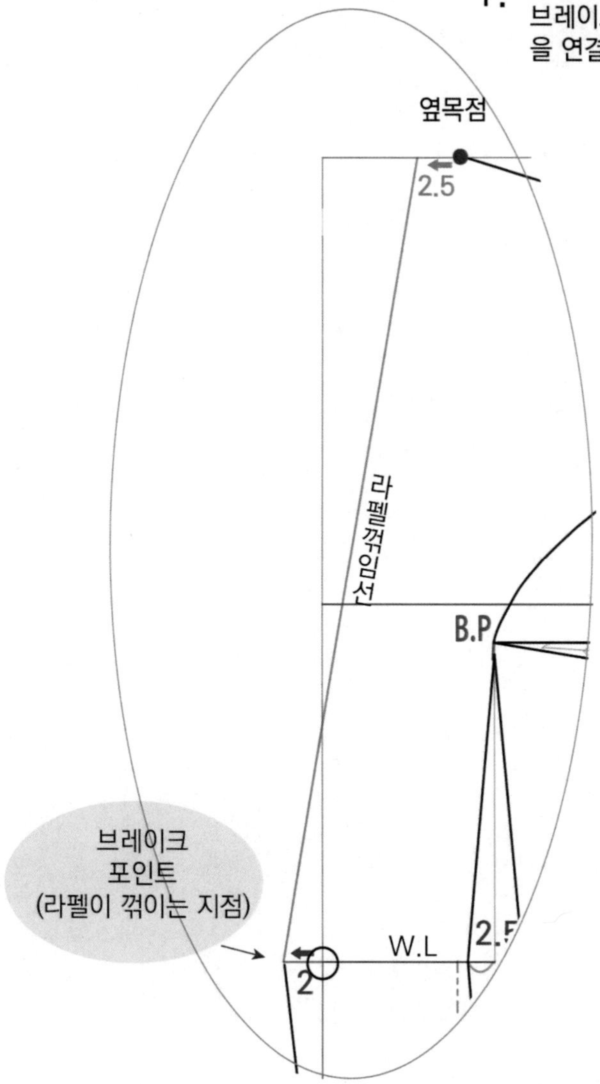

라펠꺾임선과 2.5간격
평행. 뒤목둘레만큼 선긋기

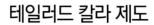

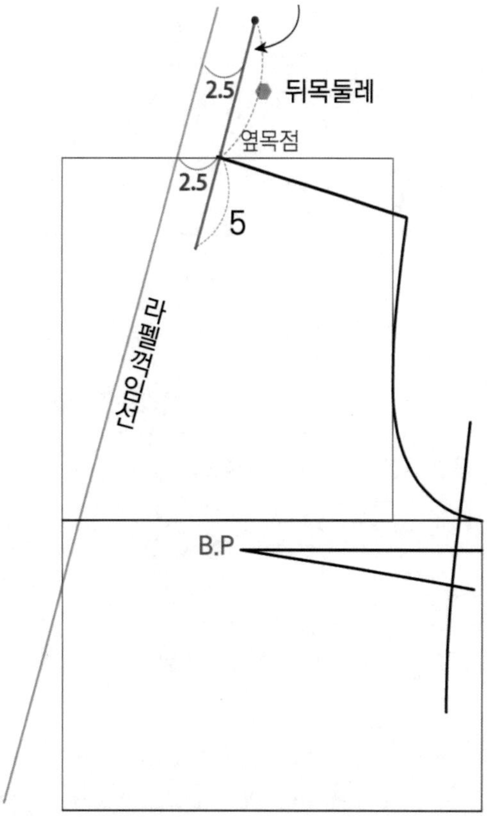

테일러드 칼라 재킷 1

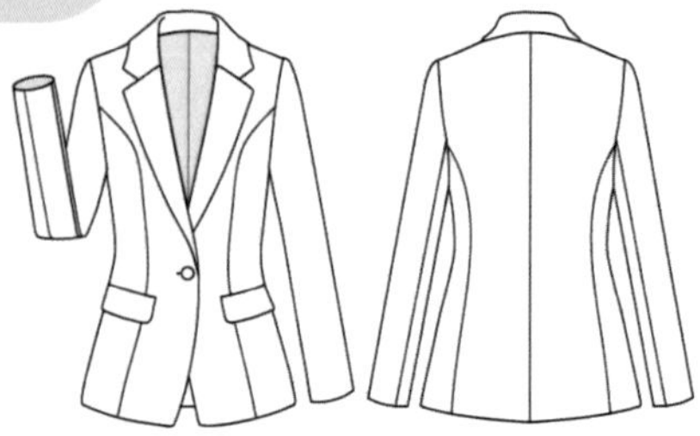

테일러드 칼라 제도

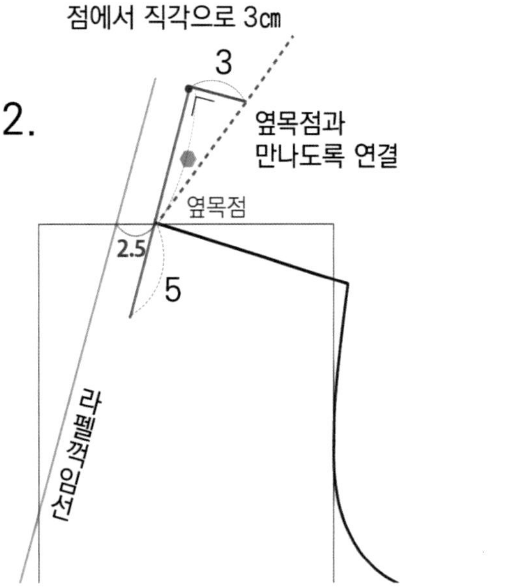

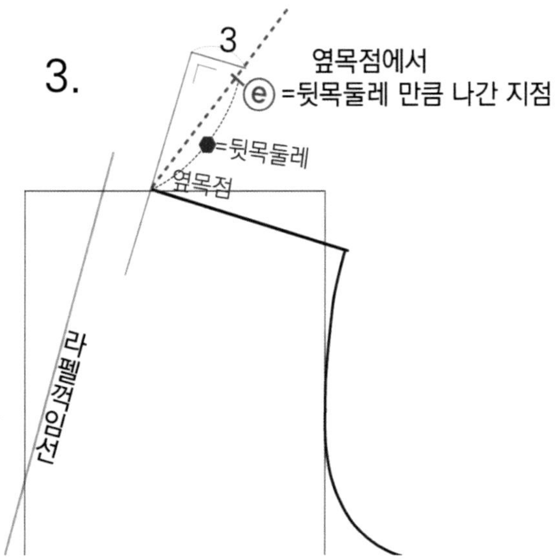

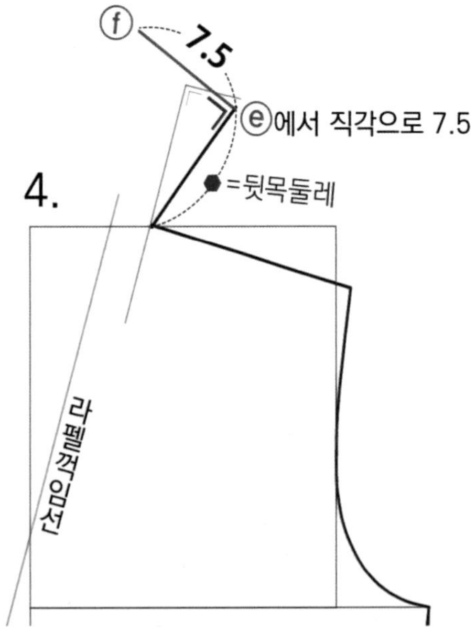

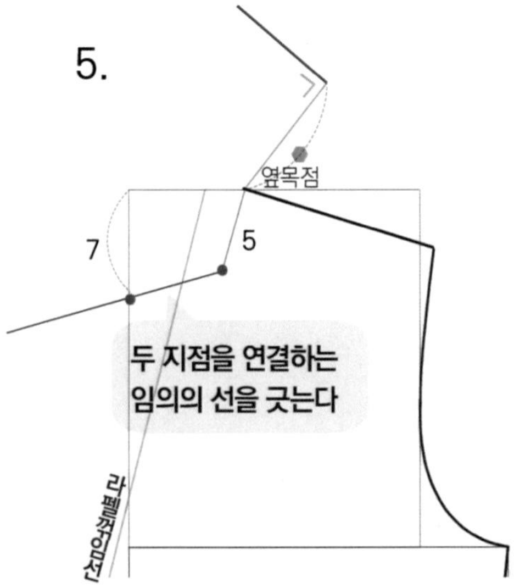

테일러드 칼라 재킷 1

테일러드 칼라 제도

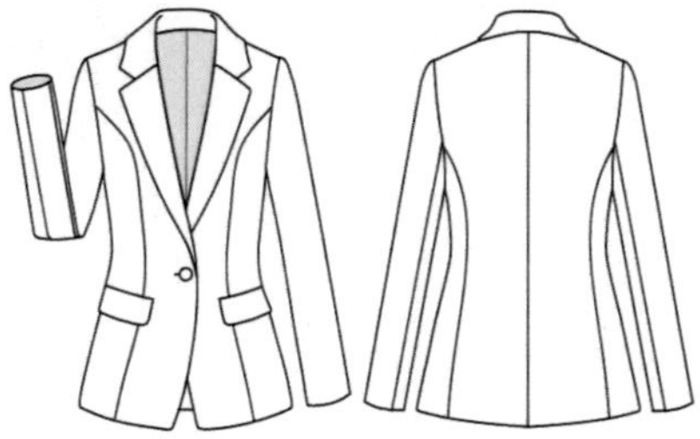

6.

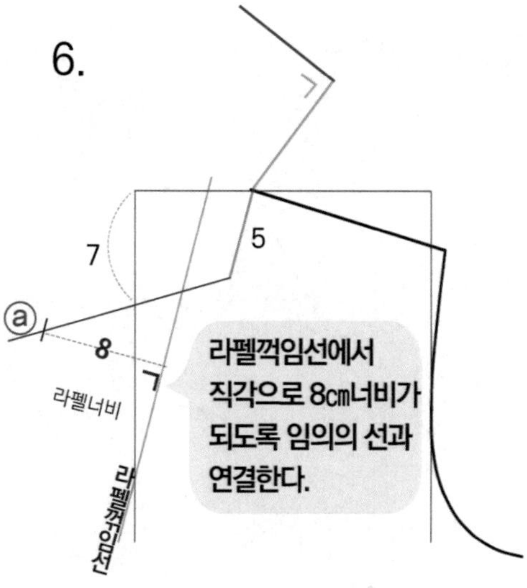

7.

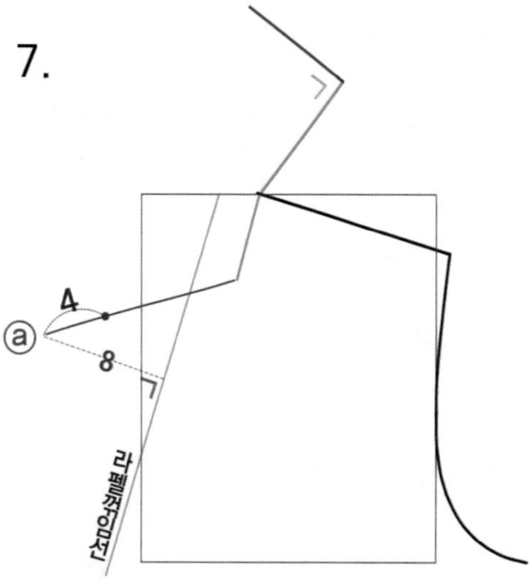

8.

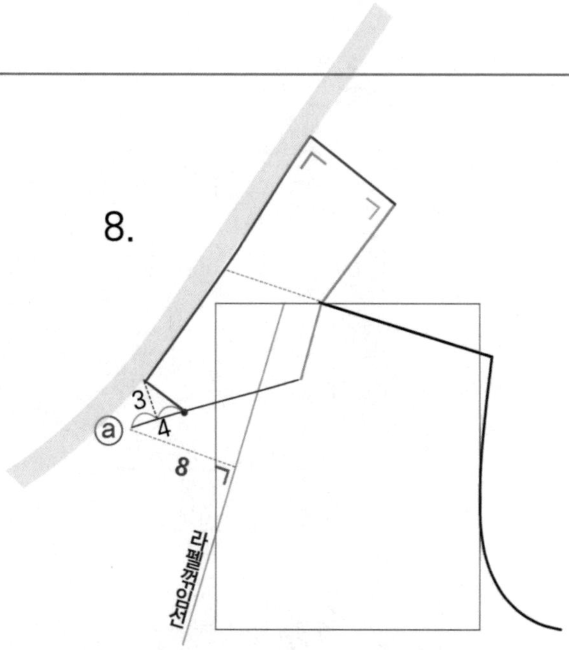

9.

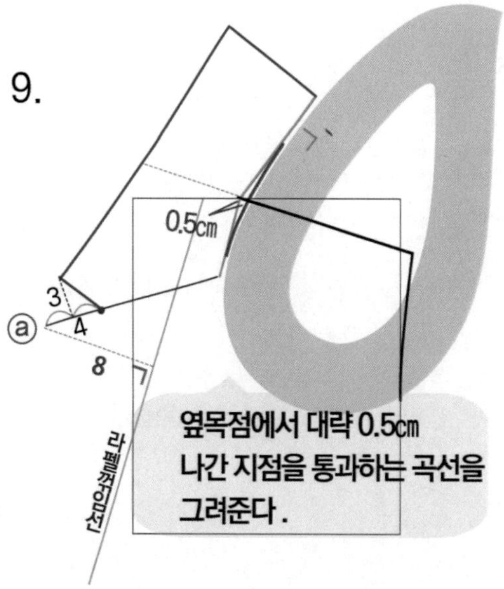

테일러드 칼라 재킷 1

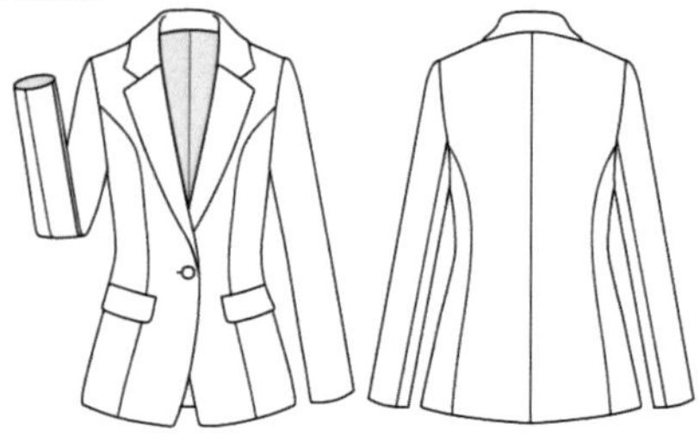

테일러드 칼라 제도

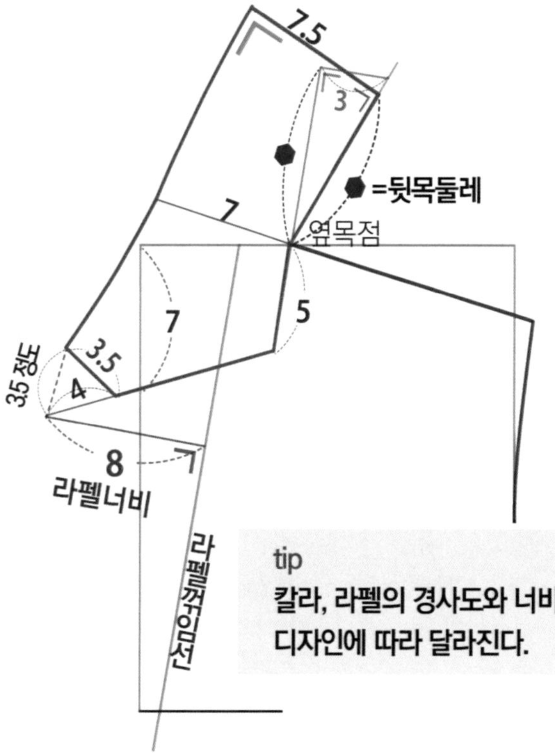

tip
칼라, 라펠의 경사도와 너비 등은 디자인에 따라 달라진다.

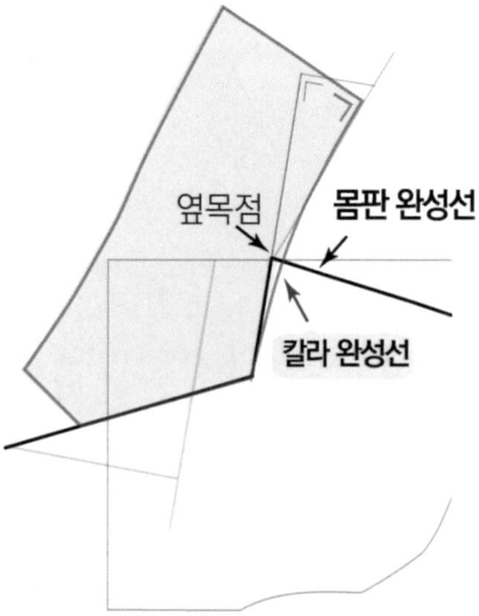

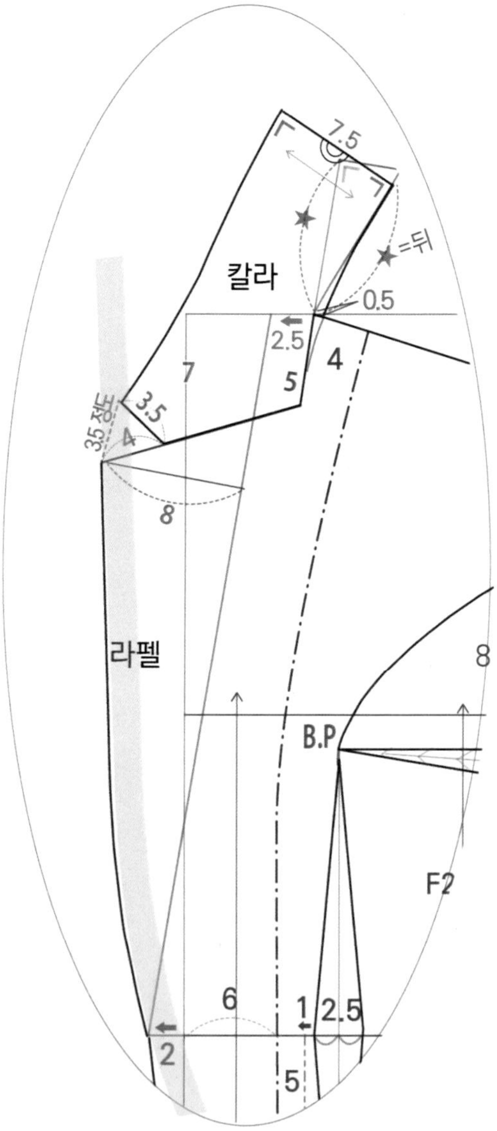

라펠 그리기

테일러드 칼라 재킷 1

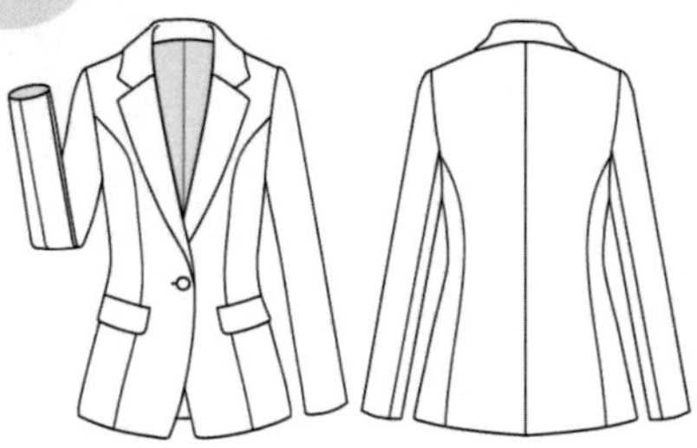

소매제도 (두장소매 제도 참고)

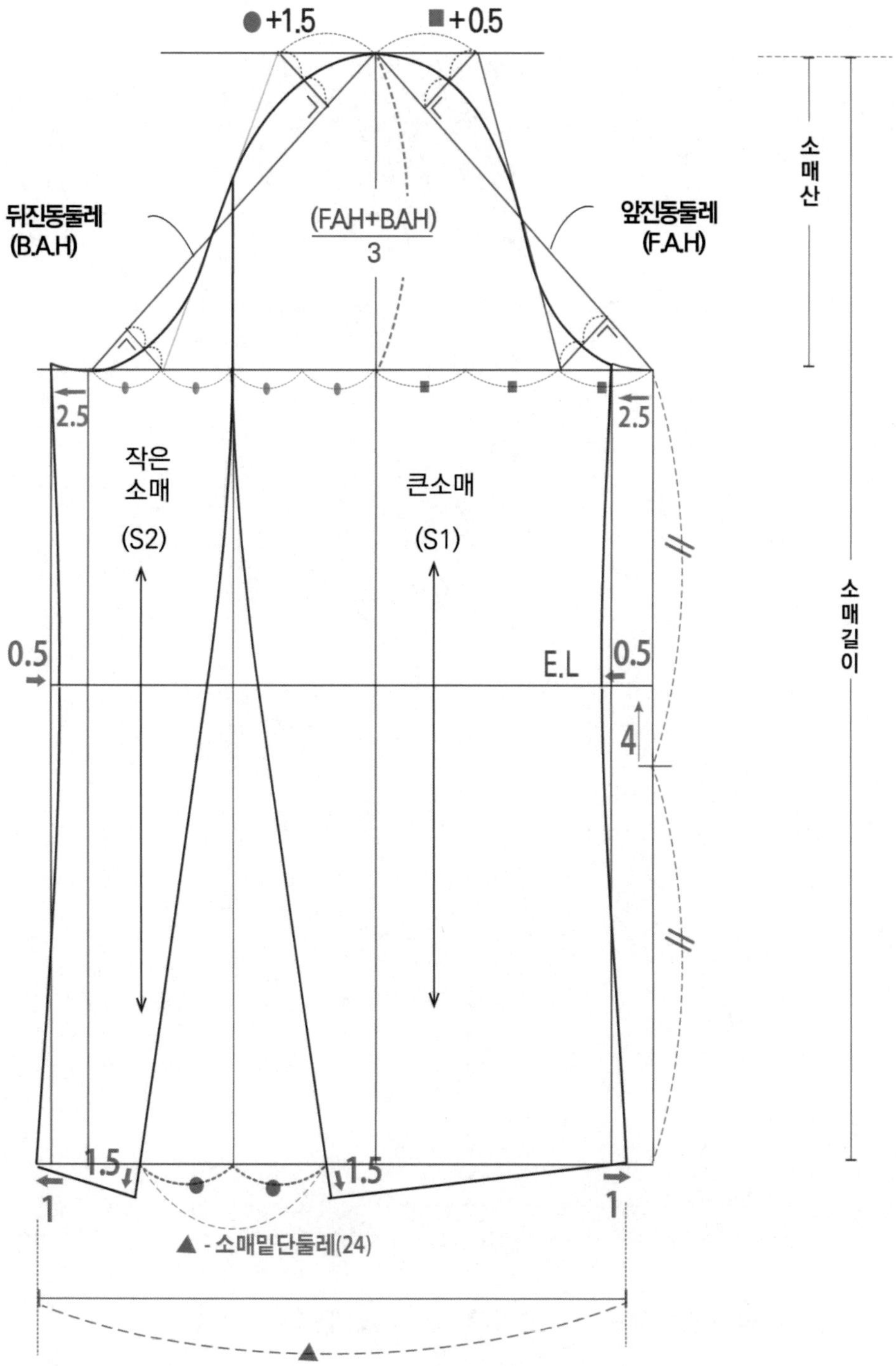

테일러드 칼라 재킷 2

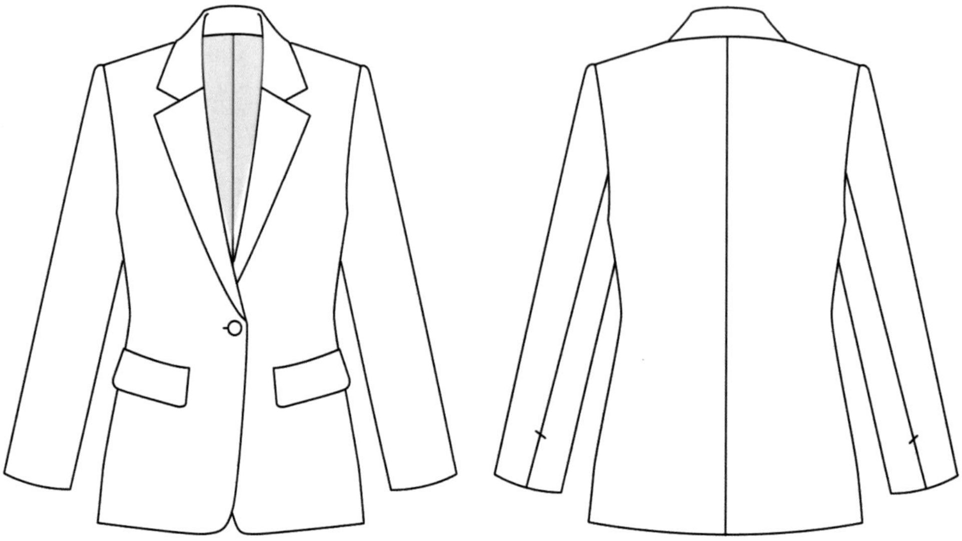

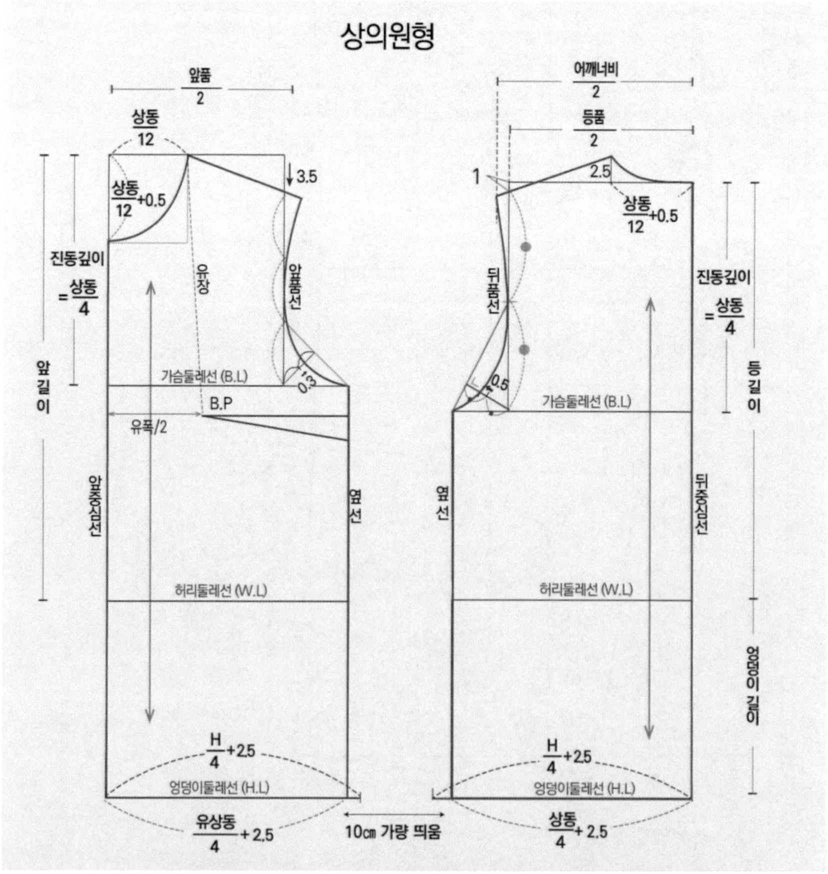

▶ 상의 원형 제도 시 가슴둘레, 엉덩이둘레에 여유분량 2.5㎝

테일러드 칼라 재킷 2

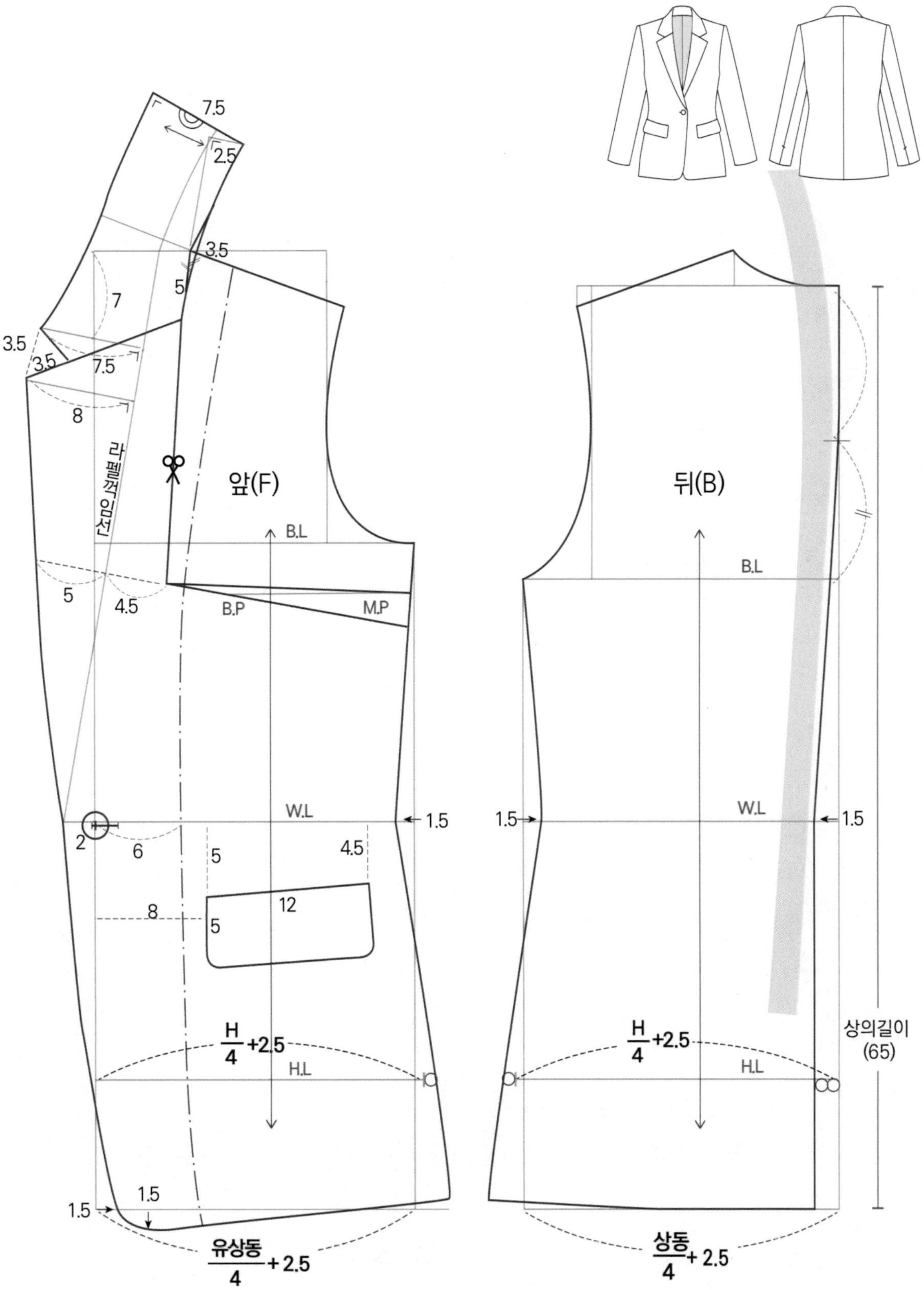
7.5
2.5
3.5
5
7
3.5
3.5
7.5
8
라펠꺽임선
앞(F)
B.L
5
4.5
B.P
M.P
W.L
1.5
2
6
5
4.5
8
12
5
H/4 +2.5
H.L
1.5
1.5
유상동/4 + 2.5
뒤(B)
B.L
1.5
W.L
1.5
H/4 +2.5
H.L
상의길이
(65)
상동/4 + 2.5

테일러드 칼라 재킷 2

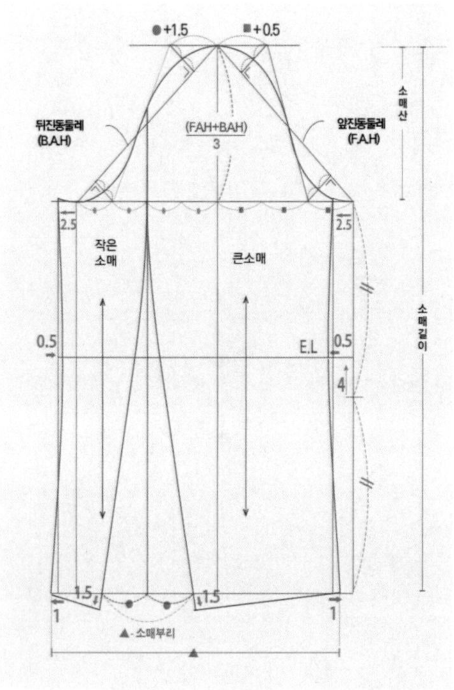

소매 제도

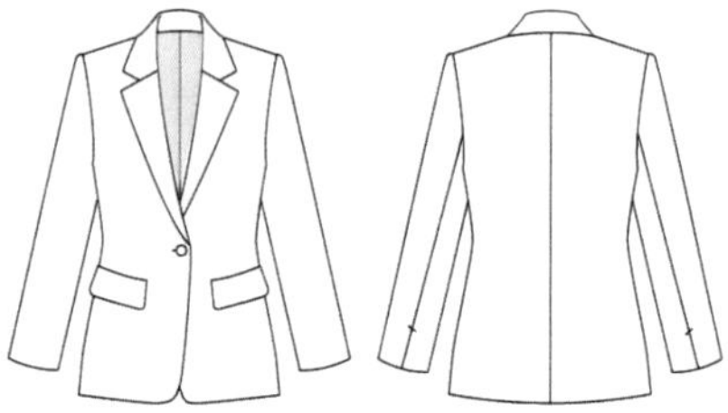

두장소매 제도 제도 후
트임분량을 그린다.

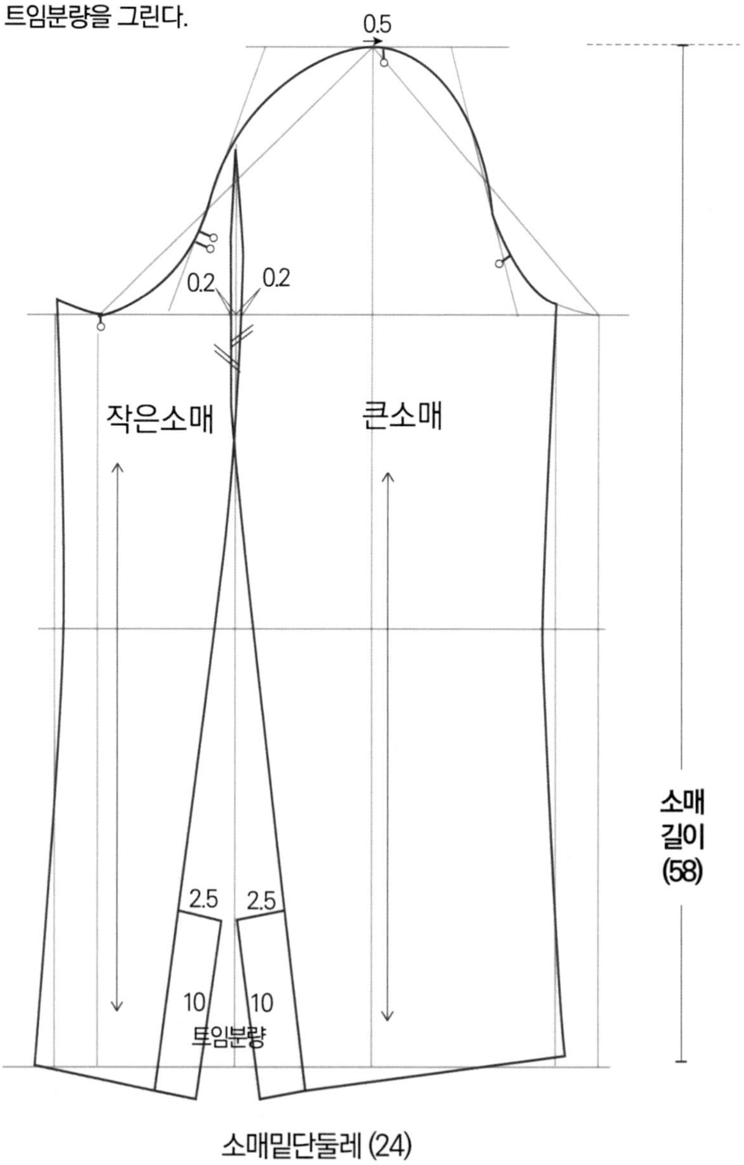

차이나칼라 재킷

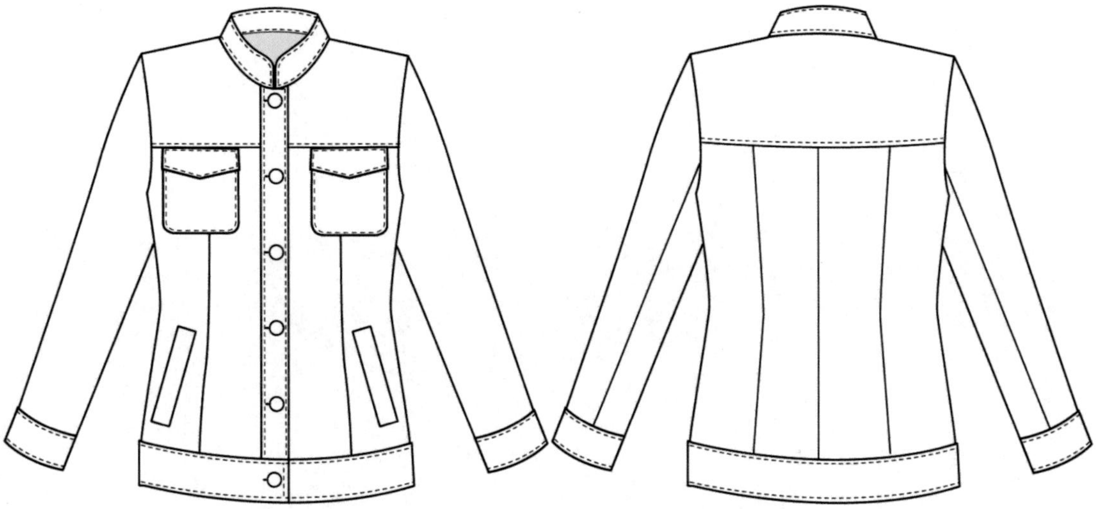

상의원형 제도 후 변형한다.

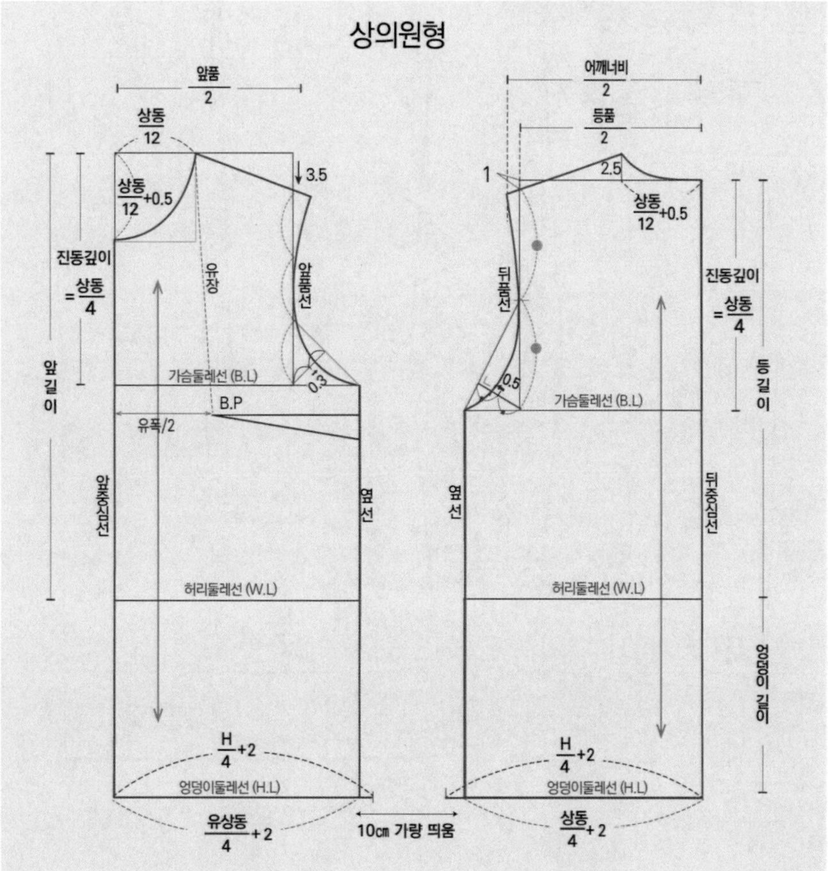

차이나칼라 재킷

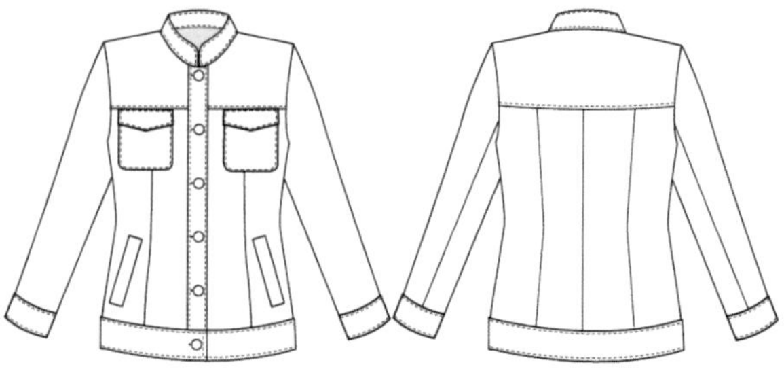

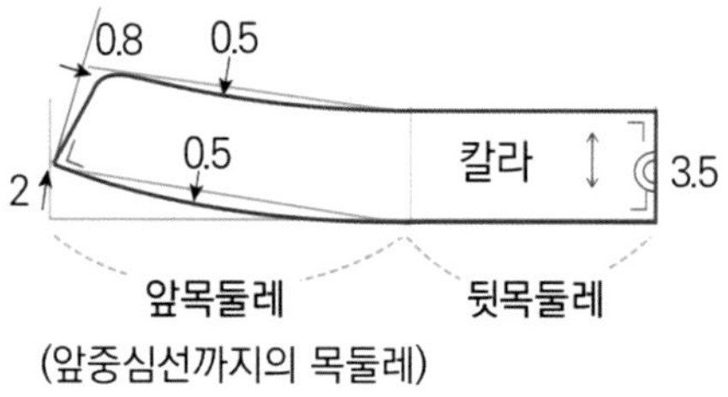
0.8
0.5
0.5
2
칼라
3.5
앞목둘레
(앞중심선까지의 목둘레)
뒷목둘레

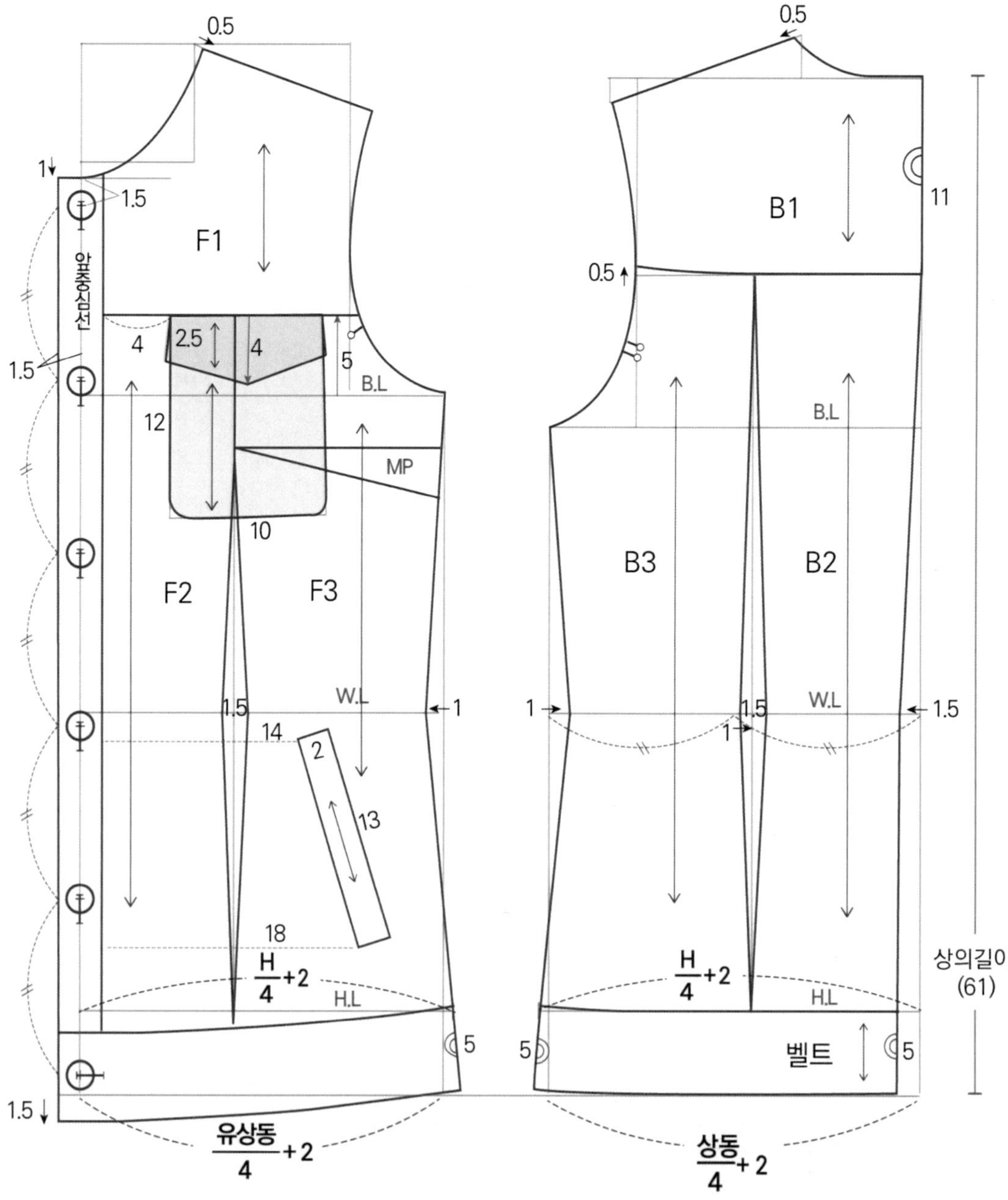
0.5
1
1.5
F1
앞중심선
1.5
4
2.5
4
5
B.L
12
MP
10
F2
F3
W.L
1.5
14
1
2
13
18
H/4+2
H.L
5
1.5
유상동/4+2
0.5
B1
11
0.5
B.L
B3
B2
1
1.5
W.L
1.5
1
H/4+2
H.L
5
벨트
5
상의길이
(61)
상동/4+2

차이나칼라 재킷

소매 원형 제도 후 변형한다.

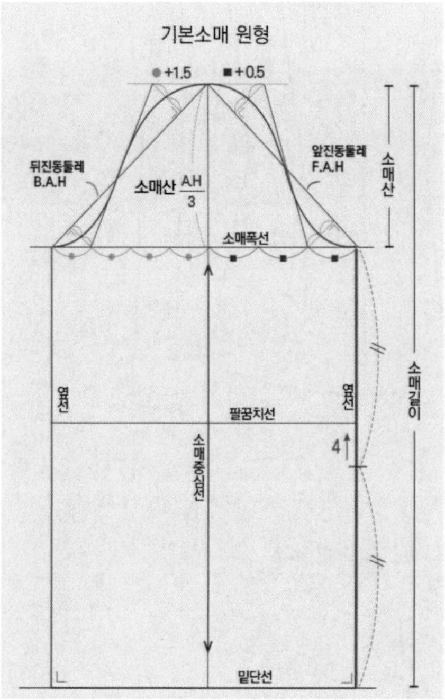

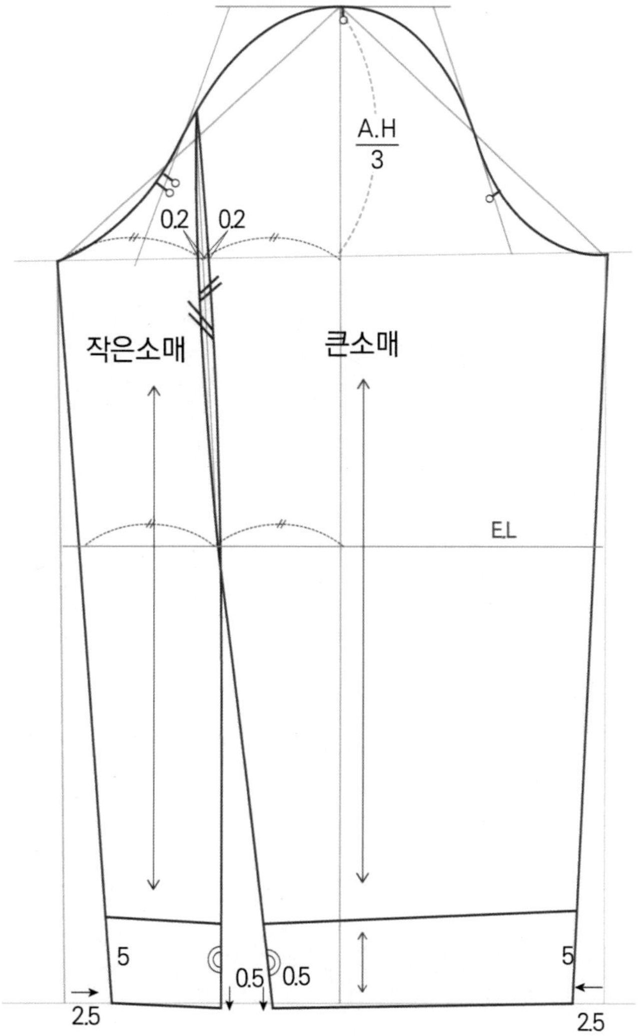

단추위치

칼라에 단추가 달리는 디자인일 경우
단추 위치 및 칼라제도

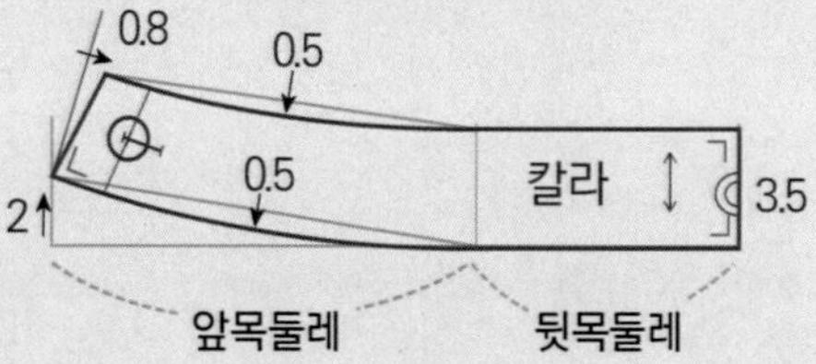

플랫칼라 재킷

상의원형 제도 후 변형한다.

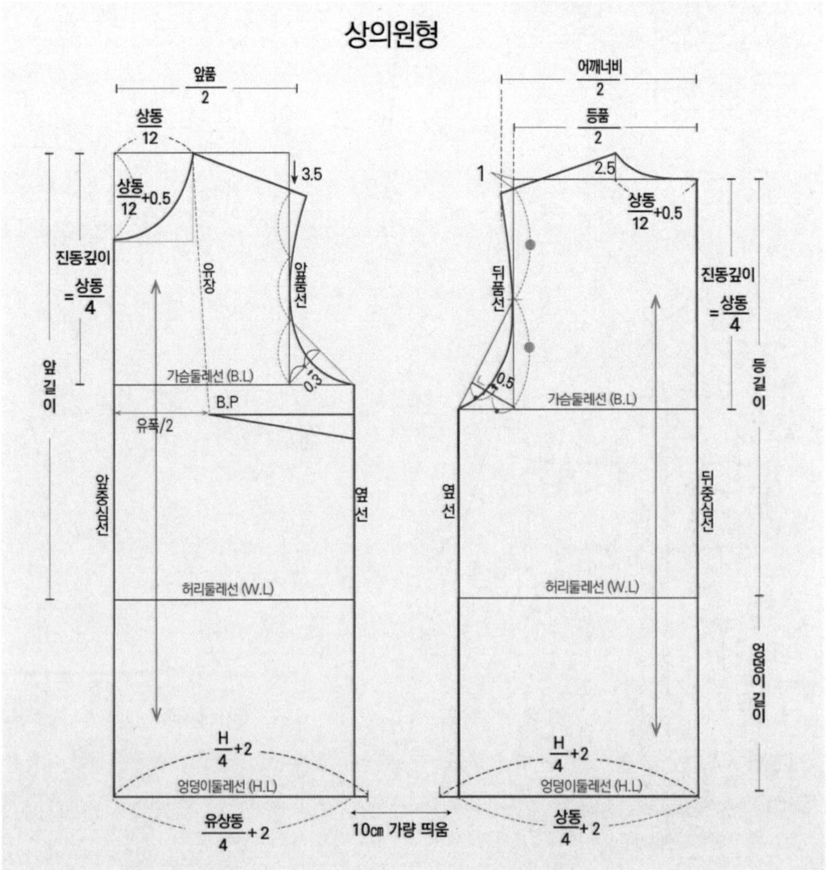

플랫칼라 재킷

플랫칼라
-스탠드분이 거의 없는 칼라로 의복을 착용했을 때
어깨선을 따라 편평하게 놓이는 칼라

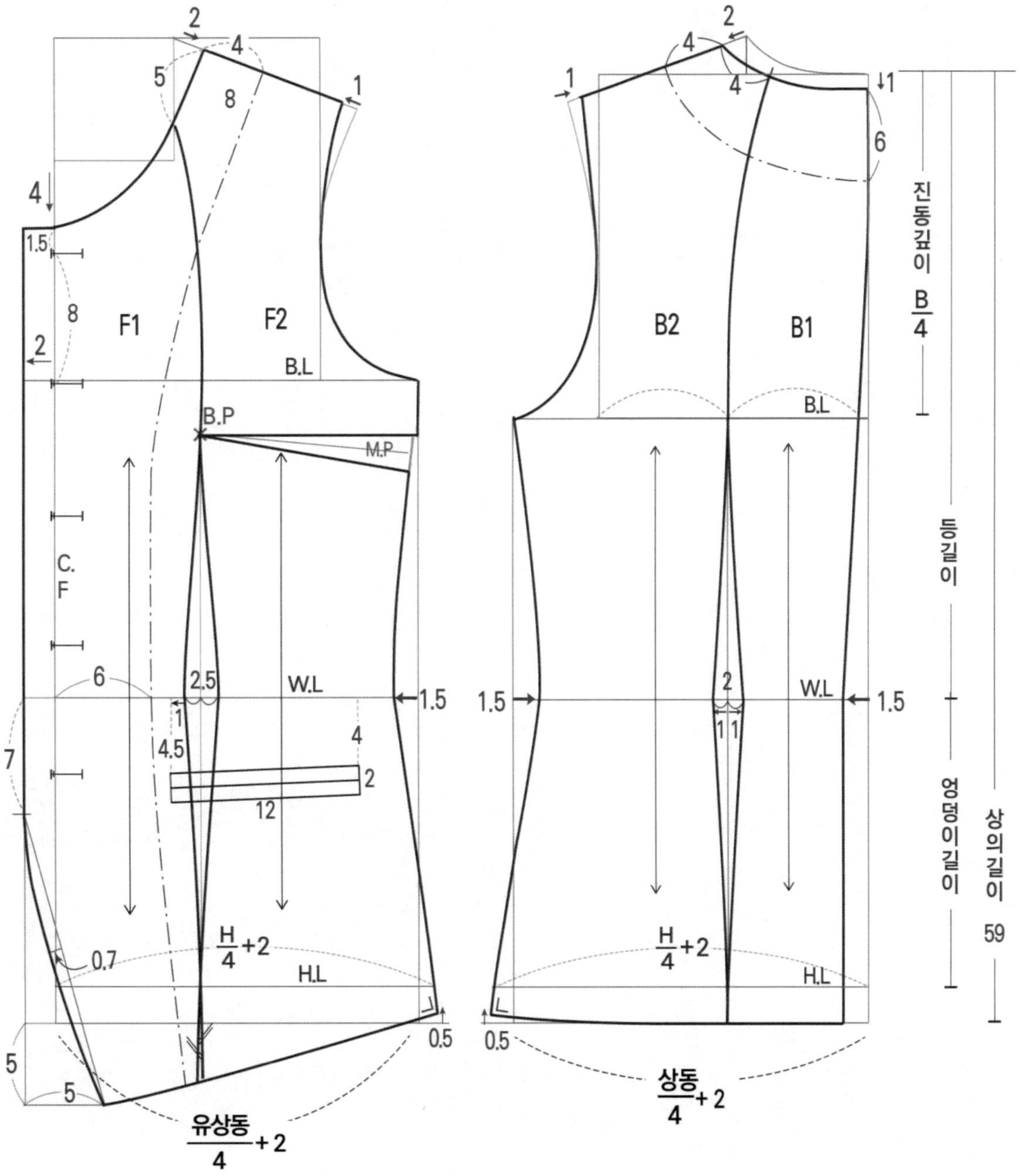

플랫칼라 재킷

플랫칼라재킷 칼라 제도

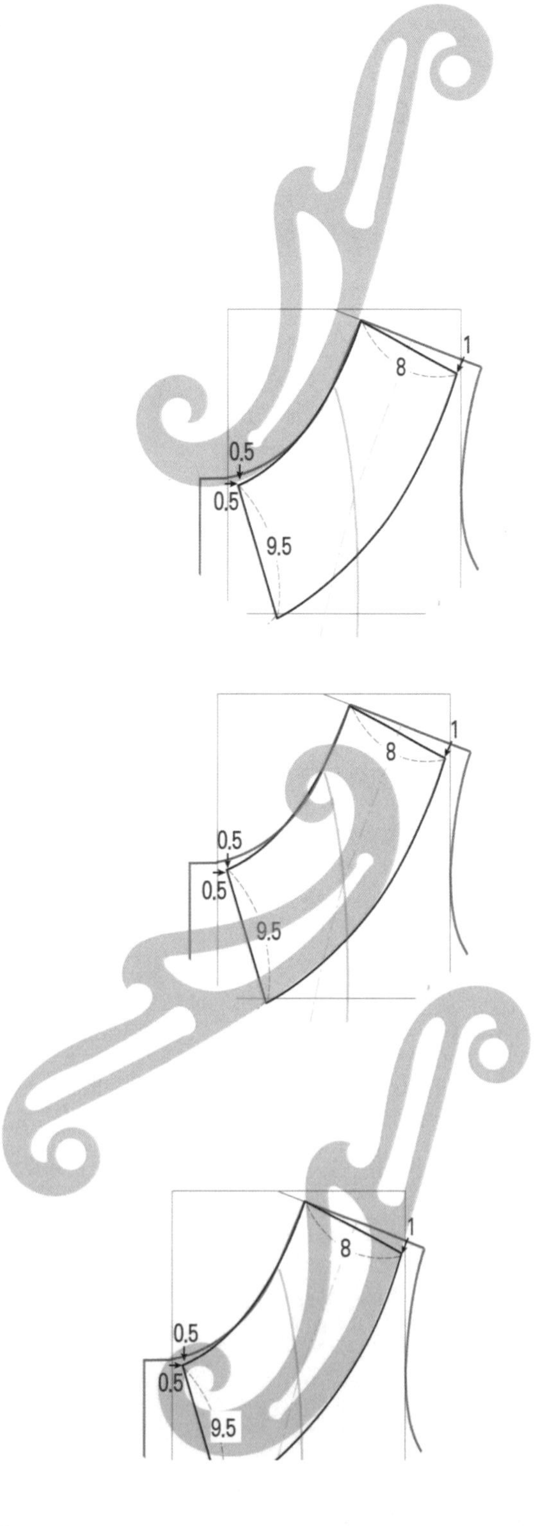

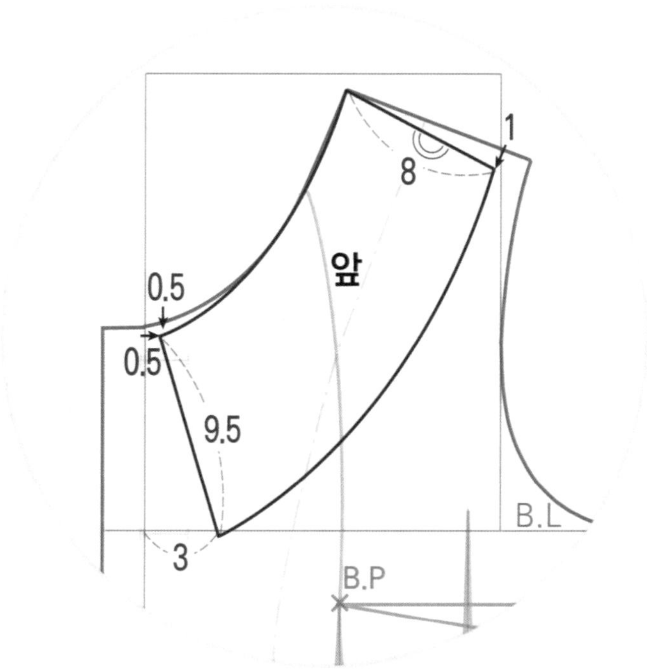

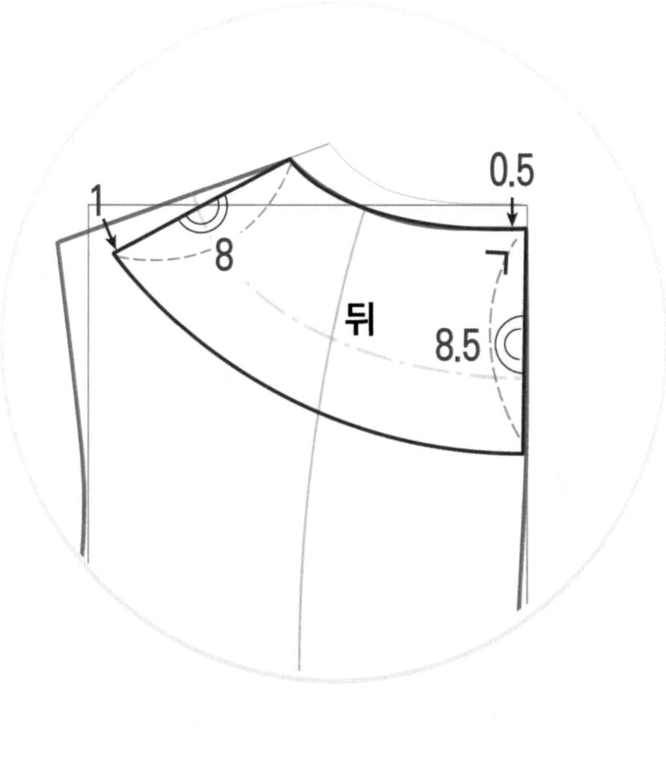

플랫칼라 재킷

플랫칼라 재킷 소매

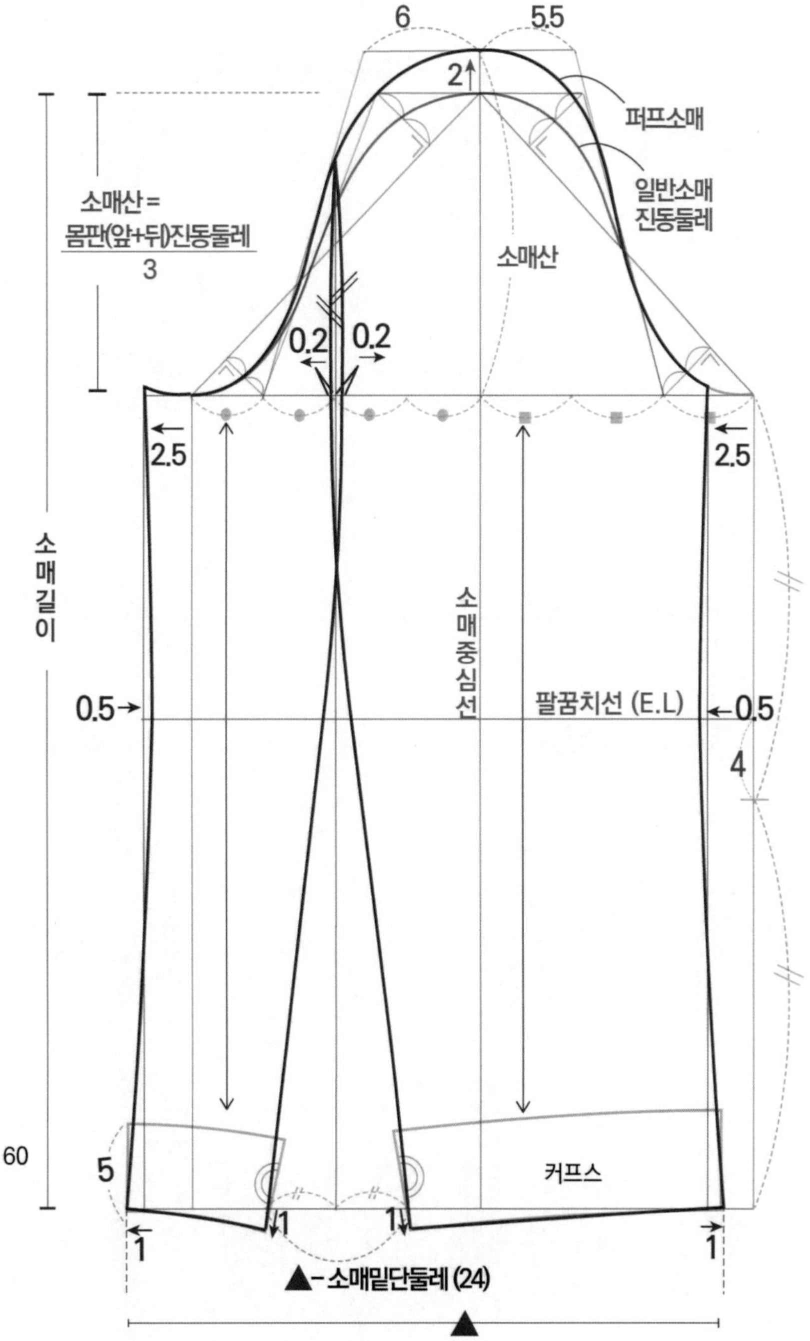
6
5.5
2
퍼프소매
일반소매
진동둘레
소매산 =
몸판(앞+뒤)진동둘레
3
소매산
0.2
0.2
2.5
2.5
소
매
길
이
소
매
중
심
선
0.5
팔꿈치선 (E.L)
0.5
4
60
5
커프스
1
1
1
1
▲ - 소매밑단둘레 (24)
▲

플랫칼라 재킷

퍼프소매 그리기

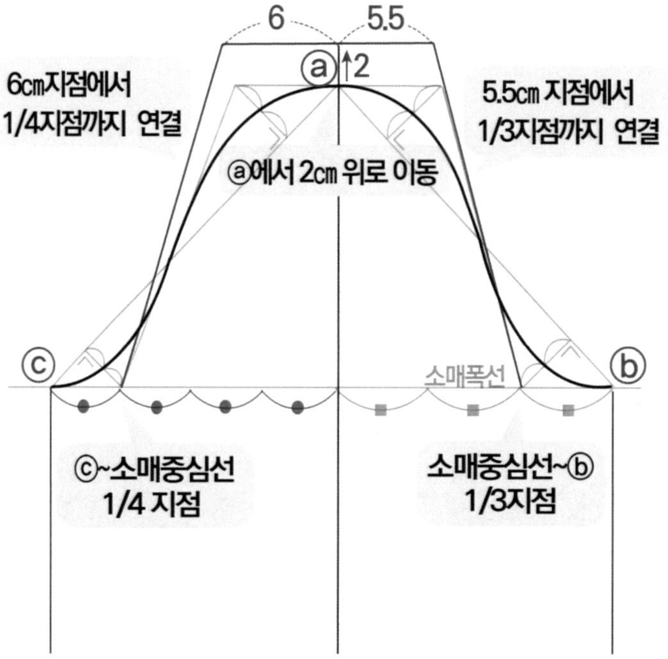

퍼프소매 앞 진동둘레 그리기

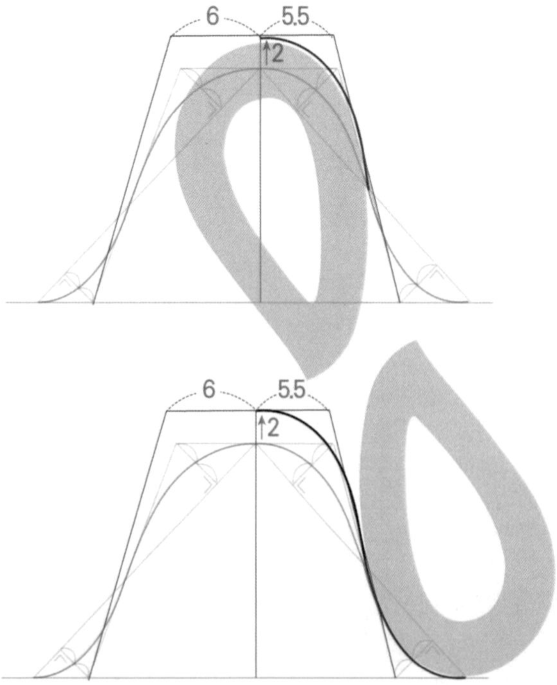

퍼프소매 뒤 진동둘레 그리기

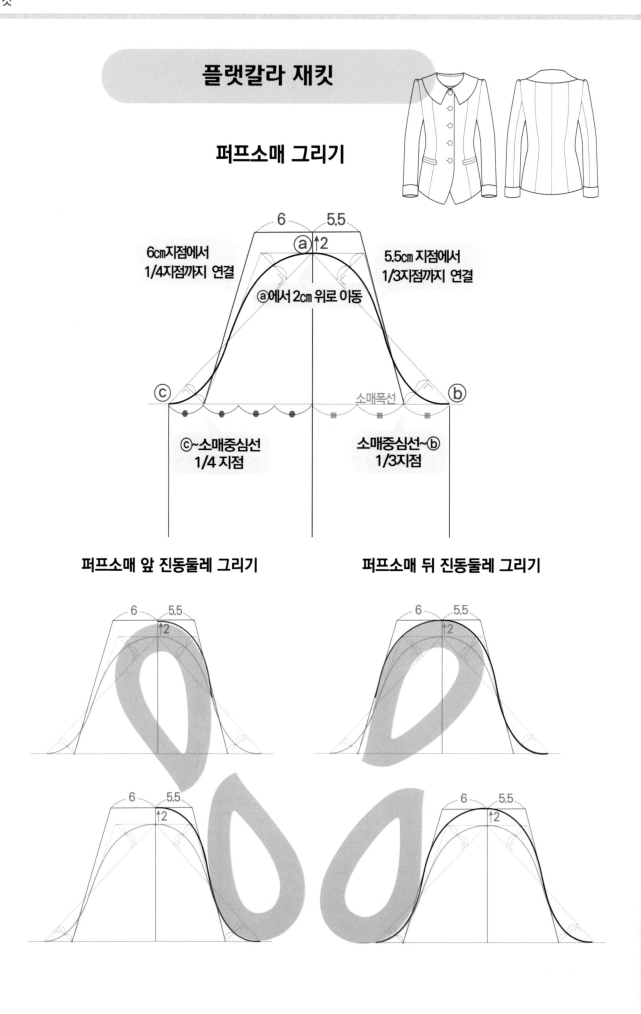

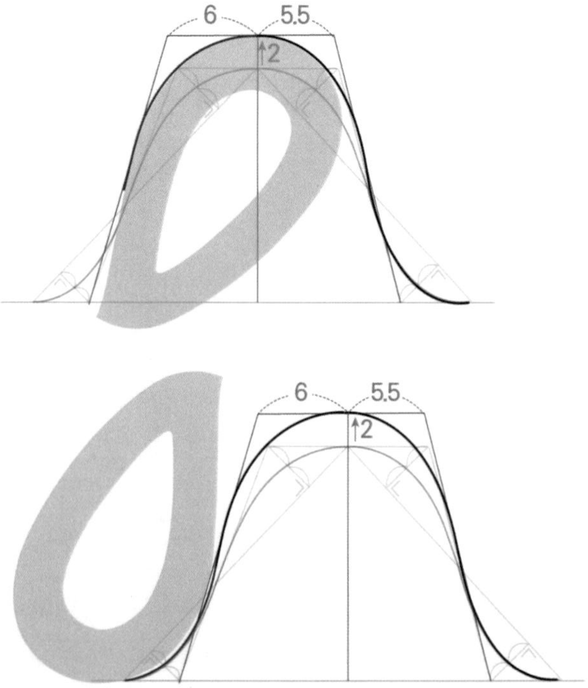

나폴레옹칼라 페플럼 재킷

디자인참조:마이스터넷홈페이지 기능경기대회 과제

상의원형 제도 후 변형한다.

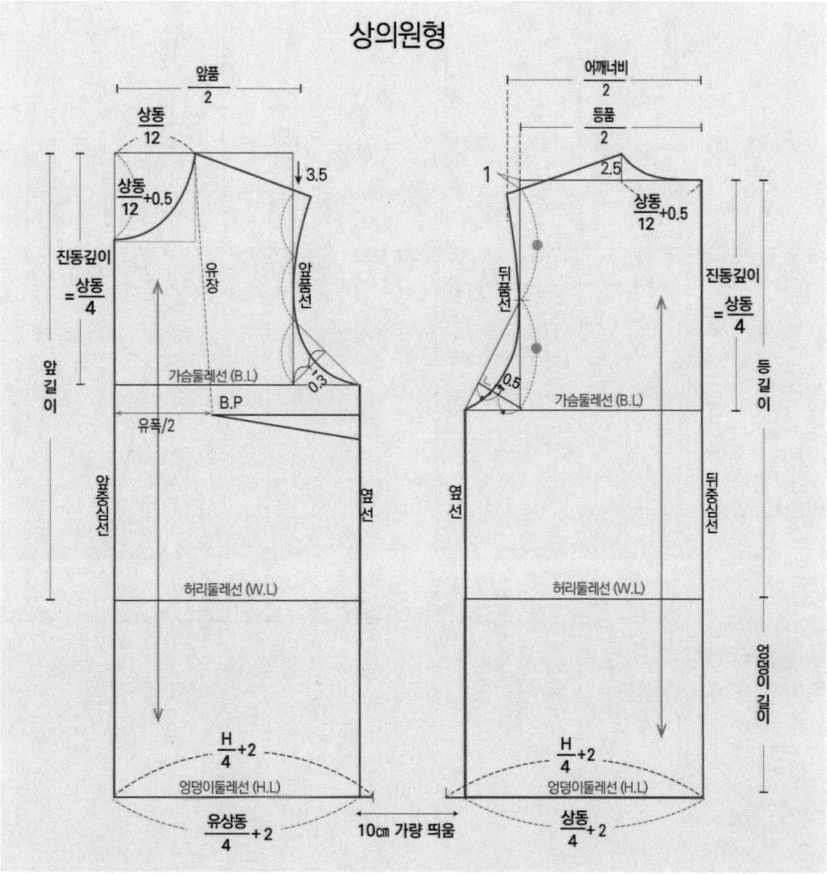

나폴레옹칼라 페플럼 재킷

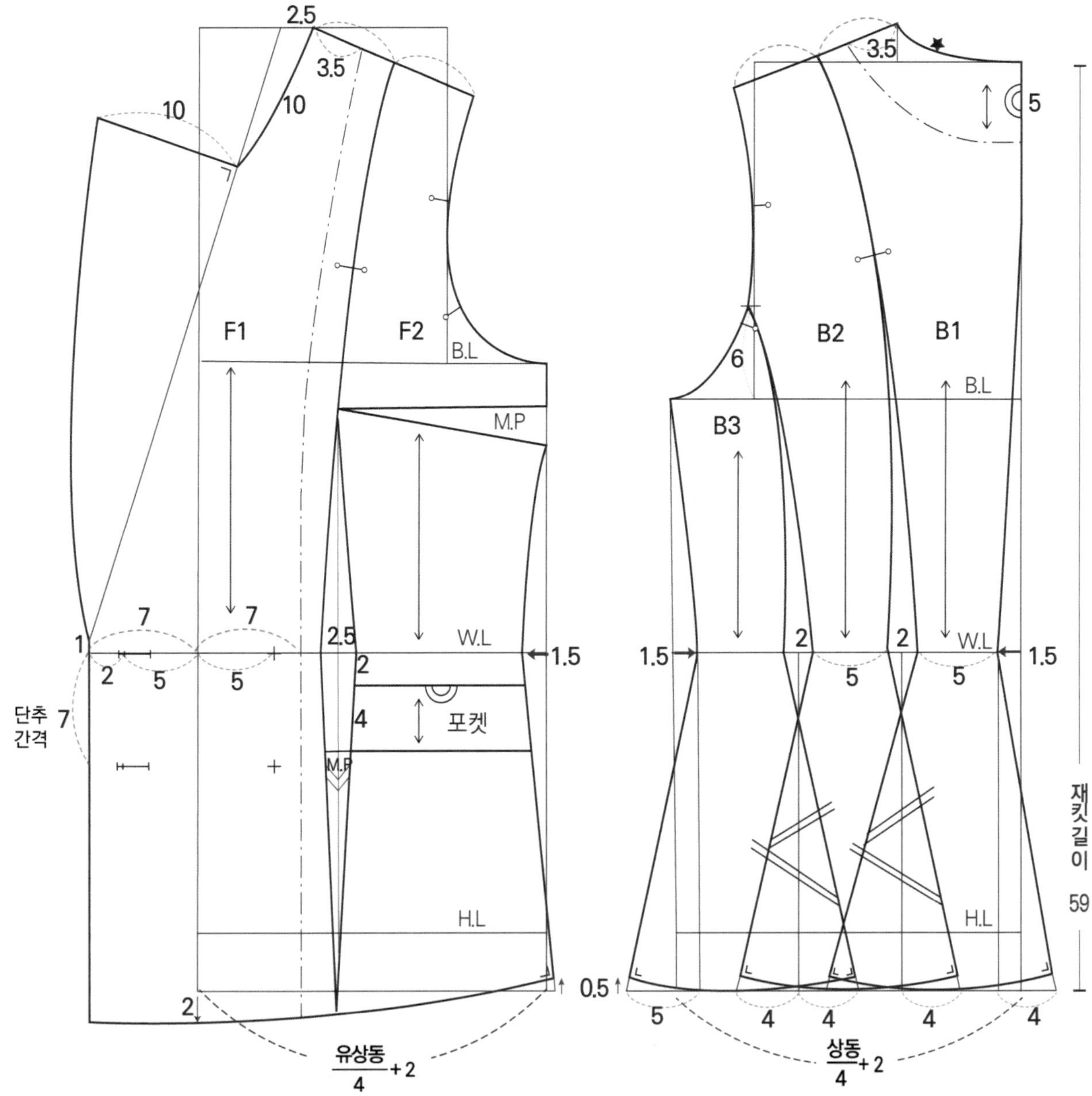

나폴레옹칼라 페플럼 재킷

칼라 제도

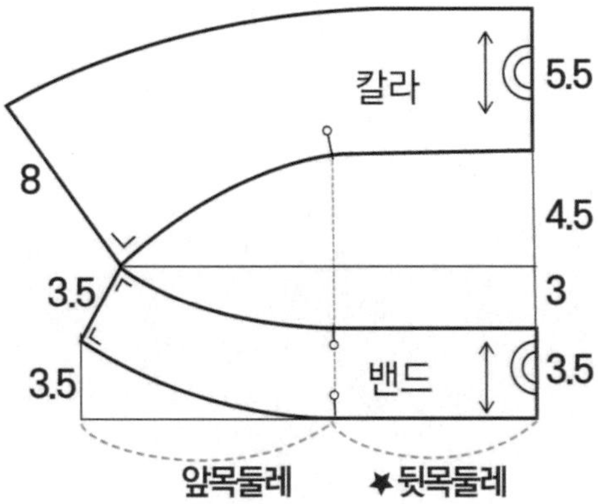

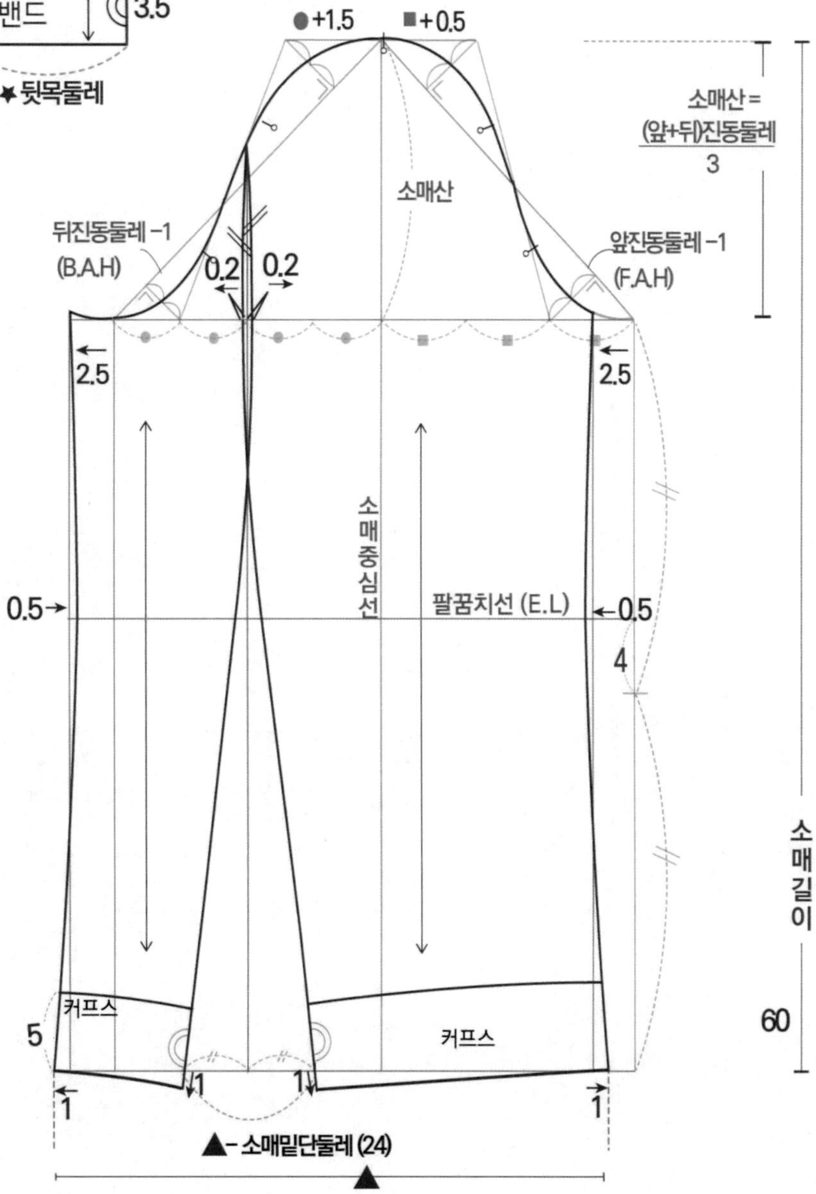

숄칼라 J라인 퍼프소매 재킷

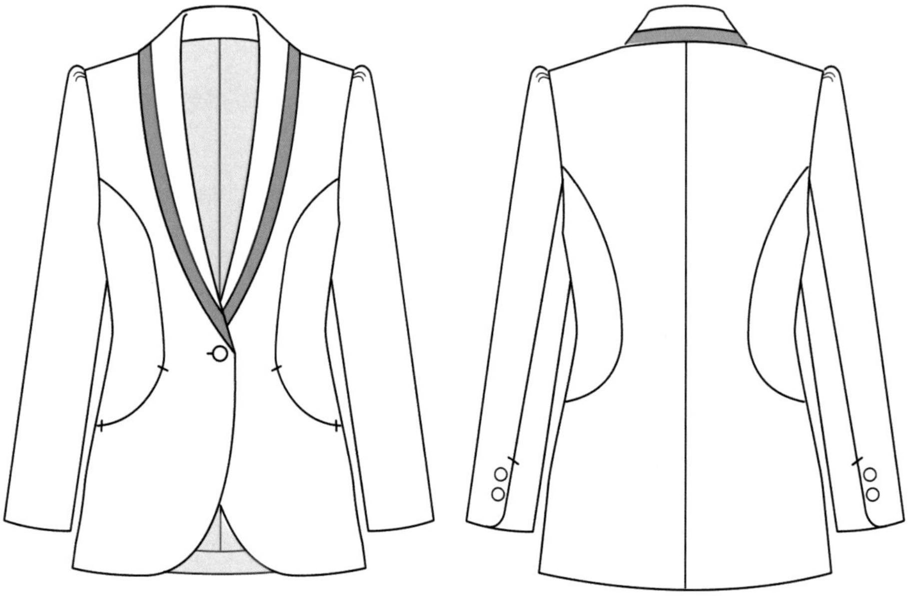

상의원형 제도 후 변형한다.

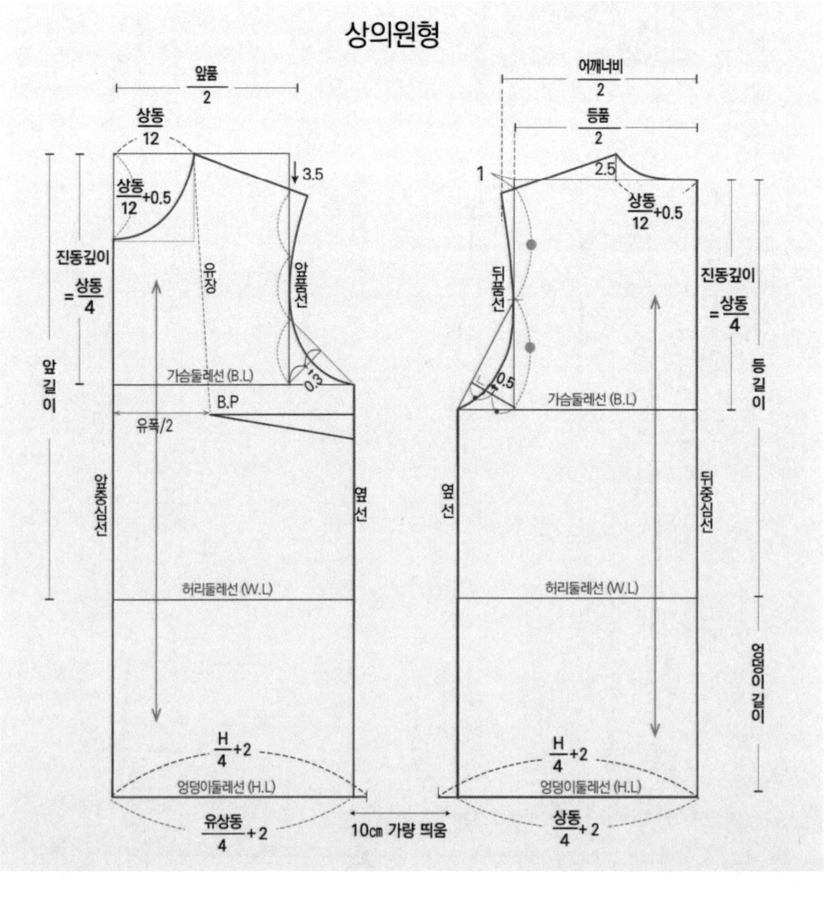

숄칼라 J라인 퍼프소매 재킷

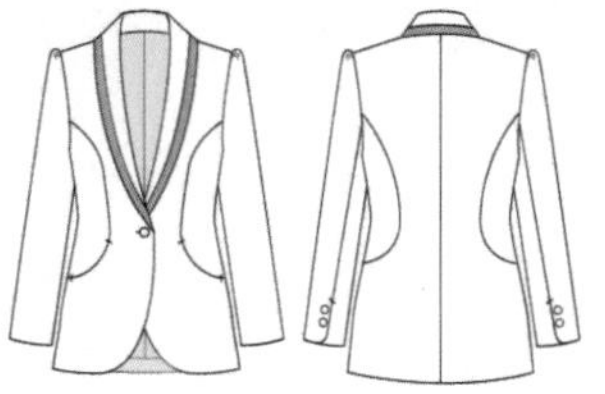

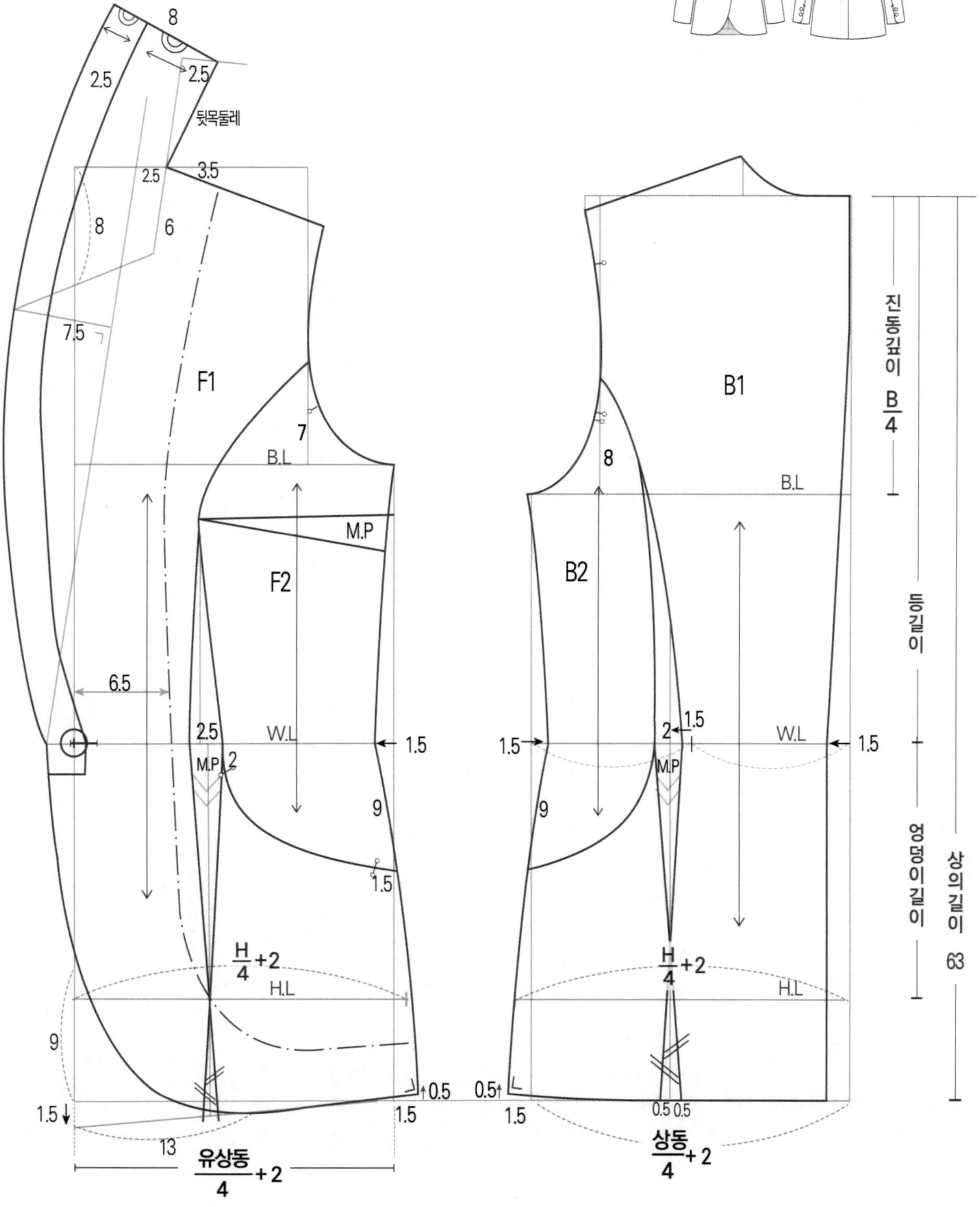
8
2.5
2.5
뒷목둘레
3.5
2.5
8
6
7.5
F1
7
B.L
M.P
F2
6.5
2.5
W.L
1.5
M.P
2
9
1.5
H/4+2
H.L
9
0.5
1.5
1.5
13
유상동/4+2
B1
진동깊이 B/4
8
B.L
B2
등길이
2
1.5
W.L
1.5
1.5
M.P
9
엉덩이길이
상의길이 63
H/4+2
H.L
0.5
1.5
0.5 0.5
상동/4+2

숄칼라 J라인 퍼프소매 재킷

소매 제도

(두장소매 제도 후 퍼프분량, 트임부분, 안단 제도)

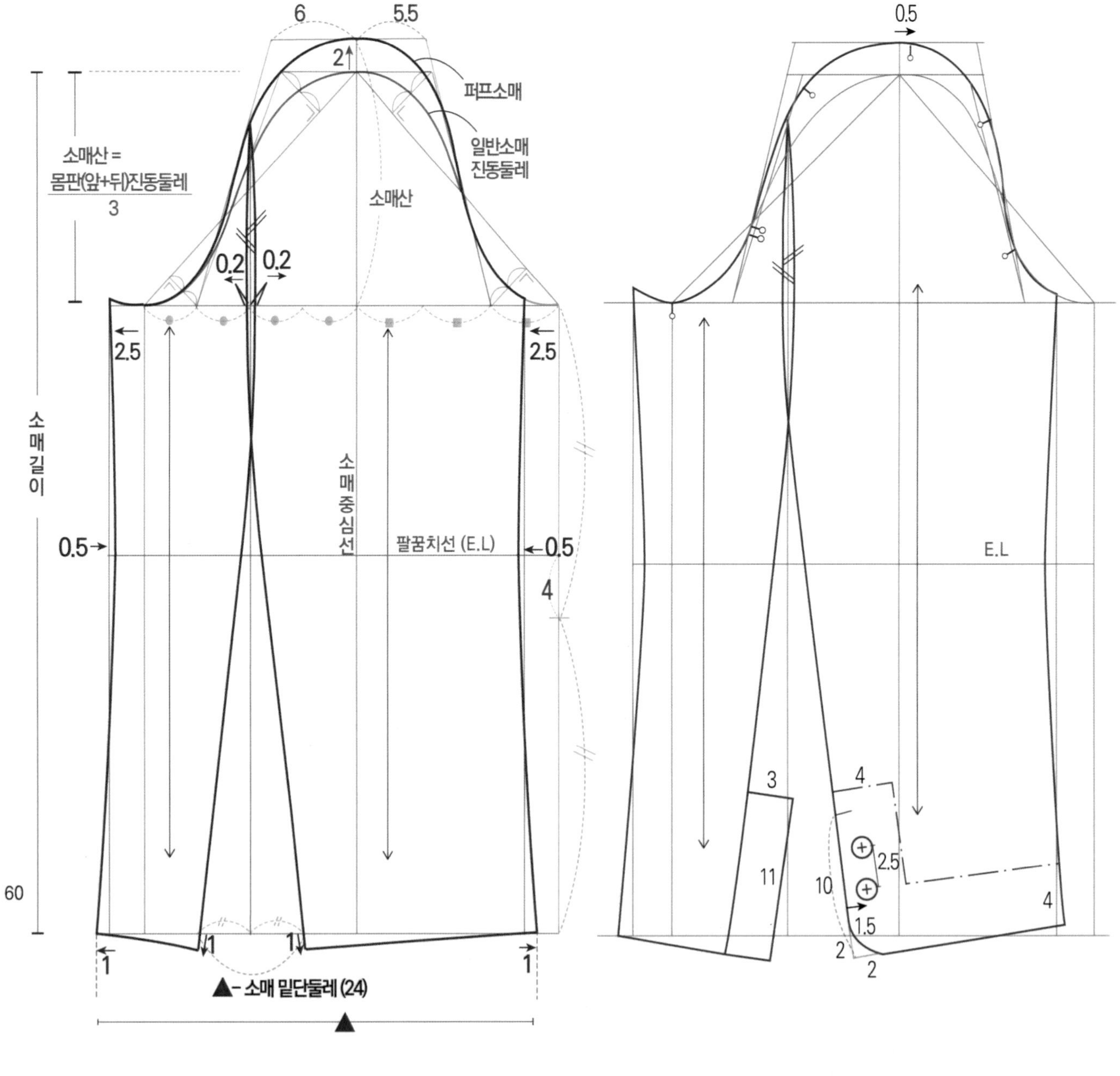

수티엥칼라 싱글 롱재킷

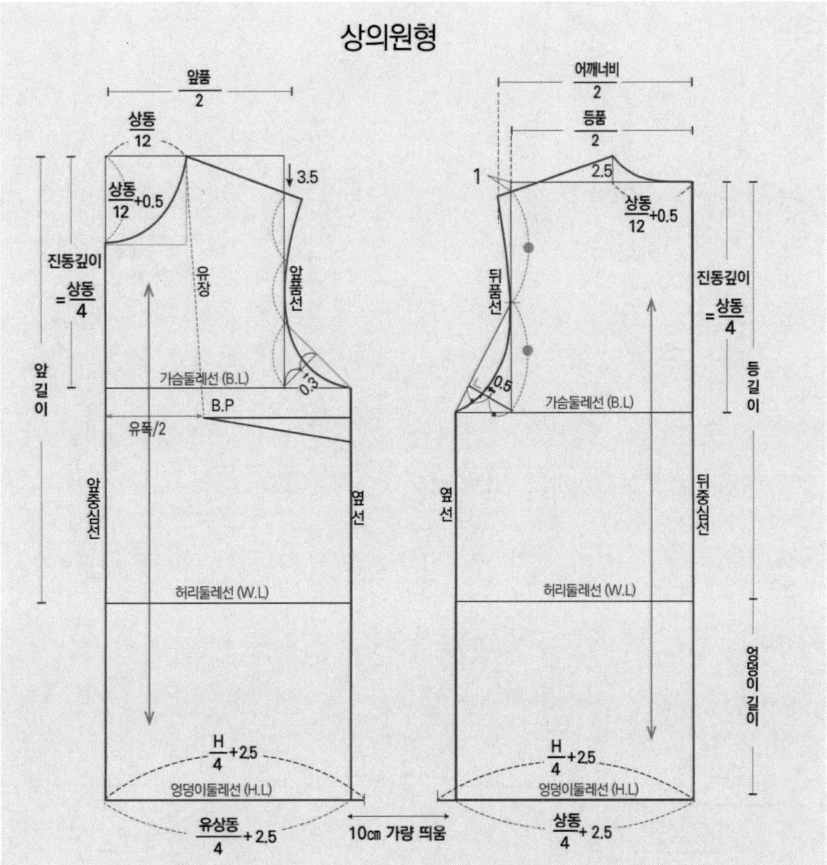

▶ 상의 원형 제도 시 가슴둘레, 엉덩이둘레에 여유분량 2.5㎝

수티엥칼라 싱글 롱재킷

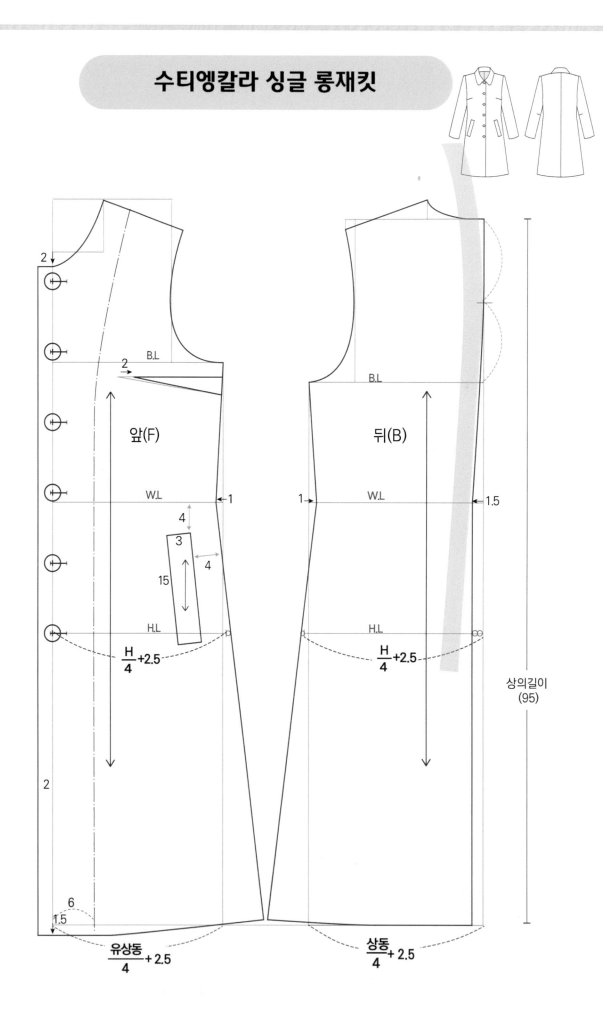

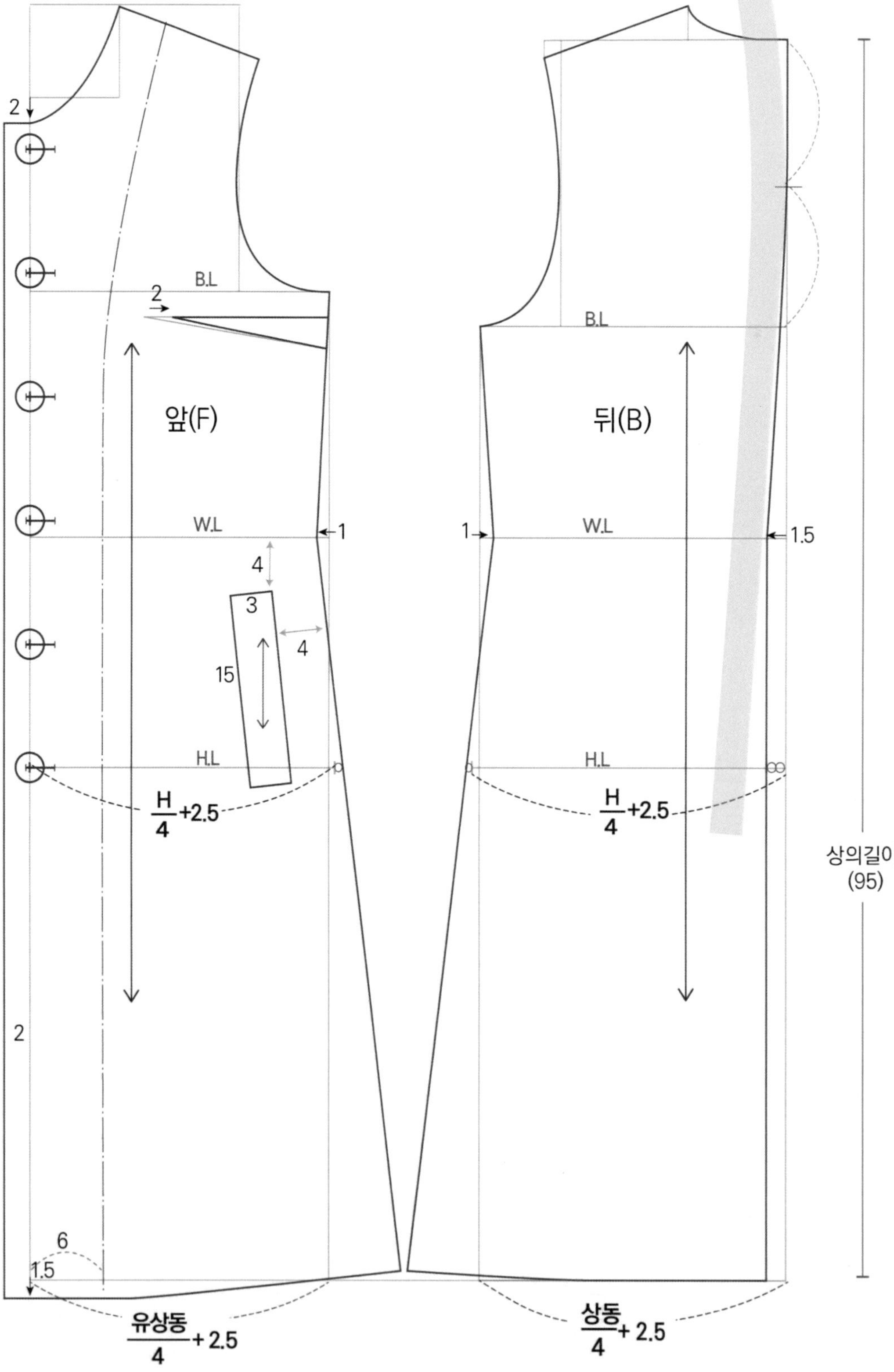

2
B.L
2
앞(F)
W.L
1
4
3
4
15
H.L
H/4+2.5
2
6
1.5
유상동/4+2.5
B.L
뒤(B)
1
W.L
1.5
H.L
H/4+2.5
상동/4+2.5
상의길이
(95)

수티엥칼라 싱글 롱재킷

칼라제도

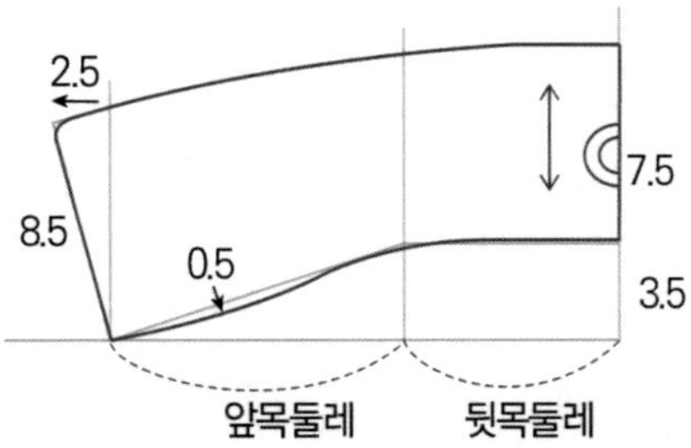

소매제도

소매 원형 제도 후 변형한다.

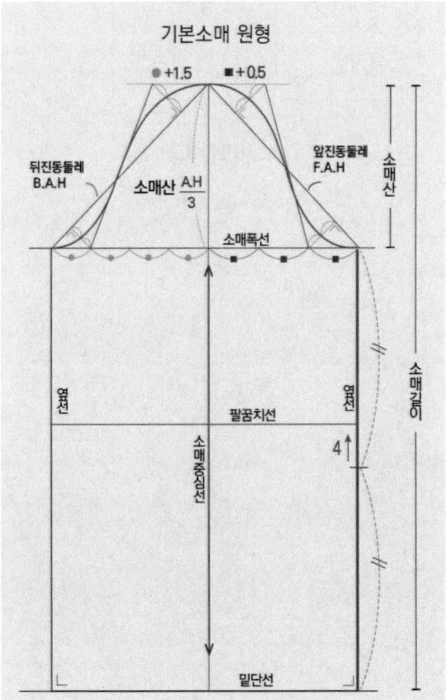

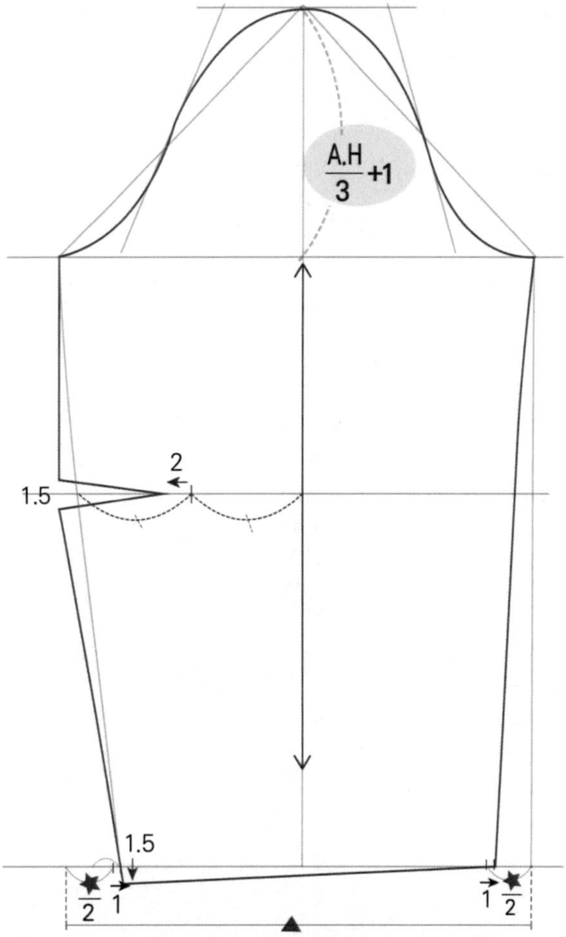

소매 원형 제도 시

▶ 소매산= A.H(앞+뒤진동둘레) /3 +1

★=▲- 소매 밑단둘레 (24)

피크드칼라 더블 롱재킷

상의원형 제도 후 변형한다.

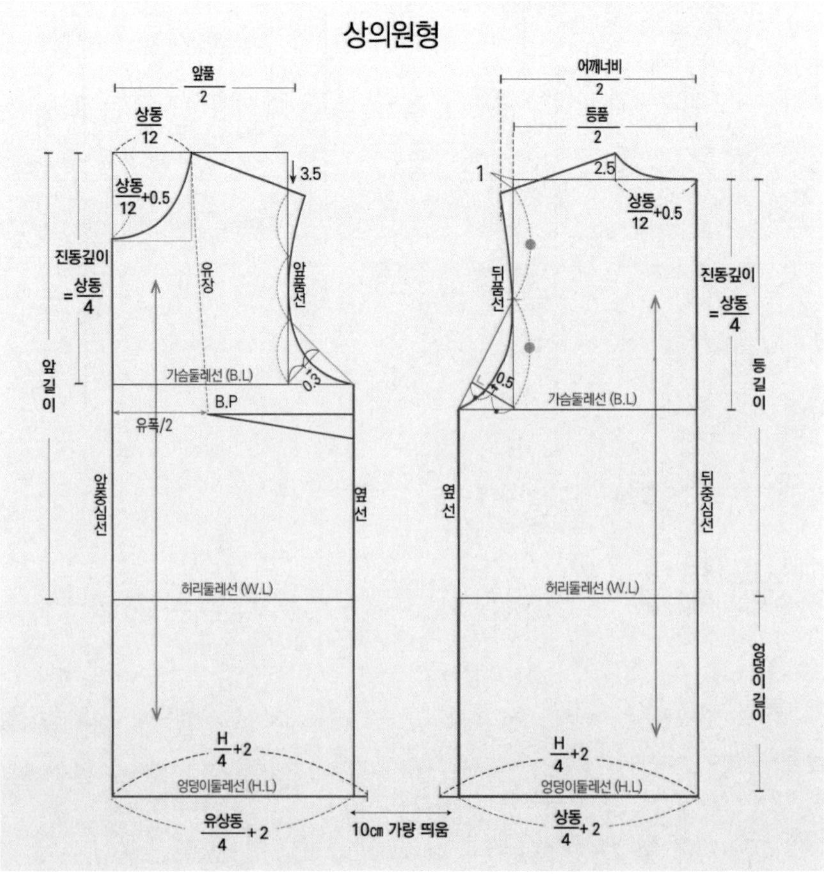

피크드칼라 더블 롱재킷

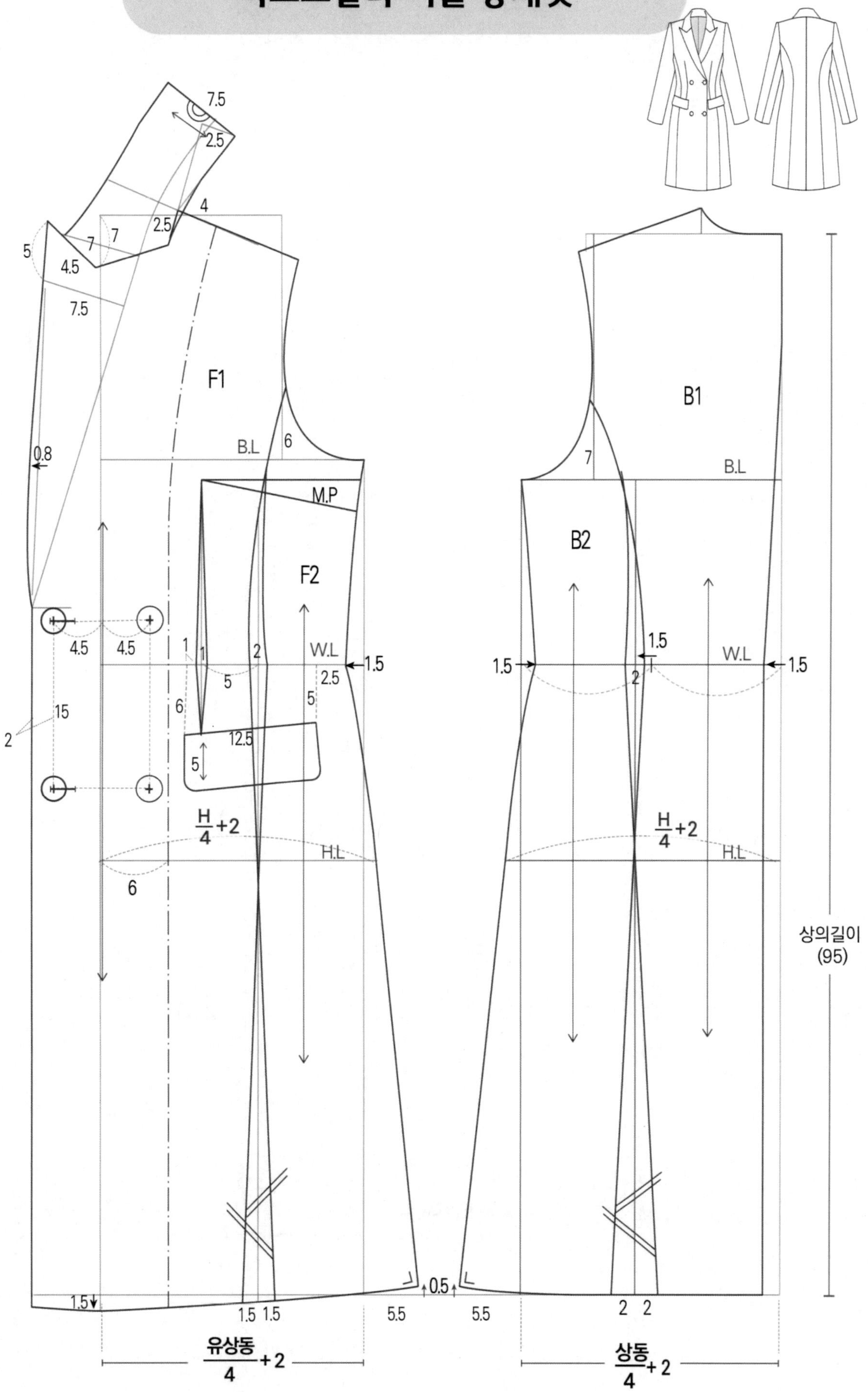
7.5
2.5
4
2.5
7
7
5
4.5
7.5
F1
B.L
6
0.8
M.P
F2
4.5
4.5
1
1
2
W.L
1.5
5
2.5
5
6
15
2
12.5
5
H/4+2
H.L
6
1.5
1.5 1.5
5.5
0.5
5.5
유상동/4+2
B1
7
B.L
B2
1.5
1.5
W.L
1.5
2
H/4+2
H.L
상의길이 (95)
2 2
상동/4+2

피크드칼라 더블 롱재킷

소매 제도
(두장소매 제도)

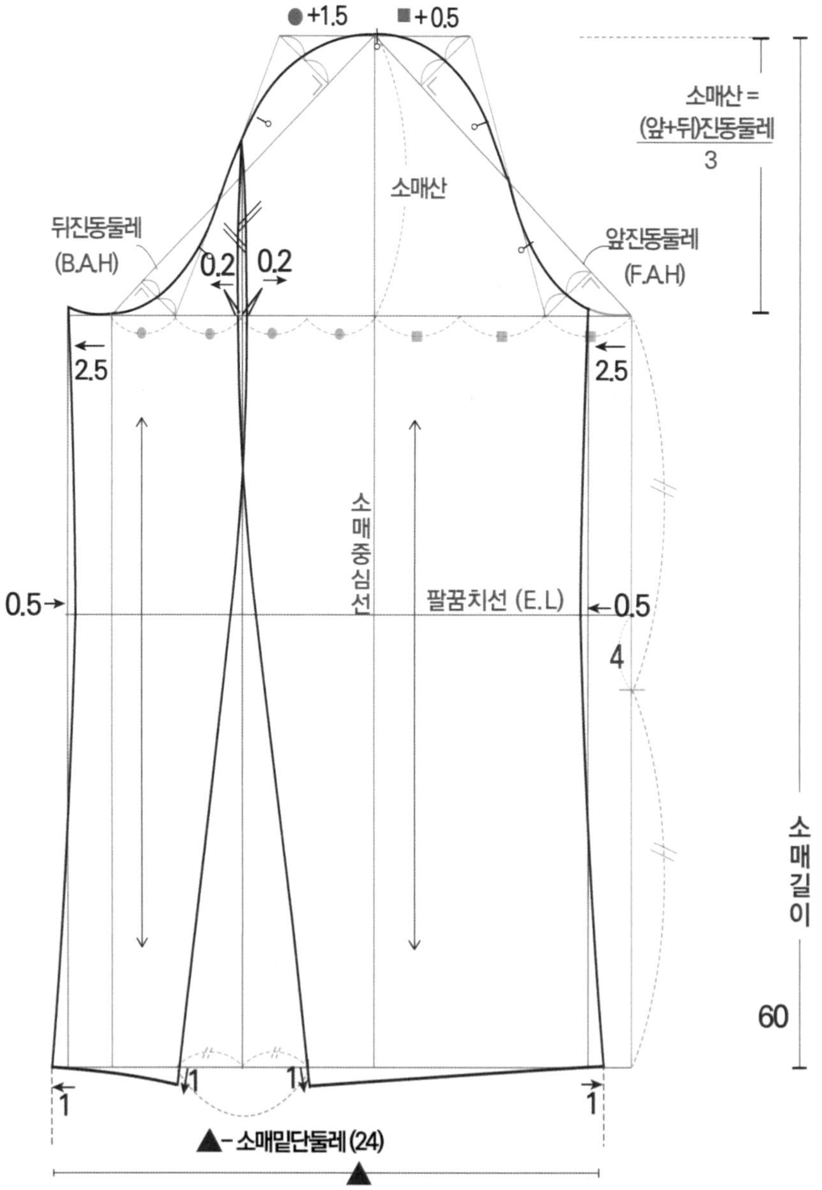

코트

윙칼라 더블코트
트렌치 코트
오버핏후드점퍼
슈티엥칼라 래글런 롱코트

알아두기

패턴 제도시 상의원형을 활용하여 활동여유분과 진동깊이를 가감하는 하는 등 디자인에 맞게 패턴을 변형하고 수정하여 설계한다.

패턴 제도 시 다양한 방법이 있으나, 이 책에서는 가슴둘레를 활용하는 제도법으로 의복 맞춤 제작 시 실제 현장에서 사용하고 있는 상동(윗가슴둘레)와 유상동(젖가슴둘레)을 구분하여 제도하는 패턴을 실었다. 상의 원형 제도 시 앞판 가슴둘레는 유상동(젖가슴둘레)를 적용하고 그외는 상동(윗가슴둘레)를 적용한다.

상의 원형 제도시 상동(윗가슴둘레) 적용
- 목둘레선 설계를 위한 기초선 제도시 뒤판은 상동/12+0.5㎝, 앞판은 상동/12를 적용,
- 진동깊이: 상동/4
- 뒤판 가슴둘레: 상동/4 + 여유분량

상의 원형 제도시 유상동(젖가슴둘레) 적용
- 앞판 가슴둘레 = 유상동/4 + 여유분량

☞ 각종 수치들:
체형이나 사이즈, 디자인에 따라 각종 길이, 둘레, 깊이, 다트분량, 여유분량 등이 달라지므로 여기서 설명하는 수치들은 절댓값이 아님을 유념해주기 바란다.

윙칼라 더블 코트

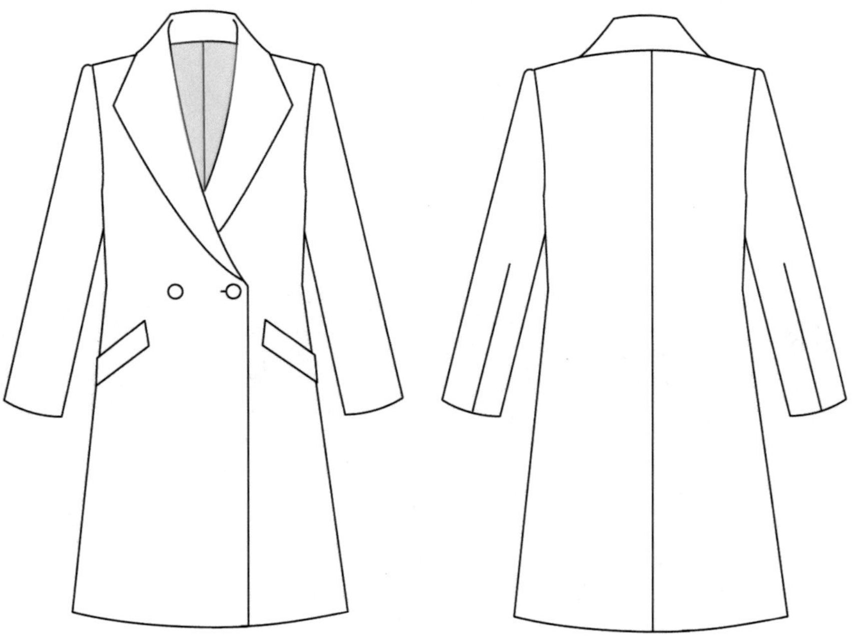

▶ 상의 원형 제도 시 가슴둘레, 엉덩이둘레에 여유분량 4㎝ /진동깊이 1.5㎝길게, 어깨너비에서 1㎝ 길게 제도

상의원형

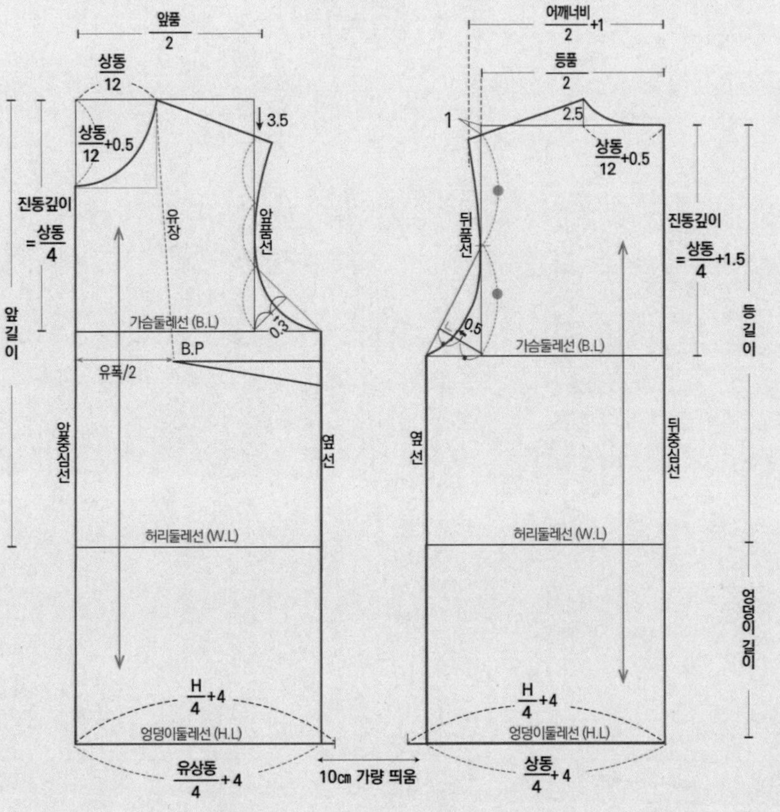

윙칼라 더블 코트

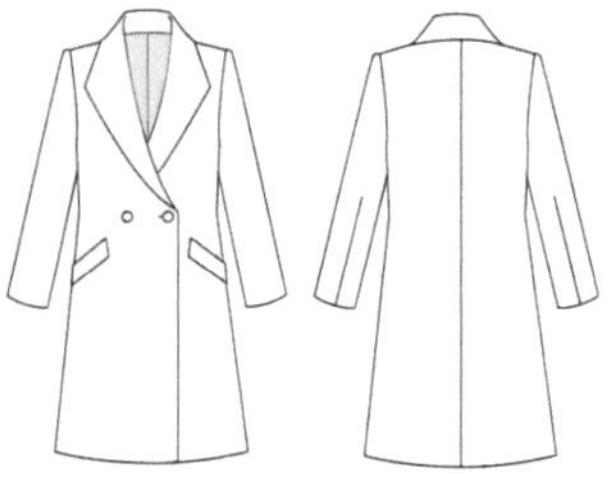

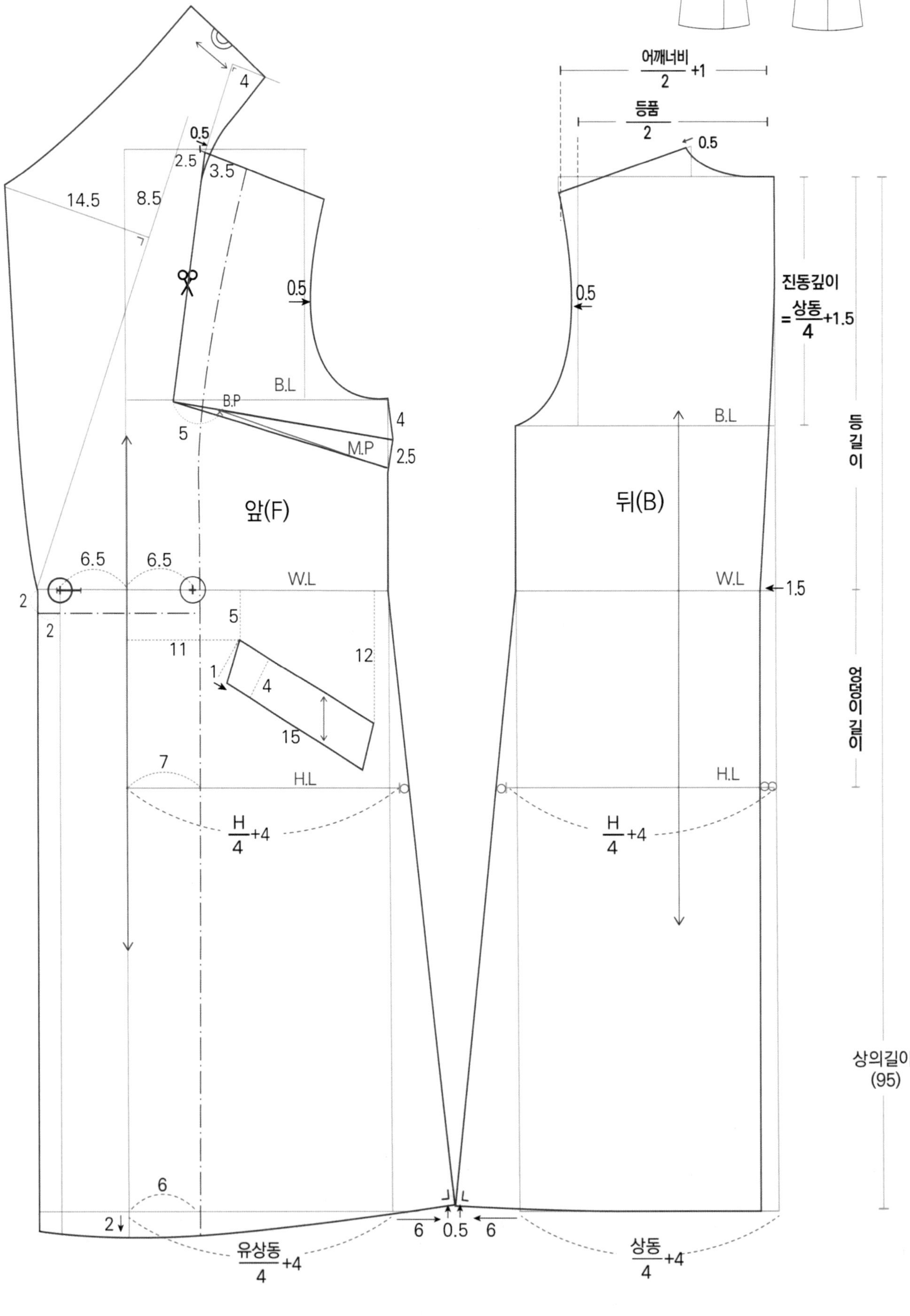

어깨너비/2 +1
등품/2
0.5
4
0.5
2.5
3.5
14.5
8.5
0.5
진동깊이 = 상동/4 +1.5
B.L
B.P
5
4
M.P
2.5
B.L
등길이
앞(F)
뒤(B)
6.5
6.5
W.L
W.L
1.5
2
2
5
11
12
1
4
15
엉덩이 길이
7
H.L
H.L
H/4 +4
H/4 +4
상의길이 (95)
6
2
6
0.5
6
유상동/4 +4
상동/4 +4

윙칼라 더블 코트

소매 원형 제도 후 변형한다.

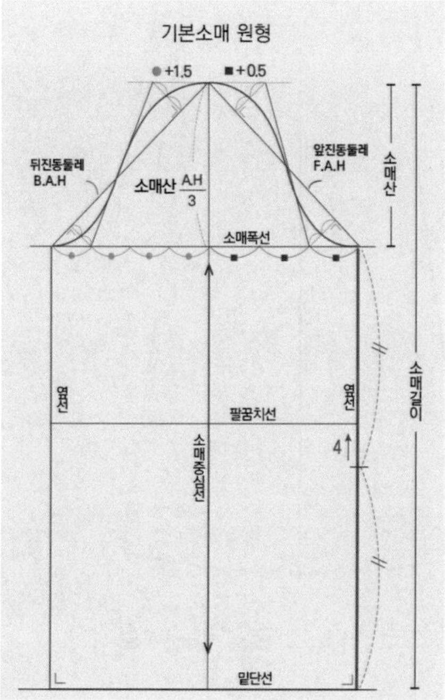
기본소매 원형
●+1.5
■+0.5
뒤진동둘레
B.A.H
앞진동둘레
F.A.H
소매산 A.H/3
소매폭선
소매산
소매길이
옆선
팔꿈치선
옆선
소매중심선
4
밑단선

다트있는 한장소매

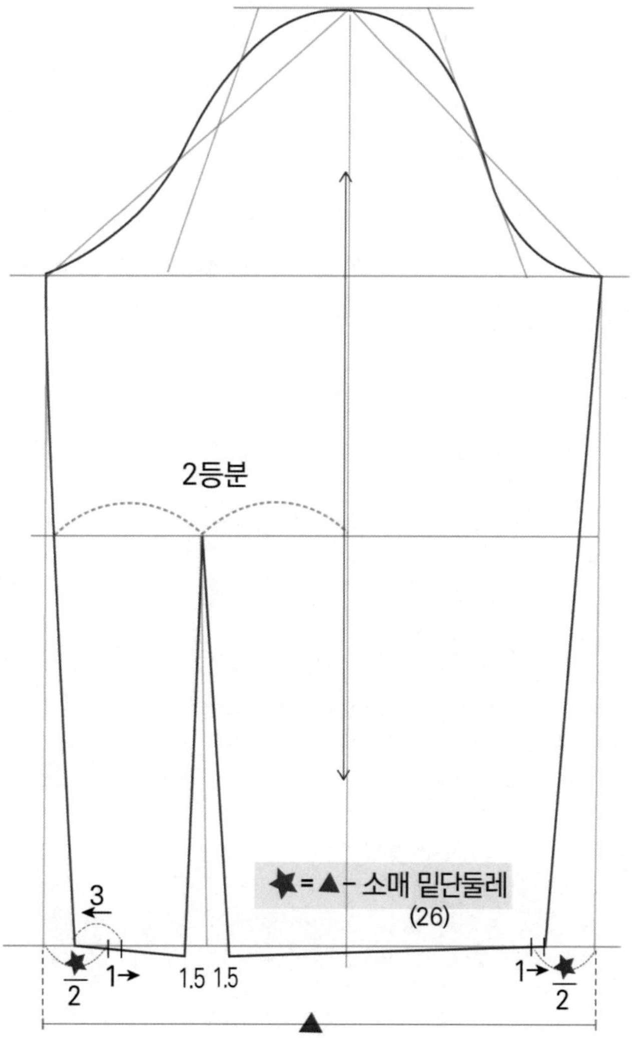
2등분
★=▲- 소매 밑단둘레
(26)
3
★/2
1→
1.5 1.5
1→
★/2
▲

트렌치코트

▶ 상의 원형 제도 시 가슴둘레, 엉덩이둘레에 여유분량 4㎝ /진동깊이 4㎝길게

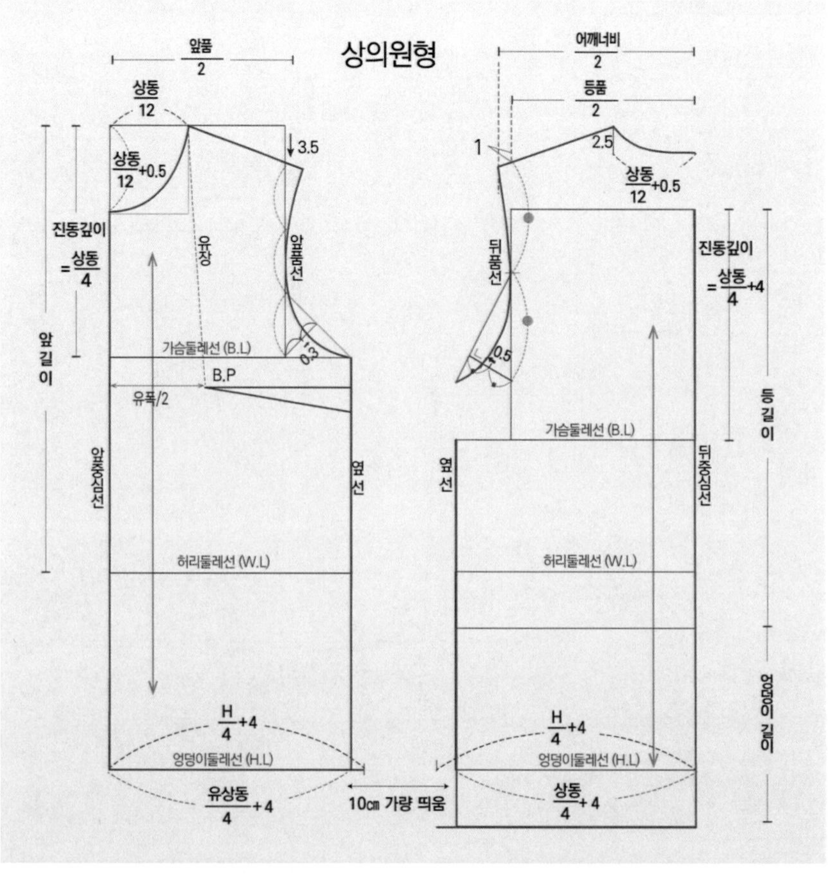

트렌치코트

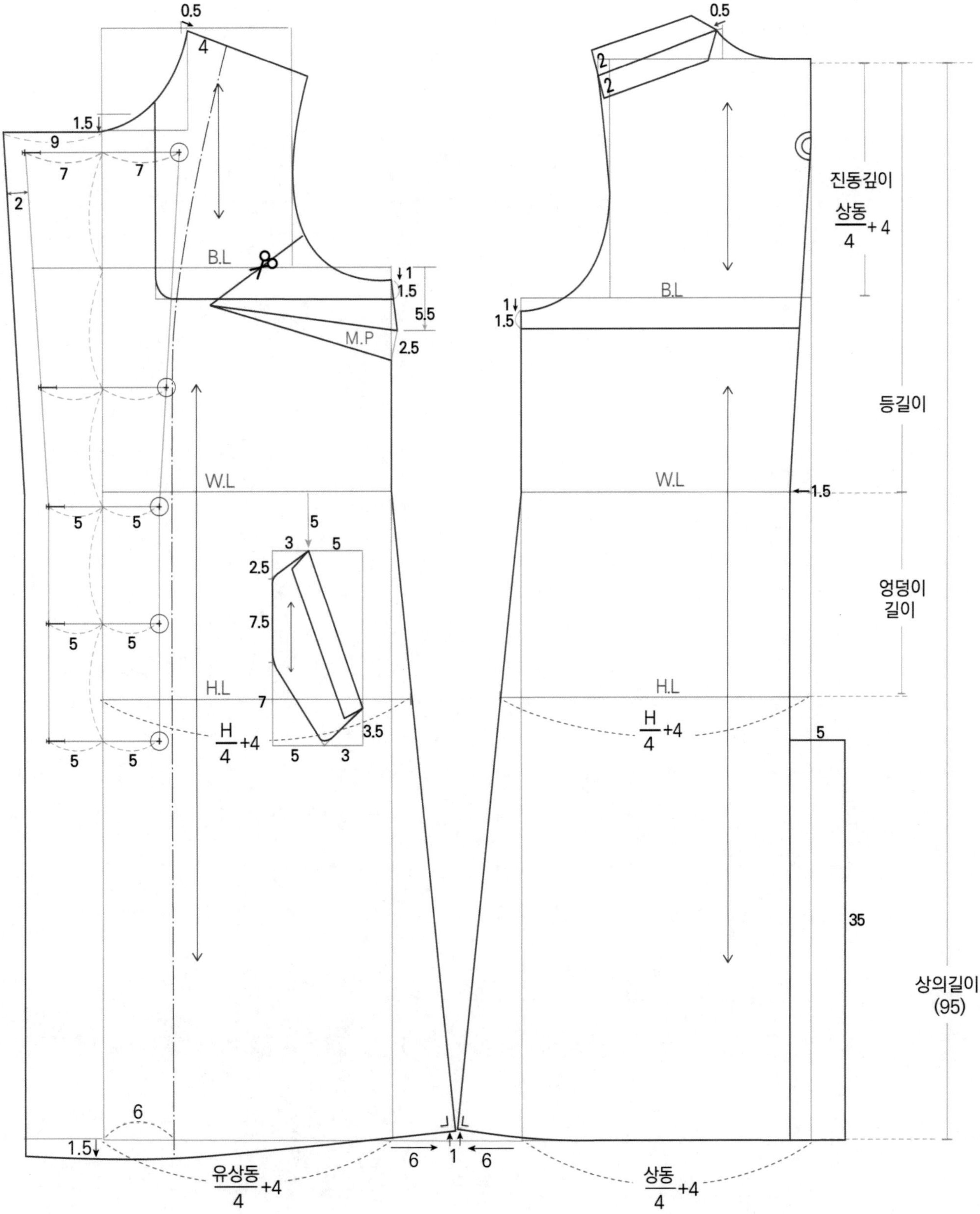
0.5
4
1.5
9
7
7
2
B.L
1
1.5
5.5
M.P
2.5
W.L
5
5
3
5
2.5
7.5
5
5
H.L
7
H/4+4
3.5
5
3
5
5
6
1.5
유상동/4+4
6
1
6
0.5
2
2
진동깊이
상동/4+4
B.L
1
1.5
등길이
W.L
1.5
엉덩이 길이
H.L
H/4+4
5
35
상의길이 (95)
상동/4+4

트렌치코트

칼라 제도

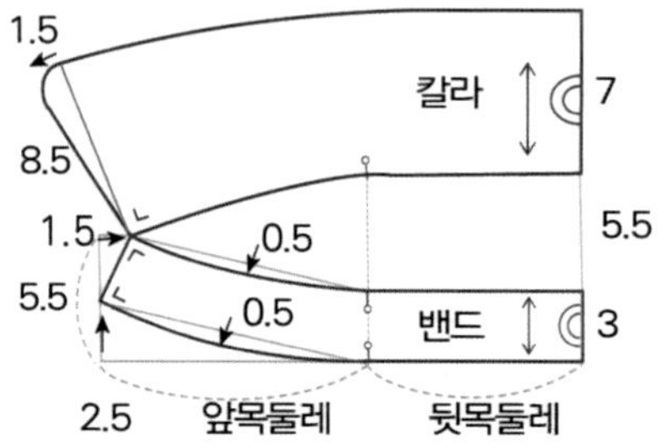

소매제도

소매 원형 제도 후 변형한다.

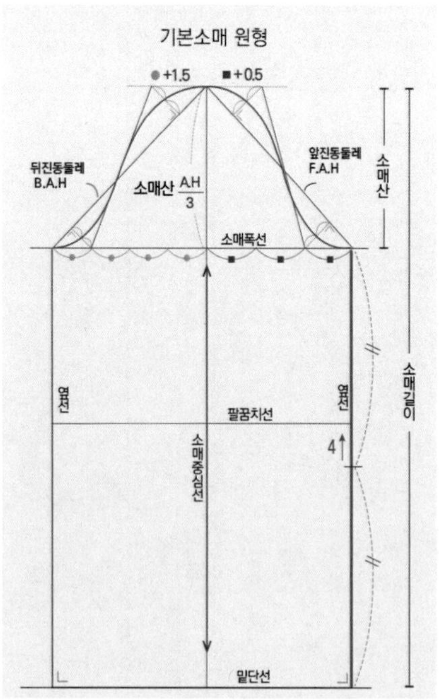

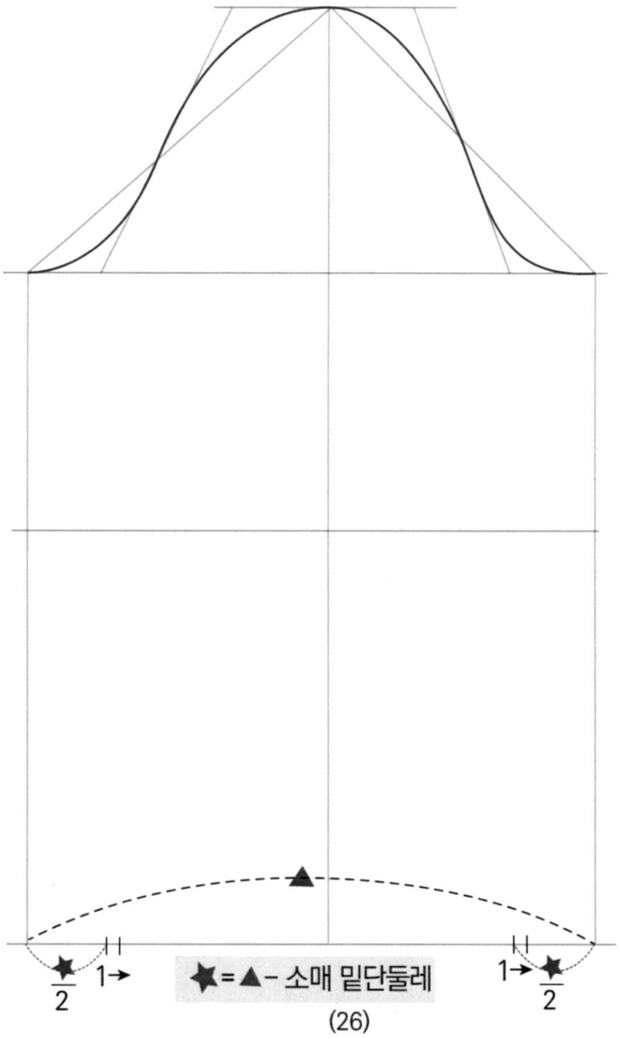

트렌치코트

소매제도

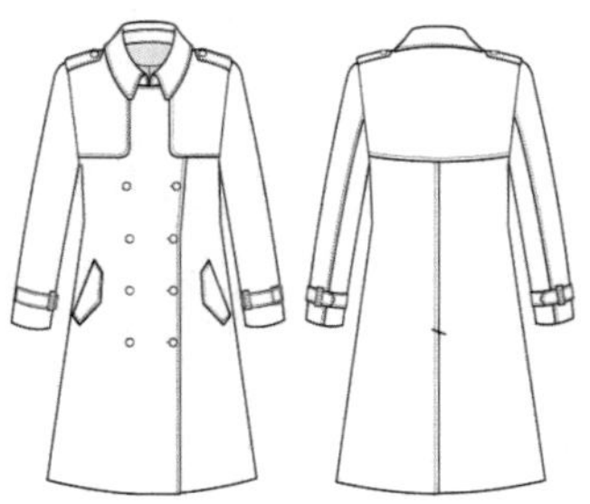

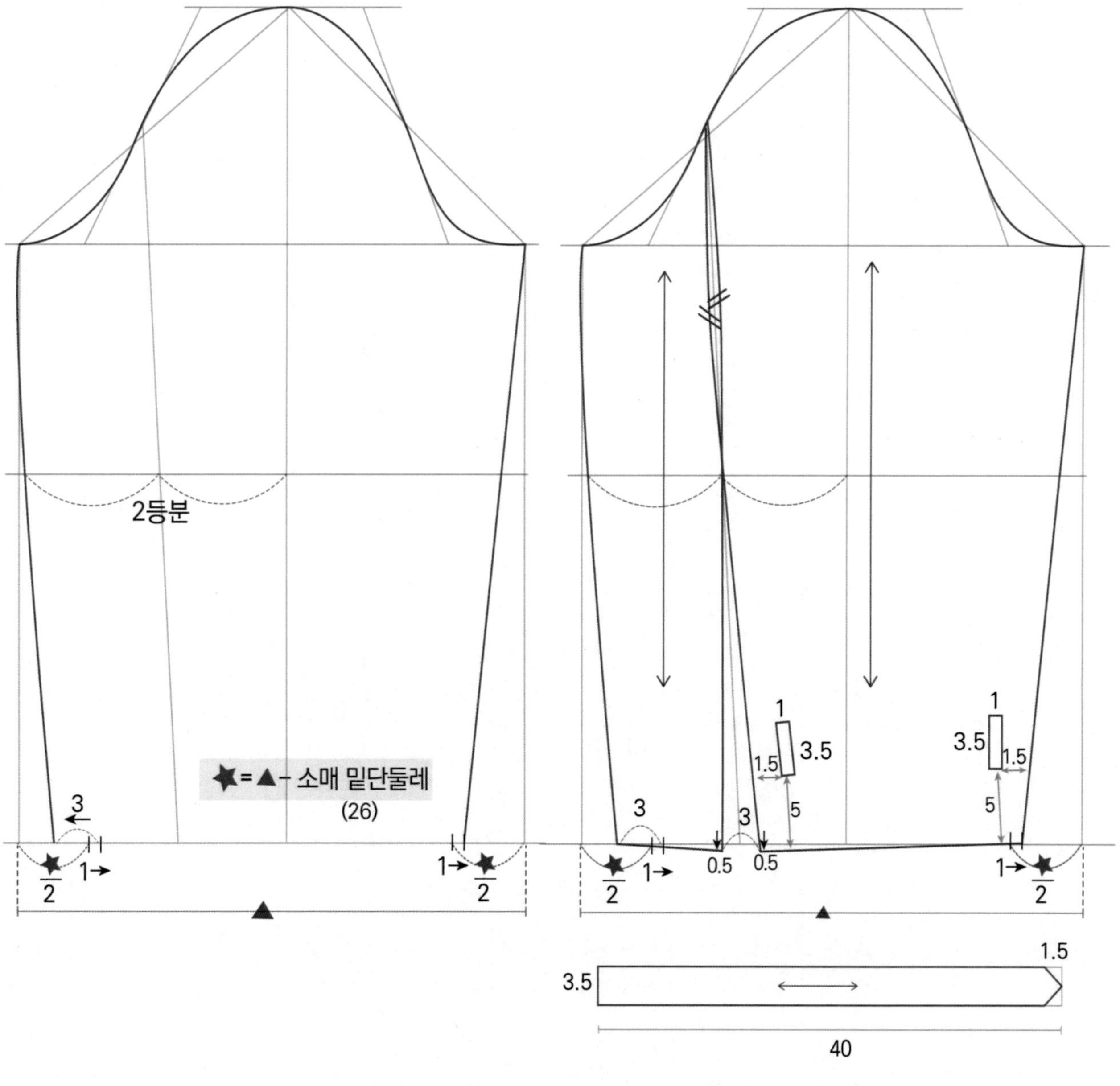

오버핏 후드점퍼

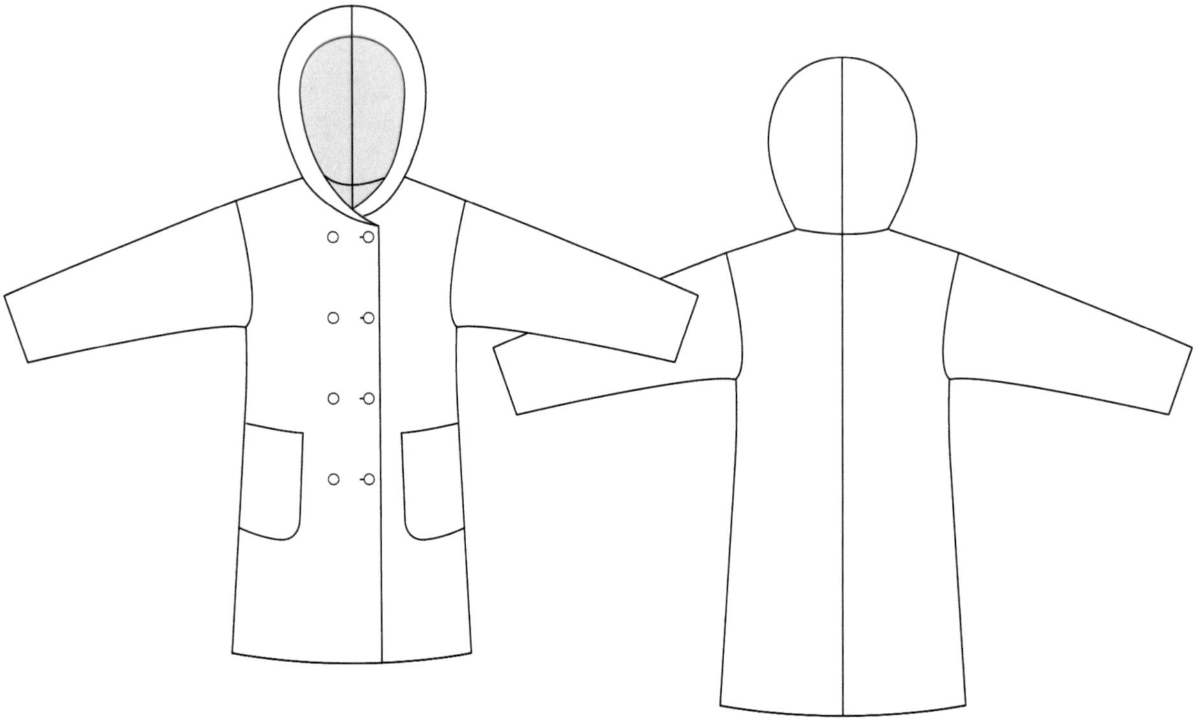

상의원형 제도 후 변형한다.

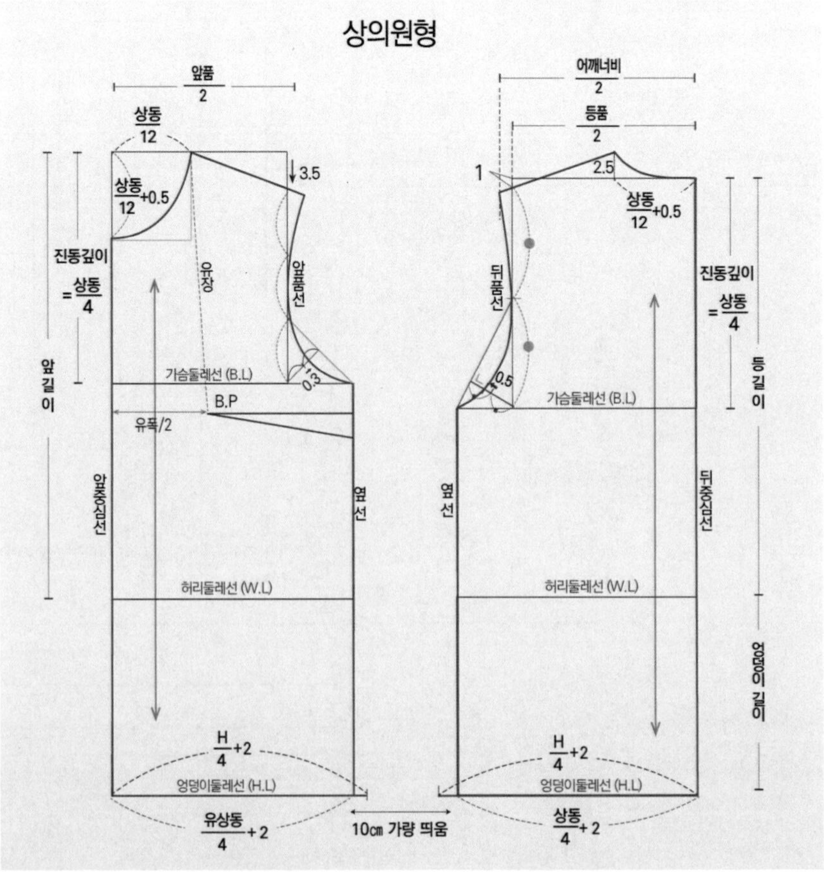

오버핏 후드점퍼

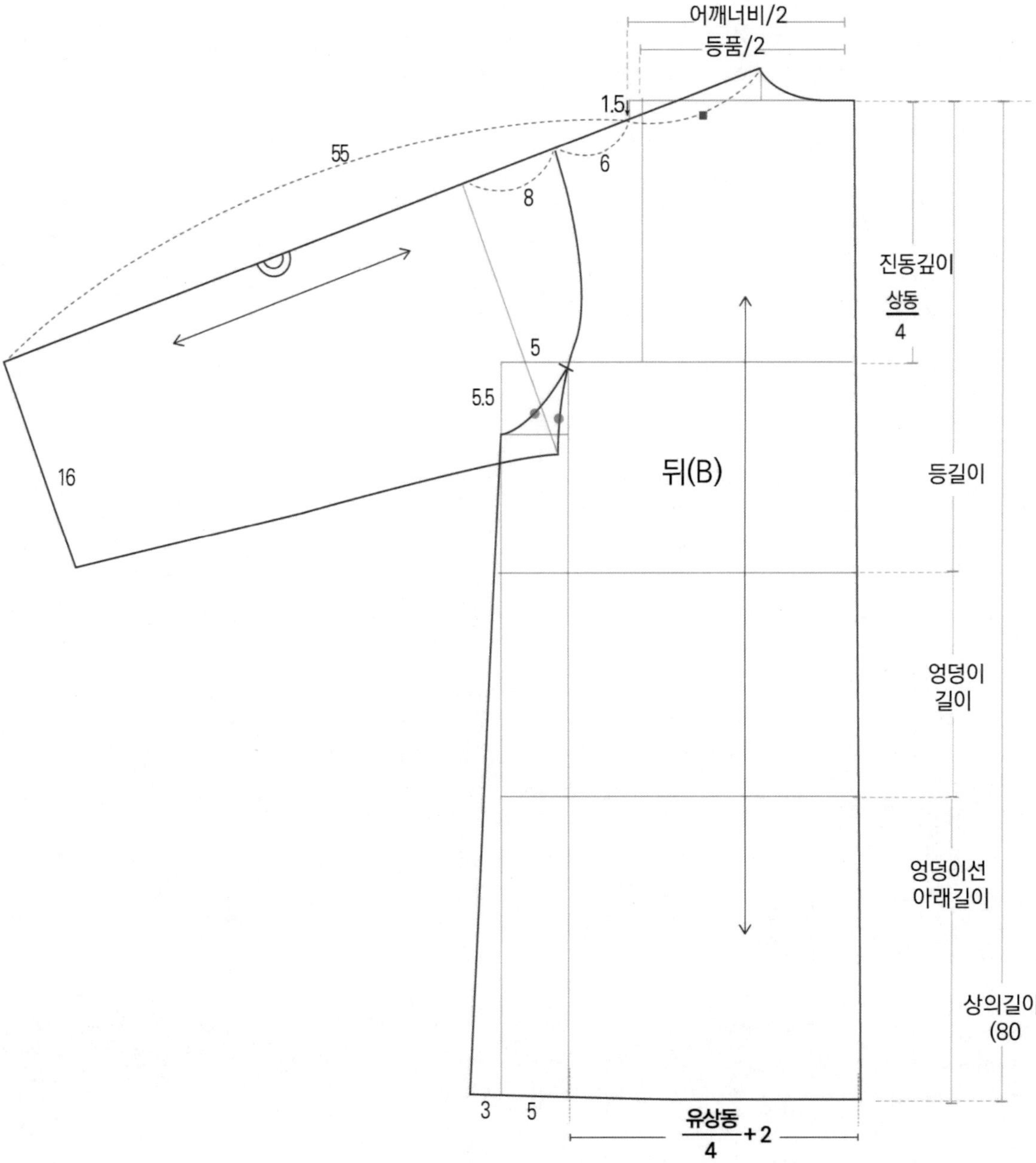
어깨너비/2
등품/2
1.5
55
6
8
진동깊이
상동
4
5
5.5
16
뒤(B)
등길이
엉덩이
길이
엉덩이선
아래길이
상의길이
(80
3
5
유상동
4
+2

오버핏 후드점퍼

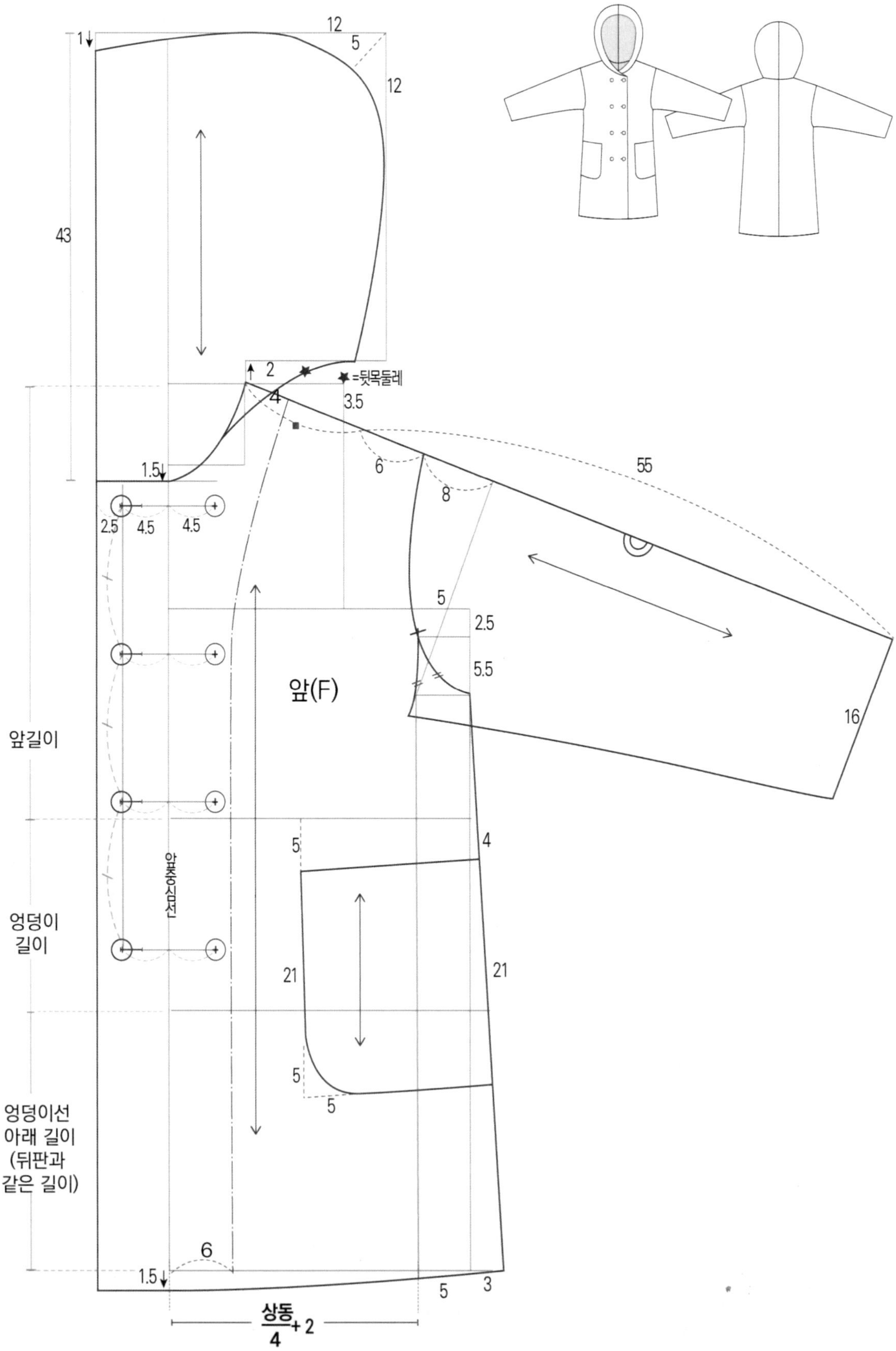
1
12
5
12
43
2
★=뒷목둘레
4
3.5
1.5
6
55
8
2.5
4.5
4.5
5
2.5
5.5
앞(F)
16
앞길이
4
5
앞중심선
엉덩이
길이
21
21
5
5
엉덩이선
아래 길이
(뒤판과
같은 길이)
6
1.5
5
3
상동/4+2

슈티엥칼라 래글런 롱코트

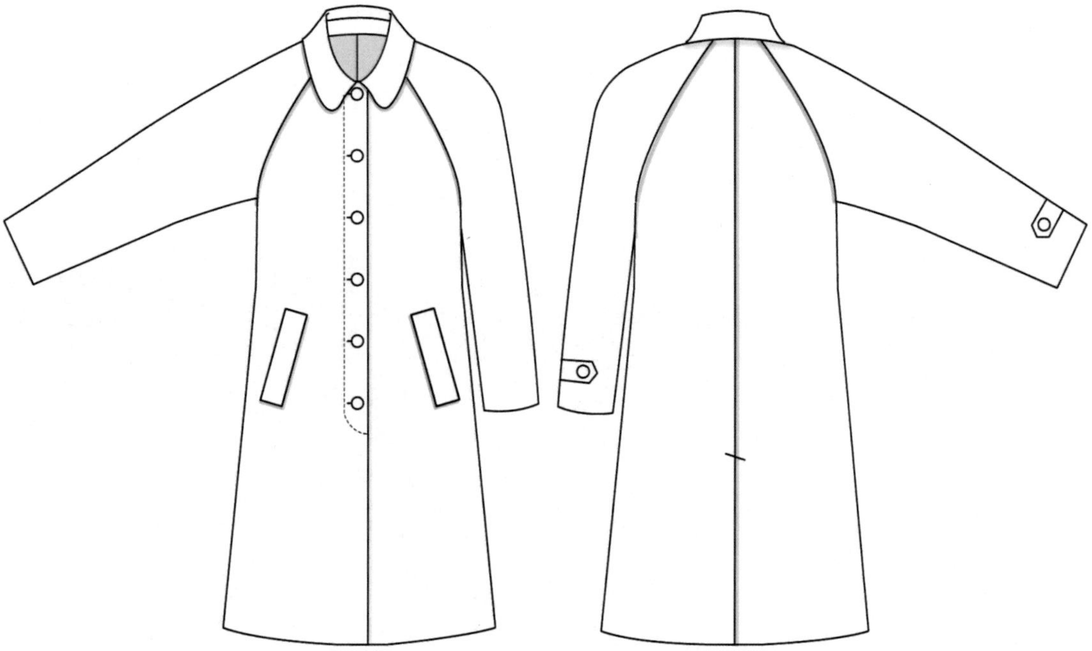

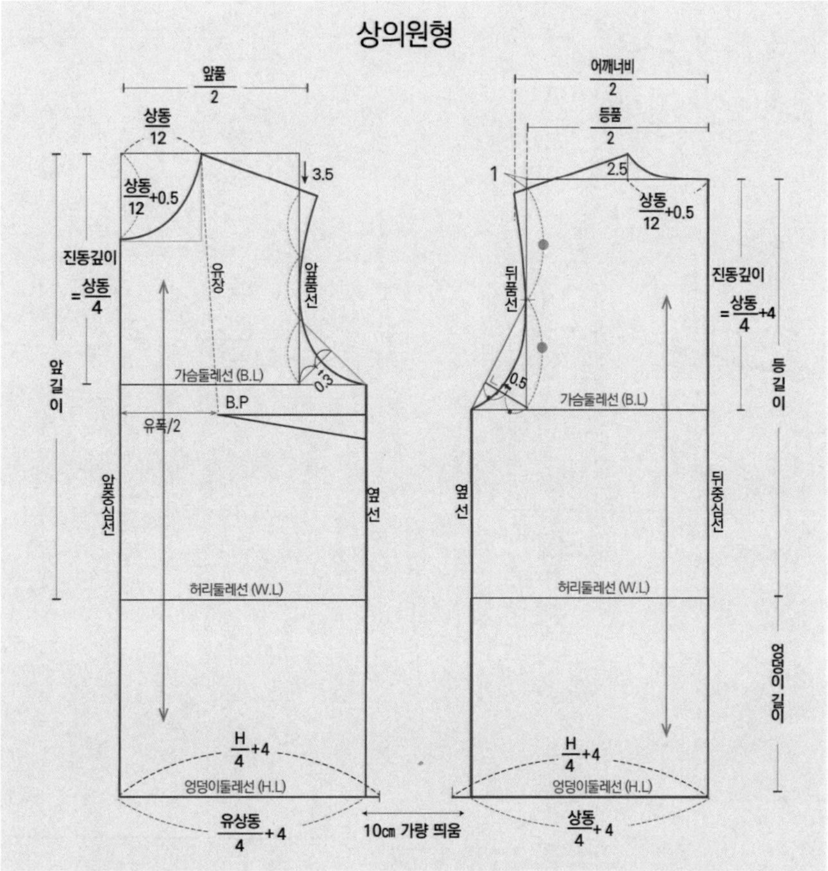
상의원형
앞품/2
상동/12
3.5
상동/12+0.5
진동깊이 = 상동/4
유장
앞품선
앞길이
0.3
가슴둘레선 (B.L)
B.P
유폭/2
앞중심선
옆선
허리둘레선 (W.L)
H/4+4
엉덩이둘레선 (H.L)
유상동/4+4
10㎝ 가량 띄움
어깨너비/2
등품/2
1
2.5
상동/12+0.5
뒤품선
진동깊이 =상동/4+4
등길이
0.5
가슴둘레선 (B.L)
옆선
뒤중심선
허리둘레선 (W.L)
엉덩이 길이
H/4+4
엉덩이둘레선 (H.L)
상동/4+4

▶ 상의 원형 제도 시 가슴둘레, 엉덩이둘레에 여유분량 4㎝ /진동깊이 4㎝길게

슈티엥칼라 래글런 롱코트

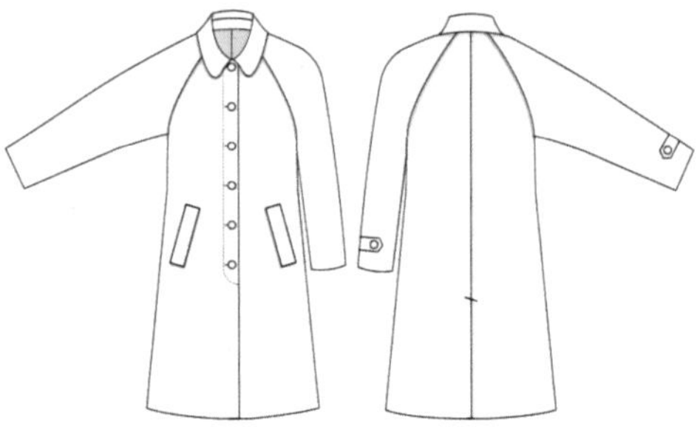

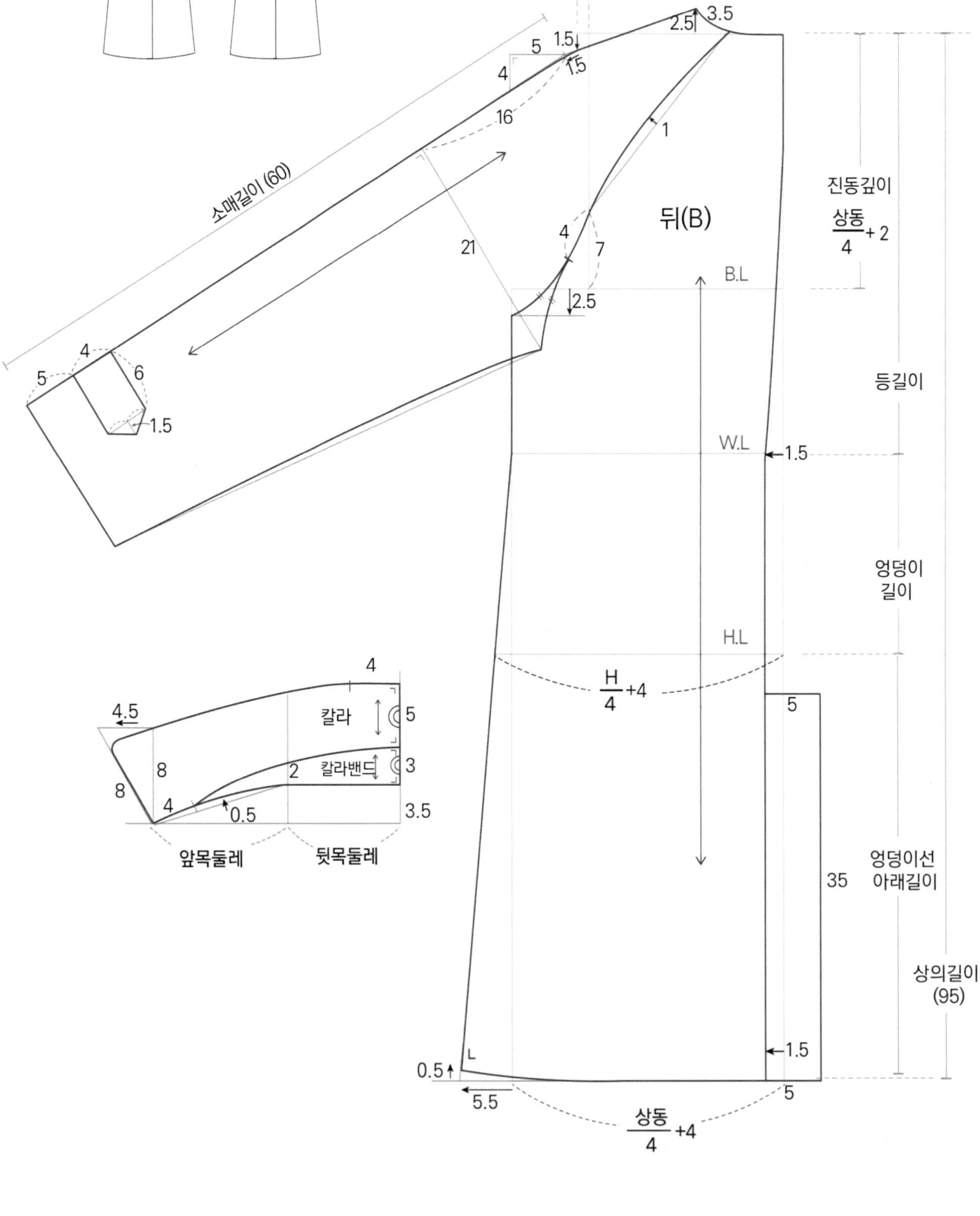

어깨너비/2
등품/2
3.5
2.5
1.5
5
1.5
4
16
1
소매길이 (60)
21
4
7
뒤(B)
B.L
2.5
4
5
6
1.5
W.L
1.5
진동깊이
상동/4 + 2
등길이
엉덩이 길이
H.L
H/4 +4
5
4
4.5
칼라
5
칼라밴드
3
8
2
8
4
0.5
3.5
앞목둘레
뒷목둘레
35
엉덩이선 아래길이
상의길이 (95)
1.5
0.5
5.5
5
상동/4 +4

슈티엥칼라 래글런 롱코트

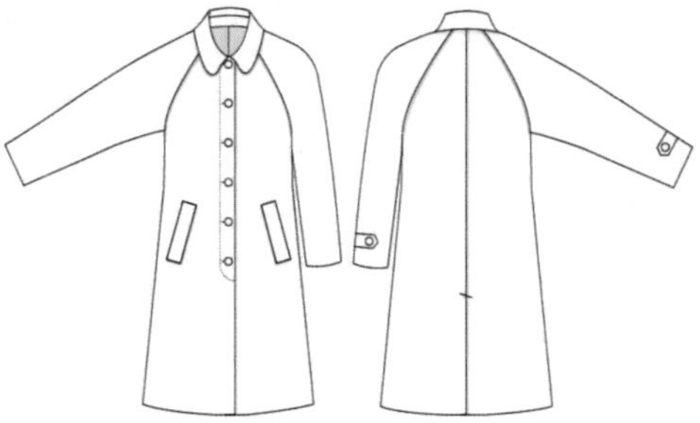

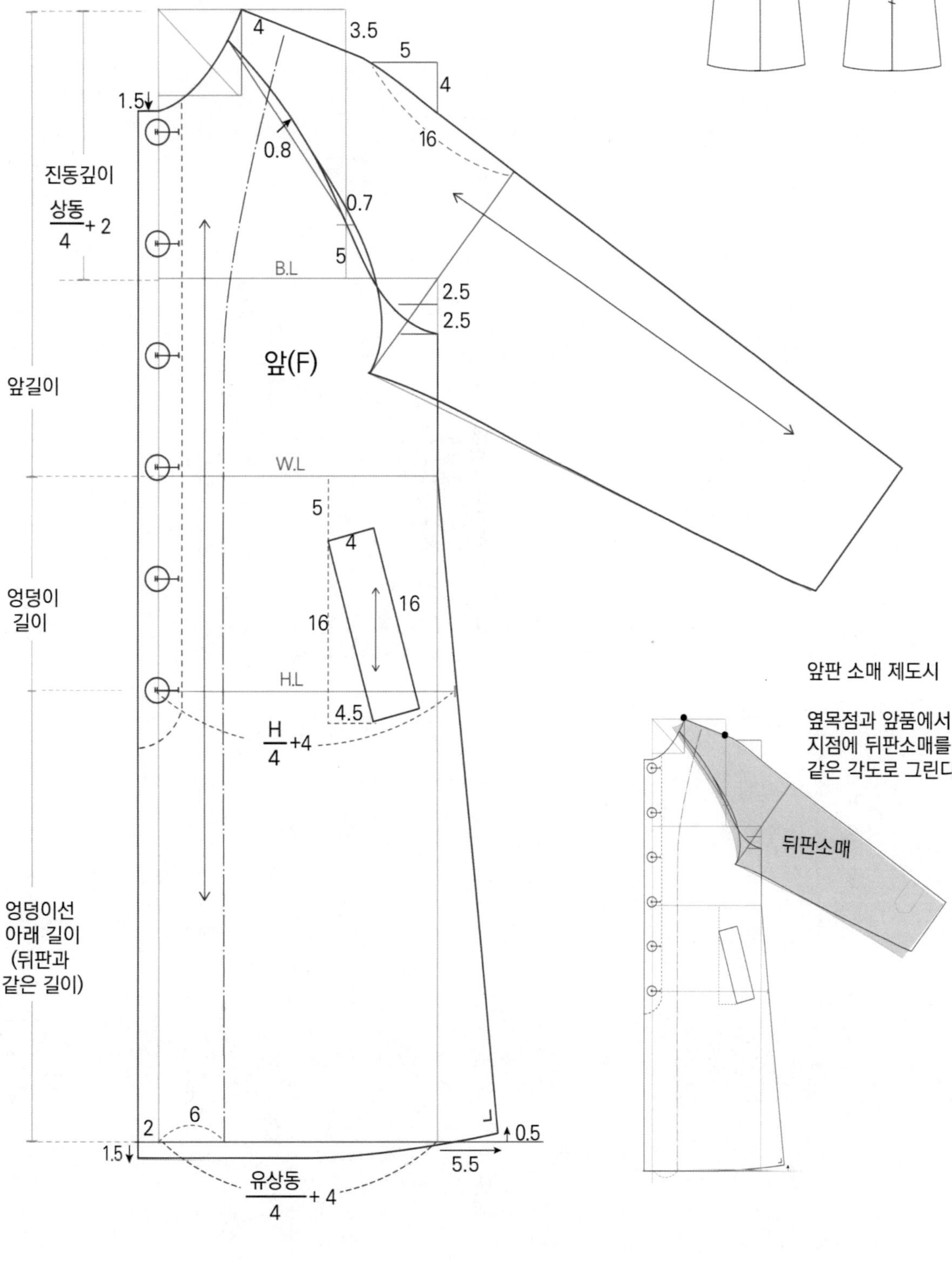

앞판 소매 제도시

옆목점과 앞품에서 3.5 내린
지점에 뒤판소매를 맞대어
같은 각도로 그린다.

여성옷 맞춤제작 40년의 노하우

김석한쌤
따라하기
5

"실루엣이 살아있는"

베이직 실무 여성복 패턴

김석한쌤 따라하기 시리즈

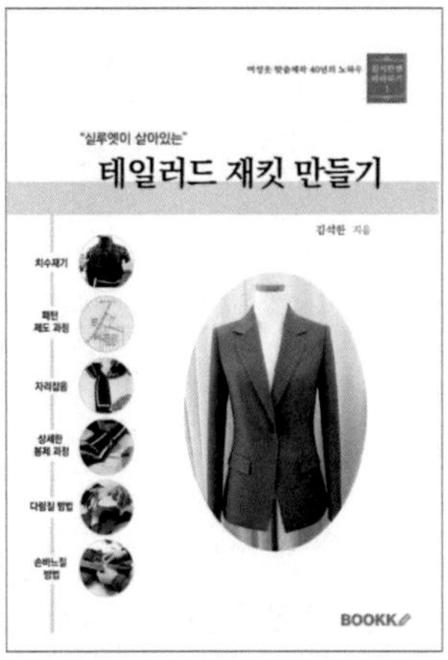

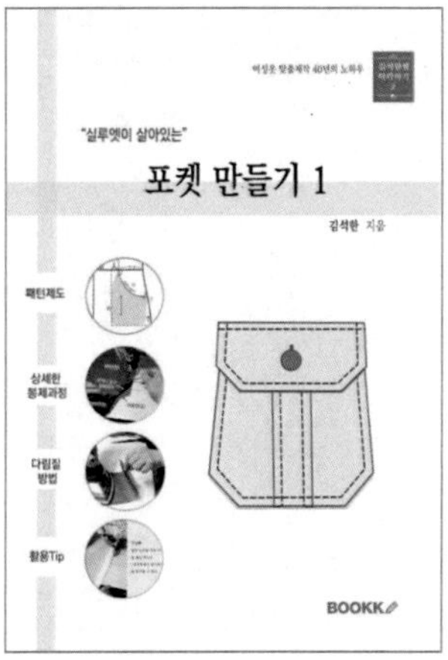

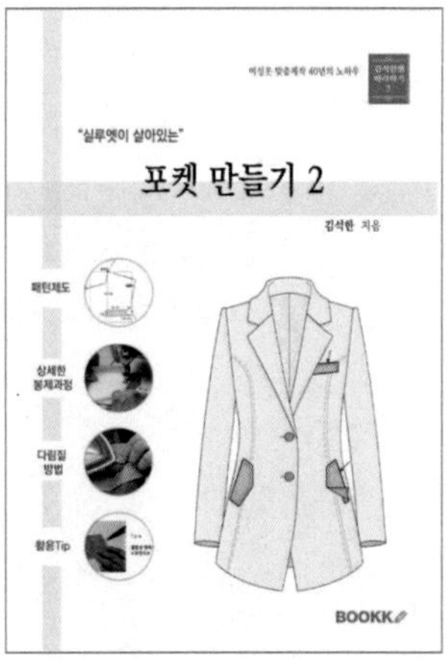